大学物理教程
思考题与习题解析

主　编　王　悦　仰振东　李伟艳
副主编　沈　陵　鲍　瑞　章戍文
李胜强　卫　星

合肥工業大學出版社

前　言

本书是王悦、仰振东和高干主编的《大学物理教程》的配套辅导书，对教材中的所有习题都进行了详细分析和解答。

在物理课程的学习过程中，通过丰富的思考题和习题练习，不仅能使学生自我检测对基础知识、基本概念和物理规律的掌握情况，还能启发学生正确运用基本规律来解释物理现象和相关问题，这对训练和培养学生形成科学的思维方法、提高分析问题和解决问题的能力有一定的帮助。

编写本书的目的是帮助学生在学习过程中能够正确地思考问题，避免得出错误的结论。本书每章都提供了题型多样、内容丰富的习题；此外，还精心挑选了作为平时作业训练的若干题目和方便学生自我检测的两套物理试题，希冀学生通过相应练习达到举一反三、积极思考的效果。

本书共分为二十章，包括力学、热学、振动与波动、电磁学、波动光学和量子物理共六篇内容，第一、二、三章由沈陵老师编写，第四、九、十、十二、十六、十七、十八章由仰振东老师编写，第七、八、十九、二十章由李伟艳老师编写，第五、六、十一、十三、十四、十五章，前言，模拟试卷和练习等由王悦老师编写。最后，由王悦老师对全书进行了统一整理。在编写过程中，我们得到了鲍瑞、章成文、李胜强、卫星老师的帮助，也得到了合肥工业大学出版社的大力支持，在此致以诚挚的谢意！

由于编者学识和教学经验有限，书中难免存在不当和疏漏之处，恳请各位读者、同行和专家不吝赐教。

编　者

2020 年 7 月

目　　录

第一篇　力学

第一章　质点运动学

思　考　题

1-1　有人说："分子很小，可将其当作质点；地球很大，不能当作质点。"对吗？

答：不对。如果物体的形状和体积对所研究的运动影响不大，就可以把它看作质点；反之，如果物体的形状和体积对所研究的运动影响很大，则不能把它看成质点。能否看成质点与物体尺寸大小无关。

1-2　一物体具有恒定的速率，但仍有变化的速度，是否可能？一物体具有恒定的速度，但仍有变化的速率，是否可能？

答：一物体速率恒定，速度仍可能有变化，因为速度方向可能变化。但一物体速度恒定，速率不可能变化，因为速度不变，它的大小（速率）和方向都不变。

1-3　分析在下列几种情况下，质点各做何种运动？(1)$\boldsymbol{a}_t=0,\boldsymbol{a}_n=0$；(2)$\boldsymbol{a}_t\neq 0,\boldsymbol{a}_n=0$；(3)$\boldsymbol{a}_t=0,\boldsymbol{a}_n\neq 0$；(4)$\boldsymbol{a}_t\neq 0,\boldsymbol{a}_n\neq 0$。

答：(1) 匀速直线运动；(2) 变速直线运动；(3) 匀速曲线运动；(4) 变速曲线运动。

1-4　一个人在以恒定速度运动的火车上竖直向上抛出一颗石子，此石子能否落回人的手中？如果火车以恒定加速度运动，结果又如何？为什么？

答：人在匀速直线运动的火车上竖直向上抛出一颗石子，此石子能够落回人的手中，因为石子和人沿水平方向的速度相等，相对速度为零。如果火车以恒定加速度运动，则石子不能落入人的手中，因为石子和人沿水平方向的速度不相等，相对速度不为零。（根据相对运动的理论可以深入分析）

习　　题

一、选择题

1-1　质点沿轨道 AB 做曲线运动，速率逐渐减小，图中哪一种情况正确地表

示了质点在 C 处的加速度？（　　）

(A) 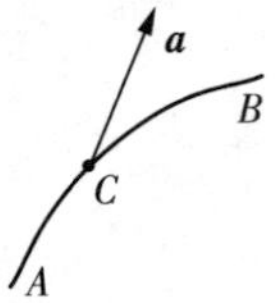

(B) 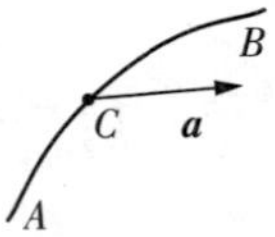

(C) 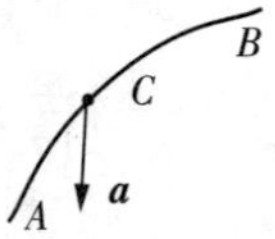

(D) 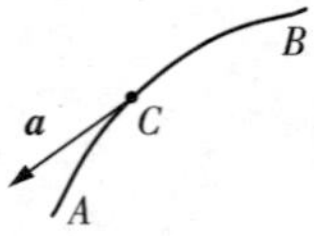

【分析与解答】 由于质点做曲线运动，所以加速度的方向指向曲线的内侧；又因为速率逐渐减小，所以加速度的切向分量与运动方向相反，选 C。

1－2　质点做曲线运动，判断下列说法正确的是（　　）。

(A) $\Delta s=\Delta r$

(B) $\Delta s=|\Delta \boldsymbol{r}|$

(C) $|\Delta \boldsymbol{r}|=\Delta r$

(D) $\Delta|\boldsymbol{r}|=\Delta r$

【分析与解答】 Δs 表示路程大小，$\Delta r=r_2-r_1$，$|\Delta \boldsymbol{r}|=|\boldsymbol{r}_2-\boldsymbol{r}_1|$，$\Delta|\boldsymbol{r}|=r_2-r_1=\Delta r$，所以选 D。

1－3　一质点的运动方程是 $\boldsymbol{r}=R\cos\omega t\boldsymbol{i}+R\sin\omega t\boldsymbol{j}$，$R$、$\omega$ 为正常数。从 $t=\pi/\omega$ 到 $t=2\pi/\omega$ 时间内，该质点经过的路程是（　　）。

(A) $2R$　　(B) πR　　(C) 0　　(D) $\pi R\omega$

【分析与解答】 轨道方程是一个圆周方程（由运动方程平方相加可得圆方程），$t=\pi/\omega$ 到 $t=2\pi/\omega$ 时间内质点沿圆周跑了半圈，路程为半周长，选 B。

1－4　一细直杆 AB 竖直靠在墙壁上，B 端沿水平方向以速度 $\boldsymbol{v}$ 滑离墙壁，则当细杆运动到图示位置时，细杆中点 C 的速度（　　）。

(A) 大小为 $\frac{v}{2}$，方向与 B 端运动方向相同

(B) 大小为 $\frac{v}{2}$，方向与 A 端运动方向相同

(C) 大小为 $\frac{v}{2}$，方向沿杆身方向

(D) 大小为 $\frac{v}{2\cos\theta}$，方向与水平方向成 θ 角

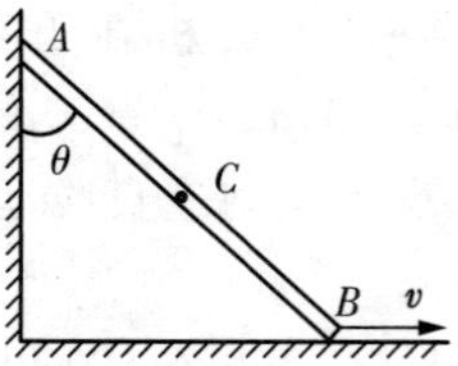

习题 1－4 图

【分析与解答】 C 点的坐标为 $\begin{cases} x_C=\frac{l}{2}\sin\theta \\ y_C=\frac{l}{2}\cos\theta \end{cases}$，则 $\begin{cases} v_{Cx}=\frac{l}{2}\cos\theta\cdot\frac{\mathrm{d}\theta}{\mathrm{d}t} \\ v_{Cy}=\frac{l}{2}\sin\theta\cdot\frac{\mathrm{d}\theta}{\mathrm{d}t} \end{cases}$，则中点 C 的速度大小：$v_C=\frac{l}{2}\cdot\frac{\mathrm{d}\theta}{\mathrm{d}t}$。考虑到 B 的横坐标为 $x_B=l\sin\theta$，又由已知条件得 $v=l\cos\theta\cdot\frac{\mathrm{d}\theta}{\mathrm{d}t}$，所以 $v_C=\frac{v}{2\cos\theta}$，选 D。

1－5　沿直线运动的物体，其速度与时间成反比，则其加速度的大小与速度的关系是(　　)。

(A) 与速度的大小成正比　　(B) 与速度大小的平方成反比

(C) 与速度的大小成反比　　(D) 与速度大小的平方成正比

【分析与解答】　$v=k\,(t)^{-1}\Rightarrow a=\dfrac{\mathrm{d}v}{\mathrm{d}t}=-k\,(t)^{-2}=-\dfrac{v^2}{k}$，选 D。

1－6　一质点沿 x 轴做直线运动，其 v-t 曲线如图所示，如 $t=0$ 时，质点位于坐标原点，则 $t=4.5$ s 时，质点在 x 轴上的位置为(　　)。

(A)0　　(B)5 m

(C)2 m　　(D) -2 m

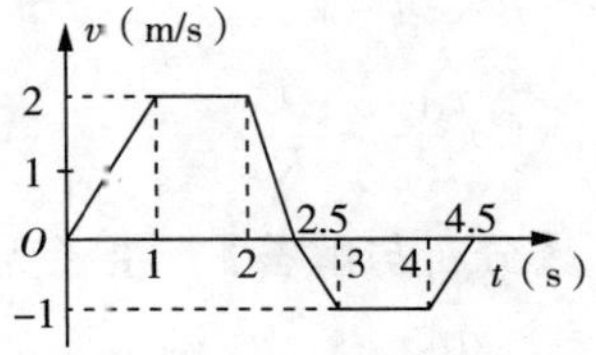

习题 1－6 图

【分析与解答】　由 v-t 曲线图可知，质点的位移为图中所围的面积。梯形面积为中位线乘高，选 C。

1－7　一质点在平面上运动，已知质点位置矢量的表运式为 $\boldsymbol{r}=at^2\boldsymbol{i}+bt^2\boldsymbol{j}$(其中 a 和 b 为常量)，则该质点做(　　)。

(A) 匀速直线运动　　(B) 变速直线运动

(C) 抛物线运动　　(D) 一般曲线运动

【分析与解答】　将矢量的表达式改写为$\begin{cases}x=at^2\\y=bt^2\end{cases}$，则$\begin{cases}v_x=2at\\v_y=2bt\end{cases}$，$\begin{cases}a_x=2a\\a_y=2b\end{cases}$。

可见加速度为恒量，考虑到质点的轨迹方程为：$y=\dfrac{b}{a}x$，则质点做直线运动，选 B。

1－8　一质点做直线运动，某时刻的瞬时速度为$\boldsymbol{v}=2\boldsymbol{i}$ m/s，瞬时加速度为$\boldsymbol{a}=-2\boldsymbol{i}$ m/s^2，则 1 s 后质点的速度(　　)。

(A) 等于零　　(B) 等于 $-2\boldsymbol{i}$ m/s

(C) 等于 $2\boldsymbol{i}$ m/s　　(D) 不能确定

【分析与解答】　由于质点运动的加速度是瞬时的，故不能判断 1 s 后质点的速度，选 D。

1－9　一运动质点在某瞬时位于位矢 $\boldsymbol{r}(x,y)$ 的端点处．对其速度的大小有四个结论：(1) $\dfrac{\mathrm{d}r}{\mathrm{d}t}$；(2) $\dfrac{\mathrm{d}\boldsymbol{r}}{\mathrm{d}t}$；(3) $\dfrac{\mathrm{d}s}{\mathrm{d}t}$；(4) $\sqrt{\left(\dfrac{\mathrm{d}x}{\mathrm{d}t}\right)^2+\left(\dfrac{\mathrm{d}y}{\mathrm{d}t}\right)^2}$。下述判断正确的是(　　)。

(A) 只有(1)(2) 正确　　(B) 只有(2) 正确

(C) 只有(2)(3) 正确　　(D) 只有(3)(4) 正确

【分析与解答】　$\mathrm{d}r/\mathrm{d}t$ 是位矢长度的变化率；$\mathrm{d}\boldsymbol{r}/\mathrm{d}t$ 是速度的矢量形式；$\mathrm{d}s/\mathrm{d}t$

是速率；由分量公式考虑 $v_x=\frac{\mathrm{d}x}{\mathrm{d}t}$，$v_y=\frac{\mathrm{d}y}{\mathrm{d}t}$ 可知速度的大小为$\sqrt{\left(\frac{\mathrm{d}x}{\mathrm{d}t}\right)^2+\left(\frac{\mathrm{d}y}{\mathrm{d}t}\right)^2}$，选 D。

1-10　质点做半径为 R 的变速圆周运动时，任一时刻速率为 v，则加速度大小为（　　）。

(A) $\frac{\mathrm{d}v}{\mathrm{d}t}$　　(B) $\frac{v^2}{R}$

(C) $\frac{\mathrm{d}v}{\mathrm{d}t}+\frac{v^2}{R}$　　(D) $\sqrt{\left(\frac{\mathrm{d}v}{\mathrm{d}t}\right)^2+\frac{v^4}{R^2}}$

【分析与解答】　半径为 R 的变速圆周运动可由自然坐标系的加速公式考虑。即 $a_t=\frac{\mathrm{d}v}{\mathrm{d}t}$，$a_n=\frac{v^2}{R}$，选 D。

1-11　一小球沿斜面向上运动，其运动方程为 $s=5+4t-t^2$（SI 制），则小球运动到最高点的时刻是（　　）。

(A) $t=4$ s　　(B) $t=2$ s　　(C) $t=5$ s　　(D) $t=8$ s

【分析与解答】　小球运动到最高时速度大小为 0，而将运动方程对时间求导可得速度的表达式，选 B。

1-12　质点沿直线运动，加速度 $a=4-t^2$，如果当 $t=3$ s 时，$x=9$ m，$v=2$ m/s，则质点的运动方程为（　　）。

(A) $x=-t+4t^2-3t^3+0.75$　　(B) $x=-t+2t^2-\frac{t^4}{12}+\frac{3}{4}$

(C) $x=-7t+2t^2-\frac{t^4}{12}+\frac{21}{4}$　　(D) $x=-7t+2t^2-\frac{t^3}{12}$

【分析与解答】　求两次积分可得结果。① $v=\int(4-t^2)\mathrm{d}t=4t-\frac{t^3}{3}+v_0$，将 $t=3$ s，$v=2$ m/s 代入可得 $v_0=-1$ m/s；② $x=\int\left(-1+4t-\frac{t^3}{3}\right)\mathrm{d}t=-t+2t^2-\frac{t^4}{12}+x_0$，将 $t=3$ s，$x=9$ m 代入可得 $x_0=\frac{3}{4}$ m，选 B。

1-13　一物体从某高度以 $\boldsymbol{v}_0$ 的速度水平抛出，已知它落地时的速度为 $\boldsymbol{v}_t$，那么它运动的时间是（　　）。

(A) $\frac{v_t-v_0}{g}$　　(B) $\frac{v_t-v_0}{2g}$　　(C) $\frac{\sqrt{v_t^2-v_0^2}}{g}$　　(D) $\frac{\sqrt{v_t^2-v_0^2}}{2g}$

【分析与解答】　平抛运动落地时水平分速度仍为 v_0，竖直分速度为 $\sqrt{v_t^2-v_0^2}$，根据竖直方向的速度方程 $v_y=gt$，得到 $t=\frac{v_y}{g}=\frac{\sqrt{v_t^2-v_0^2}}{g}$，选 C。

1-14　质点沿半径为 R 的圆周做匀速率运动，每 t 时间转一周，在 $2t$ 时间间隔中，其平均速度大小与平均速率大小分别为（　　）。

(A) $\frac{2\pi R}{t},\frac{2\pi R}{t}$　　(B) $0,\frac{2\pi R}{t}$　　(C) $0,0$　　(D) $\frac{2\pi R}{t},0$

【分析与解答】　平均速度大小指的是一段时间的位移与该段时间的比值，平均速率指的是路程与该段时间的比值，显然 $2t$ 时间间隔中质点转两周，位移为 0，但路程是 $4\pi R$，选 B。

1-15　质点做曲线运动，$\boldsymbol{r}$ 表示位置矢量，s 表示路程，a_t 表示切向加速度，下列表达式中，正确的是（　　）。

(1) $\frac{\mathrm{d}v}{\mathrm{d}t}=a$　(2) $\frac{\mathrm{d}\boldsymbol{r}}{\mathrm{d}t}=v$　(3) $\frac{\mathrm{d}s}{\mathrm{d}t}=v$　(4) $\left|\frac{\mathrm{d}\boldsymbol{v}}{\mathrm{d}t}\right|=a_t$

(A) 只有(1)(4) 是正确的　　(B) 只有(2)(4) 是正确的

(C) 只有(2) 是正确的　　(D) 只有(3) 是正确的

【分析与解答】　(1)$\mathrm{d}v/\mathrm{d}t$ 应等于切向加速度大小；(2)$\mathrm{d}\boldsymbol{r}/\mathrm{d}t$ 表示速度 $\boldsymbol{v}$，而 $|\mathrm{d}\boldsymbol{v}/\mathrm{d}t|$ 为加速度的大小，所以只有(3) 是正确的，选 D。

1-16　质点由静止开始以匀角加速度 α 沿半径为 R 的圆周做圆周运动，如果在某一时刻此质点的总加速度 a 与切向加速度 a_t 成 45° 角，则此时刻质点已转过的角度 θ 为（　　）。

(A) $\frac{1}{6}$ rad　　(B) $\frac{1}{4}$ rad　　(C) $\frac{1}{3}$ rad　　(D) $\frac{1}{2}$ rad

【分析与解答】　由 $\omega=\alpha t$ 知 $v=\alpha tR$，则 $a_n=\frac{(\alpha tR)^2}{R}$；而 $a_t=\alpha R$，加速度 a 与切向加速度 a_t 成 45° 角意味着 $a_t=a_n$，有 $\alpha t^2=1$；又因为质点已转过的角度 $\theta=\int_0^t\omega\mathrm{d}t=\int_0^t\alpha t\,\mathrm{d}t=\frac{1}{2}\alpha t^2$，所以 $\theta=\frac{1}{2}$，选 D。

1-17　某物体的运动规律为 $\frac{\mathrm{d}v}{\mathrm{d}t}=-kv^2t$，式中的 k 为大于零的常量，当 $t=0$ 时，初速度大小为 v_0，则速度大小 v 与时间 t 的函数关系为（　　）。

(A) $v=\frac{1}{2}kt^2+v_0$　　(B) $v=-\frac{1}{2}kt^2+v_0$

(C) $\frac{1}{v}=\frac{kt^2}{2}+\frac{1}{v_0}$　　(D) $\frac{1}{v}=-\frac{kt^2}{2}+\frac{1}{v_0}$

【分析与解答】　利用积分来求。考虑 $\frac{\mathrm{d}v}{v^2}=-kt\,\mathrm{d}t$，有 $\int_{v_0}^{v}\frac{\mathrm{d}v}{v^2}=-\int_0^t kt\,\mathrm{d}t$，得到 $\frac{1}{v}=\frac{kt^2}{2}+\frac{1}{v_0}$，选 C。

二、填空题

1-18　质点的运动方程为$\begin{cases}x=-10t+30t^2\\y=15t-20t^2\end{cases}$(式中$x$和$y$的单位为m,$t$的单位为s),则该质点的初速度$\boldsymbol{v}_0$=________;加速度$\boldsymbol{a}$=________。

【分析与解答】　位移关于时间的一次导数为速度$-10\boldsymbol{i}+15\boldsymbol{j}$(m/s),两阶导数为加速度$60\boldsymbol{i}-40\boldsymbol{j}$(m/s^2)。

1-19　升降机以2.2 m/s^{2}的加速度上升,当上升速度为3 m/s时,有一螺丝自升降机的天花板上松落,天花板与升降机的底面相距3 m,则螺丝从天花板落到底面所需要的时间为________ s。

【分析与解答】　考虑螺丝做初速度为0、加速度为9.8+2.2=12(m/s^2)的自由落体运动,则$t=\sqrt{\dfrac{2h}{g'}}=\dfrac{1}{\sqrt{2}}$ s。

1-20　一物体做如图所示的斜抛运动,测得在轨道P点处速度大小为v,其方向与水平方向成30°角,取重力加速度大小为g,则物体在P点的切向加速度大小为________。

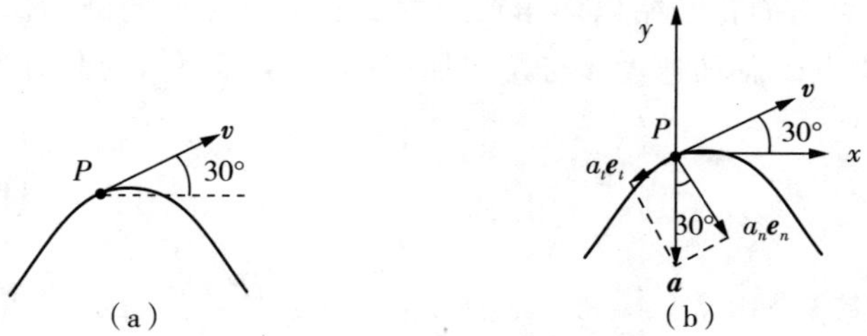

习题1-20图

【分析与解答】　取直角坐标系,对加速度矢量进行分解,由图可知有$a_t=g\sin 30°=\dfrac{1}{2}g$,$a_n=g\cos 30°$。

1-21　设质点做平面曲线运动,运动方程为$\boldsymbol{r}=2t\boldsymbol{i}+t^2\boldsymbol{j}$,则质点在任意时刻$t$的速度大小$v(t)$=____________;切向加速度$a_t$=____________;法向加速度$a_n$=____________。

【分析与解答】　$\boldsymbol{r}=2t\boldsymbol{i}+t^2\boldsymbol{j}\Rightarrow\boldsymbol{v}(t)=2\boldsymbol{i}+2t\boldsymbol{j}\Rightarrow v(t)=2\sqrt{1+t^2}$。

$$a_t=\frac{\mathrm{d}v(t)}{\mathrm{d}t}=\frac{\mathrm{d}\left(2\sqrt{1+t^2}\right)}{\mathrm{d}t}=\frac{2\mathrm{d}\,(1+t^2)^{\frac{1}{2}}}{\mathrm{d}t}=2\times\frac{1}{2}(1+t^2)^{\frac{1}{2}-1}\times 2t=\frac{2t}{\sqrt{1+t^2}},$$

由$\boldsymbol{v}(t)=2\boldsymbol{i}+2t\boldsymbol{j}\Rightarrow\boldsymbol{a}=2\boldsymbol{j}$,则

$$a_n=\sqrt{a^2-{a_t}^2}=\sqrt{4-\left(\frac{2t}{\sqrt{1+t^2}}\right)^2}=\frac{2}{\sqrt{1+t^2}}$$

1－22　一质点做直线运动，其坐标与时间的关系如图所示，则该质点在第________秒时瞬时速度为零；在第________秒至第________秒速度与加速度同方向。

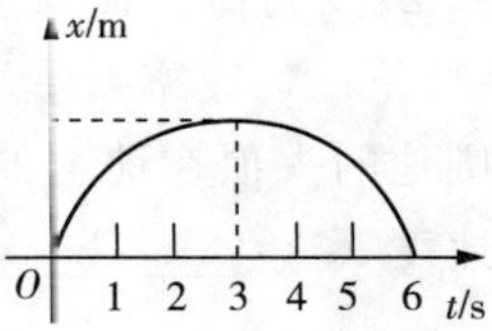

习题 1－22 图

【分析与解答】　由于速度是曲线的斜率，所以第 3 秒时斜率为零，也就是瞬时速度为零；从第 1 秒至第 3 秒，斜率为正，但逐渐变小，表明速度为正但加速度为负；从第 3 秒至第 6 秒，斜率为负且逐渐负方向增加，表明速度为负且加速度为负。

1－23　一质点沿半径为 0.2 m 的圆周运动，其角位置随时间的变化规律是 $\theta=6+5t^2$（SI 制）。在 $t=2$ s 时，它的法向加速度 $a_n=$________；切向加速度 $a_t=$________。

【分析与解答】　由 $\omega=\dfrac{\mathrm{d}\theta}{\mathrm{d}t}$ 知 $v=\dfrac{R\mathrm{d}\theta}{\mathrm{d}t}$，再利用公式 $a_n=\dfrac{v^2}{R}$ 和 $a_t=\dfrac{\mathrm{d}v}{\mathrm{d}t}$ 可得 $a_n=80\ \mathrm{m/s^2}$，$a_t=2\ \mathrm{m/s^2}$。

1－24　在 xy 平面内有一运动质点，其运动学方程为：$\boldsymbol{r}=10\cos5t\boldsymbol{i}+10\sin5t\boldsymbol{j}$，则 t 时刻其速度 $\boldsymbol{v}=$________；其切向加速度的大小 $a_t=$________；该质点的运动轨迹是________。

【分析与解答】　因为 $\boldsymbol{v}=\dfrac{\mathrm{d}\boldsymbol{r}}{\mathrm{d}t}$，则 $\boldsymbol{v}=-50\sin5t\boldsymbol{i}+50\cos5t\boldsymbol{j}$，则 $v=\sqrt{(-50\sin5t)^2+(50\cos5t)^2}=50$（与时间无关），所以切向加速度 $a_t=0$；运动轨迹由 $\begin{cases}x=10\cos5t\\y=10\sin5t\end{cases}$ 消去 t 求得 $x^2+y^2=100$。

1－25　悬挂在弹簧上的物体在竖直方向上振动，振动方程为 $y=A\sin\omega t$，其中 A、ω 均为常量，则：(1) 物体的速度与时间的函数关系为________；(2) 物体的速度与坐标的函数关系为________。

【分析与解答】　由 $v(t)=\dfrac{\mathrm{d}y}{\mathrm{d}t}$ 得 $v(t)=A\omega\cos\omega t$，与振动方程联立得 $v(y)=\omega\sqrt{A^2-y^2}$。

1－26　在 x 轴上做变加速直线运动的质点，已知其初速度为 v_0，初始位置为 x_0，加速度为 $a=Ct^2$（其中 C 为常量），则其速度与时间的关系 $v(t)=$________，运动方程为 $x(t)=$________。

【分析与解答】　利用积分 $\int_{v_0}^{v}\mathrm{d}v=\int_0^t Ct^2\mathrm{d}t$ 得 $v(t)=v_0+\dfrac{C}{3}t^3$，再由 $\int_{x_0}^{x}\mathrm{d}x=\int_0^t\left(v_0+\dfrac{1}{3}Ct^3\right)\mathrm{d}t$ 得 $x(t)=x_0+v_0t+\dfrac{C}{12}t^4$。

1-27　灯距地面高度为h_1，一个人身高为h_2，在灯下以匀速率v沿水平直线行走，如图所示。则他的头顶在地上的影子M点沿地面移动的速度$v_M=$________。

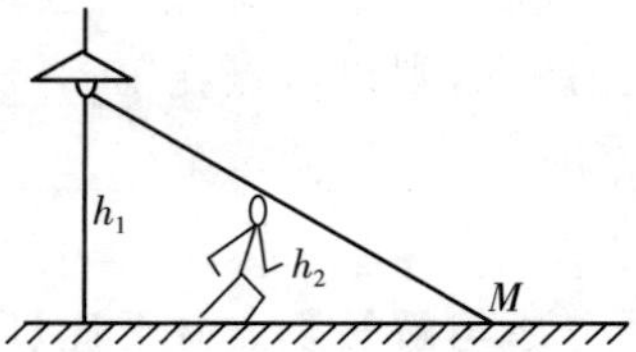

习题1-27图

【分析与解答】　由三角形相似得$\frac{x}{x-vt}=\frac{h_1}{h_2}$，两边对时间求导，考虑到$v_M=\frac{\mathrm{d}x}{\mathrm{d}t}$，则$v_M=\frac{h_1}{h_1-h_2}v$。

1-28　如图所示，一质点P从O点出发以匀速率1 m/s做顺时针转向的圆周运动，圆的半径为1 m，当它走过$\frac{2}{3}$圆周时，走过的路程是________；这段时间内的平均速度大小为________；方向是________。

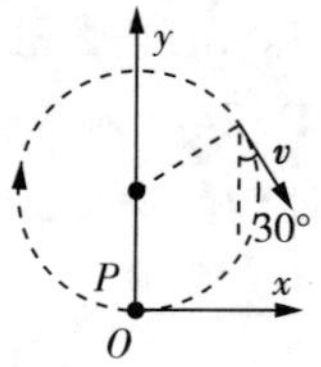

习题1-28图

【分析与解答】　由于圆的半径为1 m，所以当它走过$\frac{2}{3}$圆周时，走过的路程(弧长)为$\frac{4}{3}\pi$ m；平均速度为位移与时间的比值，位移大小为$\sqrt{3}$ m，用去时间为$\frac{4\pi}{3}$ s，则$\bar{v}=\frac{3\sqrt{3}}{4\pi}$ m/s；从图中不难看出，平均速度方向与y轴负方向成30°角向右下方。

1-29　一质点沿半径为R的圆周运动，在$t=0$时以v_0的速率经过圆周上的P点，此后它的速率按$v=v_0+bt$(v_0和b为正的已知常量)变化，则质点沿圆周运动一周再经过P点时的切向加速度$a_t=$________；法向加速度$a_n=$________。

【分析与解答】　利用公式$a_t=\frac{\mathrm{d}v}{\mathrm{d}t}$和$a_n=\frac{v^2}{R}$可得$a_t=b$，$a_n=\frac{v^2}{R}=\frac{v_0^2+2v_0bt+b^2t^2}{R}$，考虑到运动一周的时间可由$2\pi R=v_0t+\frac{1}{2}bt^2$得出，代入上式得$a_n=\frac{v_0^2}{R}+4\pi b$。

三、判断题

1-30　运动物体的加速度越大，物体的速度也越大。(　　)

【分析与解答】　×，加速度表示速度变化的快慢，两者在数值上没有直接的关系。

1-31　物体在直线上向前运动时，若物体向前的加速度减小了，则物体前进

的速度也随之减小。(　　)

【分析与解答】　×,加速度和速度方向一致,物体的速度会越来越大,当加速度减小时,速度的变化减慢了,但仍然增大。

1-32　物体加速度的值很大,而物体速度的值可以不变,这是可能的。(　　)

【分析与解答】　√,加速度既表示速度大小变化的快慢,也表示速度方向变化的快慢,如匀速圆周运动的速度大小不变,此时切向加速度为零,但法向加速度可以很大,所以这句话正确。

1-33　已知物体 t 时刻的速度,便可以求出 t 时刻的加速度。(　　)

【分析与解答】　×,速度和加速度在数值上没有直接的关系,只知道某一时刻的速度,无法求出这一时刻的加速度。

1-34　平均速度的大小和平均速率相等。(　　)

【分析与解答】　×,平均速度等于单位时间内物体发生的位移大小,而平均速率等于单位时间内物体走过的路程,位移大小和路程不一定相等,所以平均速度大小不等于平均速率。

1-35　瞬时速度的大小和瞬时速率相等。(　　)

【分析与解答】　√,瞬时速度的定义式为$\boldsymbol{v}=\frac{\mathrm{d}\boldsymbol{r}}{\mathrm{d}t}$,瞬时速率的定义式为 $v=\frac{\mathrm{d}s}{\mathrm{d}t}$,因为$|\mathrm{d}\boldsymbol{r}|=\mathrm{d}s$,所以瞬时速度大小等于瞬时速率。

四、计算题

1-36　一质点沿 x 轴的运动方程是 $x=t^2-4t+5$(SI制),则前3s内它的路程和位移分别是多少?

【分析与解答】　位移:$\Delta x=x_3-x_0=3^2-4\times 3=-3(\mathrm{m})$。

由运动方程 $x=t^2-4t+5$ 求导,得速度方程 $v=2t-4$,当 $t=2$ 时,$v=0$。在0～2 s内速度为负,在 2 ～ 3 s 内速度为正,所以走过的路程为

$$\Delta s=|x_2-x_0|+|x_3-x_2|=5\ \mathrm{m}$$

1-37　一质点沿 x 轴运动,其运动方程为 $x=3-5t+6t^2$,式中 t 以s计,x 以m计。试求:

(1) 质点的初始位置和初始速度;

(2) 质点在任一时刻的速度和加速度。

【分析与解答】　(1) 设初始位置坐标为 x_0,速度为 v_0。

令 $t=0$,$x_0=3$,$v=\frac{\mathrm{d}x}{\mathrm{d}t}=-5+12t$,则 $v_0=-5\ \mathrm{m/s}$。

(2) 任一时刻的速度为 $v=\frac{\mathrm{d}x}{\mathrm{d}t}=-5+12t$,加速度为 $a=\frac{\mathrm{d}v}{\mathrm{d}t}=12\ \mathrm{m/s^2}$。

1-38　已知质点的运动方程 $\boldsymbol{r}=2t\boldsymbol{i}+(19-2t^2)\boldsymbol{j}$(m)，求：(1) 质点的轨迹方程；(2) 在 1 s 到 2 s 时间内的平均速度大小；(3) 在 1 s 时的速度大小。

【分析与解答】 (1)$x=2t \rightarrow t=\dfrac{x}{2}$，得到轨迹方程为 $y=19-2t^2=19-2\left(\dfrac{x}{2}\right)^2=19-\dfrac{x^2}{2}$，质点的运动轨迹是抛物线。

(2) 在 1 s 到 2 s 时间内的位移为 $\Delta\boldsymbol{r}$，则

$$\boldsymbol{r}_1=2\boldsymbol{i}+(19-2\times 1^2)\boldsymbol{j}=2\boldsymbol{i}+17\boldsymbol{j}$$

$$\boldsymbol{r}_2=2\times 2\boldsymbol{i}+(19-2\times 2^2)\boldsymbol{j}=4\boldsymbol{i}+11\boldsymbol{j}$$

$$\Delta\boldsymbol{r}=\boldsymbol{r}_2-\boldsymbol{r}_1=(4-2)\boldsymbol{i}+(11-17)\boldsymbol{j}=2\boldsymbol{i}-6\boldsymbol{j}$$

$$|\Delta\boldsymbol{r}|=\sqrt{2^2+(-6)^2}=\sqrt{40}\,(\mathrm{m})$$

$$\bar{v}=\frac{|\Delta\boldsymbol{r}|}{\Delta t}=\frac{\sqrt{40}}{2-1}=2\sqrt{10}\,(\mathrm{m/s})$$

(3) $\boldsymbol{v}=\dfrac{\mathrm{d}\boldsymbol{r}}{\mathrm{d}t}=2\boldsymbol{i}-4t\boldsymbol{j}$(m/s)，当 $t=1$ s 时，$\boldsymbol{v}=2\boldsymbol{i}-4\boldsymbol{j}$(m/s)，速度的大小为 $v=\sqrt{2^2+(-4)^2}=2\sqrt{5}$(m/s)。

1-39　已知质点位矢随时间变化的函数形式为 $\boldsymbol{r}=4t^2\boldsymbol{i}+(3+2t)\boldsymbol{j}$，式中 $\boldsymbol{r}$ 的单位为 m，t 的单位为 s。求：(1) 质点的轨迹；(2) 从 $t=0$ 到 $t=1$ s 的位移；(3)$t=0$ 和 $t=1$ s 两个时刻的速度。

【分析与解答】

(1) 由 $\boldsymbol{r}=4t^2\boldsymbol{i}+(3+2t)\boldsymbol{j}$，可知 $x=4t^2$，$y=3+2t$

消去 t 得轨迹方程为：$x=(y-3)^2$

所以质点的轨迹为抛物线。

(2) 由 $\boldsymbol{v}=\dfrac{\mathrm{d}\boldsymbol{r}}{\mathrm{d}t}$，有速度：$\boldsymbol{v}=8t\boldsymbol{i}+2\boldsymbol{j}$

从 $t=0$ 到 $t=1$ s 的位移为：$\Delta\boldsymbol{r}=\int_0^1\boldsymbol{v}\mathrm{d}t=\int_0^1(8t\boldsymbol{i}+2\boldsymbol{j})\mathrm{d}t=4\boldsymbol{i}+2\boldsymbol{j}$

$t=0$ 和 $t=1$ s 两时刻的速度为：$\boldsymbol{v}(0)=2\boldsymbol{j}$，$\boldsymbol{v}(1)=8\boldsymbol{i}+2\boldsymbol{j}$

1-40　一石块从空中由静止下落，由于空气阻力，石块并非做自由落体运动，现已知加速度大小为 $a=A-Bv$(A、B 为常量)，求石块的速率和运动方程。

【分析与解答】 (1) 选石块静止处为原点，竖直向下方向为 y 正向。

由 $a=\dfrac{dv}{dt}$ 得 $A-Bv=\dfrac{dv}{dt}$，则 $dt=\dfrac{dv}{A-Bv}\Rightarrow\int dt=\int\dfrac{dv}{(A-Bv)}$，得 $t=-\dfrac{1}{B}\ln|A-Bv|+C$。

考虑到 $t=0$ 时，$v_0=0$，有 $C=\dfrac{1}{B}\ln A$，故石块的速率为 $v=\dfrac{A}{B}(1-e^{-Bt})$。

(2) 由 $v=\dfrac{dy}{dt}$ 得 $dy=\dfrac{A}{B}(1-e^{-Bt})dt$，则石块的运动方程为

$$y=\frac{A}{B}\int_0^t(1-e^{-Bt})dt=\frac{A}{B}\left(t+\frac{1}{B}e^{-Bt}\right)\Bigg|_0^t=\frac{A}{B}t+\frac{A}{B^2}(e^{-Bt}-1)$$

所以石块的运动方程为 $y=\dfrac{A}{B}t+\dfrac{A}{B^2}(e^{-Bt}-1)$。

1-41　一质点沿半径为 R 的圆周按规律 $s=v_0t-\dfrac{1}{2}bt^2$ 运动，v_0、b 都是常数。

(1) 求 t 时刻质点总的加速度；

(2) t 为何值时加速度的数值等于 b？

(3) 当加速度达到 b 时，质点已沿圆周运行了多少周？

【分析与解答】 (1) 总的加速度为 $a=\sqrt{a_t^2+a_n^2}=\sqrt{b^2+\dfrac{(v_0-bt)^4}{R^2}}$；

加速度与半径的夹角为 $\varphi=\arctan\dfrac{a_t}{a_n}=\dfrac{-Rb}{(v_0-bt)^2}$。

(2) 由题意得 $\sqrt{b^2+\dfrac{(v_0-bt)^4}{R^2}}=b\Rightarrow(v_0-bt)^4=0$，所以当 $t=\dfrac{v_0}{b}$ 时，$a=b$。

(3) 当 $t=\dfrac{v_0}{b}$ 时，$s=\dfrac{v_0^2}{2b}$，所以 $n=\dfrac{v_0^2}{2b}/2\pi R$，则 $n=\dfrac{v_0^2}{4\pi Rb}$。

1-42　在离地面高度为 h 的平台，有人用绳子拉小车．当人的速率为 v_0 且匀速时，试求小车的速率和加速度大小。

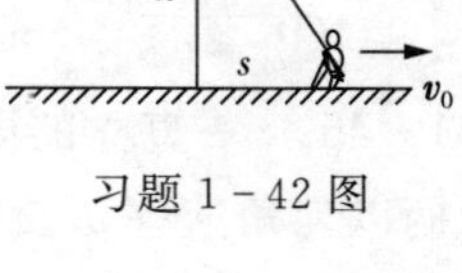

习题 1-42 图

【分析与解答】 $v_{车}=\dfrac{dx}{dt}$，$v_{人}=\dfrac{ds}{dt}=v_0$，

由于绳长不变，所以 $v_{车}=\dfrac{dx}{dt}=\dfrac{dl}{dt}$，

又由几何关系 $s^2=l^2-h^2$，两边对 t 求导得 $2s\dfrac{ds}{dt}=2l\dfrac{dl}{dt}$，解得 $v_{车}=\dfrac{v_0s}{\sqrt{s^2+h^2}}$；同理可求得加速度为 $a=$

$\frac{\mathrm{d}v_{车}}{\mathrm{d}t}=\frac{v_0^2h^2}{(s^2+h^2)^{\frac{3}{2}}}$。

(类似问题:在离水面高度为 h 的岸边,有人用绳子拉船靠岸,船在离岸边距离 s 处,当人以速率 v_0 匀速收绳时,试求船的速率和加速度大小)

1-43 已知子弹的轨迹为抛物线,初速度为 $\boldsymbol{v}_0$,并且$\boldsymbol{v}_0$与水平面的夹角为θ。试分别求出抛物线顶点及落地点的曲率半径。

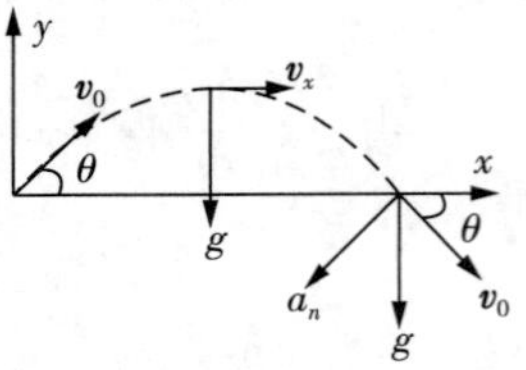

习题 1-43 图

【分析与解答】 (1) 抛物线顶点处子弹的速度 $v_x=v_0\cos\theta$,顶点处切向加速度为 0,法向加速度为 g。因此有

$$g=\frac{v^2}{\rho_1}=\frac{(v_0\cos\theta)^2}{\rho_1}$$

$$\rho_1=\frac{v_0^2\cos^2\theta}{g}$$

(2) 在落地点时子弹的 v_0,由抛物线对称性可知,法向加速度方向与竖直方向成 θ 角,则 $a_n=g\cos\theta$,$g\cos\theta=\frac{v_0^2}{\rho_2}$,所以 $\rho_2=\frac{v_0^2}{g\cos\theta}$。

1-44 质点 P 在水平面内沿一半径 $R=1\mathrm{m}$ 的圆轨道转动,转动的角速度 ω 与时间 t 的函数关系为 $\omega=kt^2$,已知 $t=2$ s 时,质点 P 的速率为 16 m/s,试求 $t=1$ s 时,质点 P 的速率与加速度的大小。

【分析与解答】 由线速度公式:$v=R\omega=Rkt^2=1\times kt^2$,将已知条件代入求得:$k=\frac{v}{t^2}=\frac{16}{2^2}=4$;

P 点的速率:$v=4t^2$;

P 点的切向加速度大小:$a_t=\frac{\mathrm{d}v}{\mathrm{d}t}=8t$;

P 点的法向加速度大小:$a_n=\frac{v^2}{R}=16t^4$;

所以,$t=1$ 时,$v=4t^2=4\ \mathrm{m/s}$;$a_t=8t=8\ \mathrm{m/s^2}$,$a_n=16t^4=16\ \mathrm{m/s^2}$,

$a=\sqrt{a_t^2+a_n^2}=\sqrt{16^2+8^2}=8\sqrt{5}\approx17.9(\mathrm{m/s^2})$。

1-45 一直立的雨伞,张开后其边缘圆周半径为 R,离地面的高度为 h,当伞绕伞柄以匀角速率 ω 旋转时,水滴沿边缘飞出后落在地面上半径为 r 的圆周上,求其半径 r。

【分析与解答】 由平抛公式,水滴沿边缘飞出后落在地面上所需时间为

$t=\sqrt{\frac{2h}{g}}$，则落地距离为 $s=\omega Rt=\omega R\sqrt{\frac{2h}{g}}$。

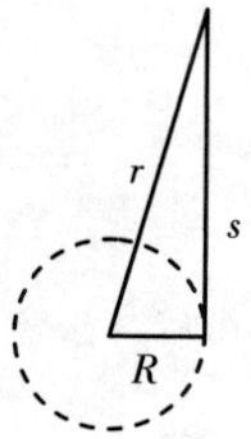

习题 1-45 图

考虑到水滴是沿伞的边缘切线方向飞出，有 $r=\sqrt{R^2+s^2}$，

则 $r=\sqrt{R^2+\frac{2h\omega^2R^2}{g}}=R\sqrt{1+\frac{2h\omega^2}{g}}$。

1-46　一质点在半径为 0.10 m 的圆周上运动，其角位置为 $\theta=2+4t^3$。

(1) 求 $t=2.0$ s 时质点的法向加速度和切向加速度；

(2) 当切向加速度的大小恰等于总加速度大小的一半时，θ 值为多少？

(3) t 为何值时，法向加速度和切向加速度的值相等？

【分析与解答】　可由角位置求出角速度为 $\omega=\frac{d\theta}{dt}=12t^2$，则速率 $v=R\omega=1.2t^2$。

可利用自然坐标系得切向和法向加速度为 $\begin{cases}a_t=\frac{dv}{dt}=2.4t\\ a_n=\frac{v^2}{R}=\frac{1.44t^4}{0.1}=14.4t^4\end{cases}$

总的加速度大小为 $a=\sqrt{a_t^2+a_n^2}=\sqrt{2.4^2t^2+14.4^2t^8}$。

(1) 当 $t=2$ s 时，$a_t=4.8\ \mathrm{m/s^2}$，$a_n=230.4\ \mathrm{m/s^2}$。

(2) 由题意应有 $2.4t=\frac{1}{2}\times\sqrt{2.4^2t^2+14.4^2t^8}\Rightarrow t^3=\frac{\sqrt{3}}{6}$，所以 $\theta=2+4\times\frac{\sqrt{3}}{6}=3.15(\mathrm{rad})$。

(3) 令 $2.4t=14.4t^4$，得 $t^3=\frac{2.4}{14.4}=\frac{1}{6}$，所以 $t=1/\sqrt[3]{6}=0.55(\mathrm{s})$ 时，法向加速度和切向加速度的值相等。

1-47　一架飞机 A 以相对于地面 300 km/h 的速度向北飞行，另一架飞机 B 以相对于地面 200 km/h 的速度向北偏西 60° 的方向飞行。求：A 相对于 B 和 B 相对于 A 的速度。

【分析与解答】　以飞机 A 为研究的质点，飞机 B 为动系，地面为静系。分析三种速度，画出速度矢量三角形。

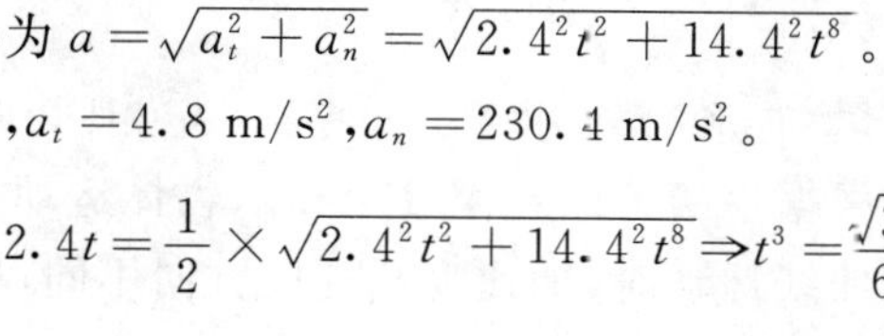

习题 1-47 图

$$v_{AB}=\sqrt{v_{A地}^2+v_{B地}^2-2v_{A地}v_{B地}\cos 60^\circ}$$
$$=\sqrt{300^2+200^2-2\times 300\times 200\times \frac{1}{2}}$$
$$=100\sqrt{7}\approx(2.64\times 10^2)(\text{km/h})$$

又$\frac{\sin\alpha}{v_{B地}}=\frac{\sin 60^\circ}{v_{AB}}\Rightarrow \sin\alpha=\frac{\sin 60^\circ}{v_{AB}}\times v_{B地}=\frac{\sqrt{3}}{2\times 100\sqrt{7}}\times 200=\sqrt{\frac{3}{7}}\approx 0.66$，则 $\alpha\approx 41^\circ$，$\beta\approx 49^\circ$。

A 相对于 B 速度大小为 264 km/h，方向是东偏北 49° 或者北偏东 41°。

B 相对于 A 速度大小为 264 km/h，方向是西偏南 49° 或者南偏西 41°

第二章　牛顿运动定律

思　考　题

2-1　物体的运动方向和合外力的方向是否一定相同？

答：不一定相同。根据牛顿第二定律，$\boldsymbol{F}=m\boldsymbol{a}$，物体运动加速度的方向和合外力方向相同，当物体做曲线运动时，加速度和速度方向不同，所以物体的运动方向和合外力的方向不一定相同。

2-2　物体运动的速率不变，所受合外力是否为零？

答：不一定。物体运动的速率不变，切向加速度为零，但其运动方向可能改变，即法向加速度可能不为零。根据牛顿第二定律，切向力为零，法向力不一定为零。

2-3　物体的速度很大，所受合外力是否也很大？

答：不一定。合外力和加速度成正比，和速度没有直接的关系。

2-4　物体受到几个力的作用，是否一定会产生加速度？

答：不一定。如果这几个力的合力为零，则不产生加速度。

习　　题

一、选择题

2-1　下列四种说法中，正确的为(　　)。

(A) 物体在恒力的作用下，不可能做曲线运动

(B) 物体在变力的作用下，不可能做曲线运动

(C) 物体在垂直于速度方向且大小不变的力的作用下做匀速圆周运动

(D) 物体在不垂直于速度方向的力的作用下，不可能做圆周运动

【分析与解答】 由平抛运动知 A 错；由圆周运动就是在变力作用下的，知 B 错；由加速或减速圆周运动，力不指向圆心，知 D 错，选 C。

2-2　质量为 m 的小球，放在光滑的木板和光滑的墙壁之间，并保持平衡，设木板和墙壁之间的夹角为 α，当 α 增大时，小球对木板的压力将(　　)。

(A) 增加　　(B) 减少　　(C) 不变

(D) 先是增加，后又减少，压力增减的分界角为 $\alpha=45^\circ$

【分析与解答】 画受力分析图，质量为 m 小球受到竖直向下的重力、水平向右的弹力和垂直于木板向左上的支持力三力平衡。

竖直方向上：$N\sin\alpha=mg\Rightarrow N=\dfrac{mg}{\sin\alpha}$。

N 为木板对小球的压力，与小球对木板的玉力互为作用力和反作用力，所以大小相等。当角度在 90° 以内变大时，N 减小，选 B。

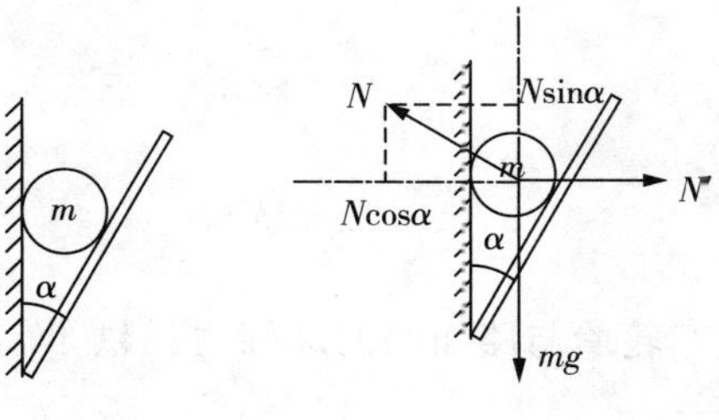

习题 2-2 图

2-3　如图，质量为 m 的物体用平行于斜面的细线连接并置于光滑的斜面上，若斜面向左方做加速运动，当物体刚脱离斜面时，它的加速度大小为(　　)。

(A) $g\sin\theta$　　(B) $g\cos\theta$　　(C) $g\tan\theta$　　(D) $g\cot\theta$

【分析与解答】 画受力分析图，物体 m 受到竖直向下的重力 $m\boldsymbol{g}$、垂直于斜面向右上的支持力和细线拉力 $\boldsymbol{T}$ 的作用。当支持力为零，有水平向右的惯性力 $m\boldsymbol{a}$ 与重力、拉力三力平衡，选 D。

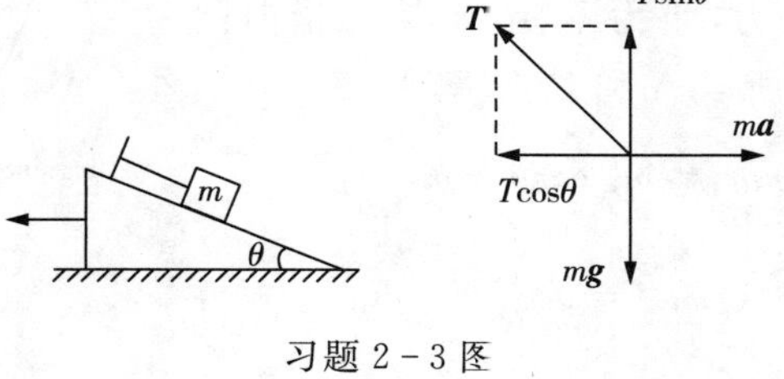

习题 2-3 图

建立平衡方程：

竖直方向上：$T\sin\theta = mg$；

水平方向上：$T\cos\theta = ma$；

所以有 $a = g\cot\theta$。

2-4 用水平力 $\boldsymbol{F}_N$ 把一个物体压在粗糙竖直墙面上保持静止，当 $\boldsymbol{F}_N$ 逐渐增大时，物体所受的静摩擦力 $\boldsymbol{F}_f$ 的大小（　　）。

(A) 不为零，但保持不变

(B) 随 $\boldsymbol{F}_N$ 增大成正比的增大

(C) 开始随 $\boldsymbol{F}_N$ 增大，达到最大值后保持不变

(D) 无法确定

【分析与解答】 由于物体被压在墙面上静止，所以静摩擦力与物体重力相等，保持不变，选 A。

2-5 某一路面水平的公路，转弯处轨道半径为 R，汽车轮胎与路面间的摩擦因数为 μ，要使汽车不至于发生侧向打滑，汽车在该处的行驶速率（　　）。

(A) 不得小于$\sqrt{\mu g R}$

(B) 必须等于$\sqrt{\mu g R}$

(C) 不得大于$\sqrt{\mu g R}$

(D) 由汽车的质量 m 决定

【分析与解答】 汽车轮胎与路面间的摩擦力提供了转弯所需的向心力，所以 $m\dfrac{v^2}{R} \leqslant \mu m g$，有 $v \leqslant \sqrt{\mu m g}$，选 C。

2-6 一物体沿固定圆弧形光滑轨道由静止下滑，在下滑过程中，则（　　）。

(A) 它的加速度方向永远指向圆心，其速率保持不变

(B) 它受到的轨道的作用力大小不断增加

(C) 它受到的合外力大小变化，方向永远指向圆心

(D) 它受到的合外力大小不变，其速率不断增加

【分析与解答】 由于轨道光滑，下滑过程机械能守恒，势能在减小，所以动能增加，速率一定增大；物体受到重力和支持力，重力不变，支持力指向圆心，合力不指向圆心，所以 A 和 C 都错。

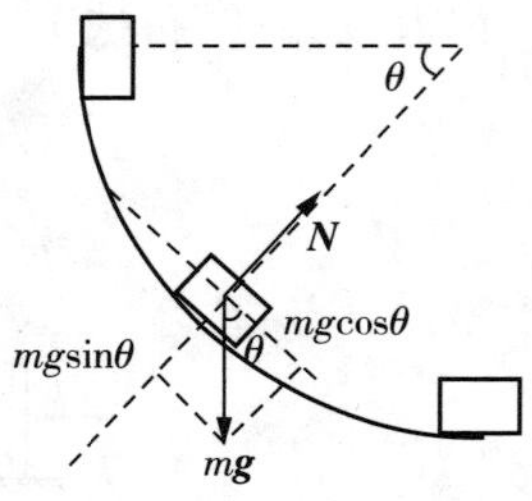

习题 2-6 图

切向：$mg\cos\theta = ma_1 \Rightarrow mg\cos\theta = m\dfrac{\mathrm{d}v}{\mathrm{d}t}$；

法向：$N - mg\sin\theta = ma_n = m\dfrac{v^2}{R} = mR\omega^2 \Rightarrow N = mg\sin\theta + mR\omega^2$。

下滑过程中角度在增大，$mg\sin\theta$ 增大，速率在增大，进而角速率增大，$mR\omega^2$ 也增大，所以 N 增大，选 B。

2-7　如图所示，滑轮、绳子质量及运动中的摩擦阻力都忽略不计，物体 A 的质量 m_1 大于物体 B 的质量 m_2. 在 A、B 运动过程中弹簧秤 S 的读数是(　　)

(A) $\dfrac{4m_1m_2}{m_1+m_2}g$　　(B) $\dfrac{2m_1m_2}{m_1+m_2}g$

(C) $(m_1-m_2)g$　　(D) $(m_1+m_2)g$

【分析与解答】

设绳子拉力为 F，A 下降的加速度为 a，则 B 上升的加速度也为 a

由牛顿第二定律可得

对 m_1：$m_1g-F=m_1a$

对 m_2：$F-m_2g=m_2a$

两式相除可得 $F=2m_1m_2g/(m_1+m_2)$

对于滑轮，竖直向下受两股绳的拉力，竖直向上受弹簧秤的拉力。

所以，弹簧秤的读数为 $2F=4m_1m_2g/(m_1+m_2)$，选 A。

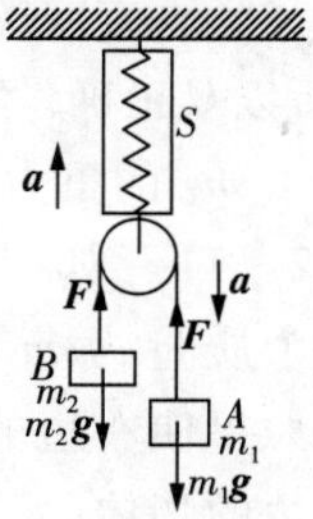

习题 2-7

2-8　在升降机天花板上栓一轻绳，其下端系一重物.当升降机以 a 的加速度上升时，绳中的张力恰好等于绳子所能承受的最大张力的一半，当绳子刚好被拉断时，升降机上升的加速度为(　　)。

(A) $2a$　　(B) $2(a+g)$　　(C) $2a+g$　　(D) $a+g$

【分析与解答】　由题意，$\frac{1}{2}T_{\max}=m(g+a)$，所以 $T_{\max}=2m(g+a)=m[g+(g+2a)]$，选 C。

2-9　一轻绳跨过一定滑轮，两端各系一重物，它们的质量分别为 m_1 和 m_2，且 $m_1>m_2$(滑轮质量及一切摩擦均不计)，此时重物的加速度大小为 a，今用一竖直向下的恒力 $F=m_1g$ 代替 m_1 的重物，质量 m_2 的加速度大小为 a'，则(　　)。

(A) $a'=a$　　(B) $a'>a$

(C) $a'<a$　　(D) 条件不足，无法确定

【分析与解答】　定滑轮两端系重物时，有 $m_1g-T=m_1a$，$T-m_2g=m_2a$，解得 $a=\dfrac{m_1-m_2}{m_1+m_2}g$；当用力代替 m_1 时，有 $m_1g-m_2g=m_2a'$，解得 $a'=\dfrac{m_1-m_2}{m_2}g$，显然 $a'>a$，选 B。

2-10　跨过两个质量不计的定滑轮和轻绳，一端挂重物 m_1，另一端挂重物 m_2

和 m_3，且 $m_1=m_2+m_3$，如图所示。当 m_2 和 m_3 绕铅直轴旋转时，(　　)。

(A)m_1 上升

(B)m_1 下降

(C)m_1 与 m_2 和 m_3 保持平衡

(D) 当 m_2 和 m_3 不旋转，而 m_1 在水平面上做圆周运动时，两边保持平衡

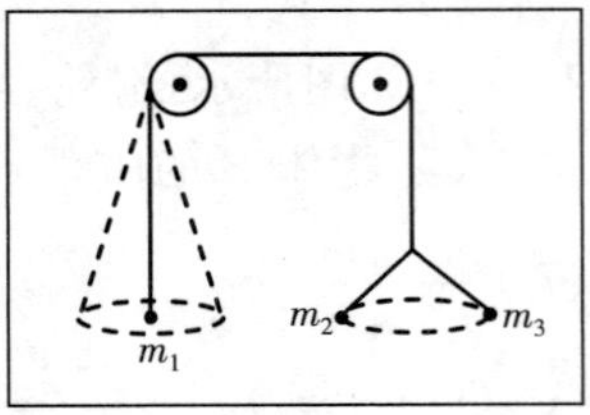

习题 2-10 图

【分析与解答】 当 m_2 和 m_3 绕铅直轴旋转时，右边直绳下端节点处三力平衡，但有张角的绳子在竖直方向的合力恰等于 m_2 和 m_3 的重力和，所以C正确。当 m_2 和 m_3 不旋转，而 m_1 在水平面上做圆周运动时，m_1 绳上的张力大于 m_1 的重力，不平衡，选 C。

2-11　如图所示，轻绳通过定滑轮，两端分别挂一个质量为 m 的重物，初始时它们处于同一高度。如果使右边的重物在平衡位置附近来回摆动，则左边的物体(　　)。

(A) 向上运动

(B) 向下运动

(C) 保持平衡

(D) 时而向上，时而向下

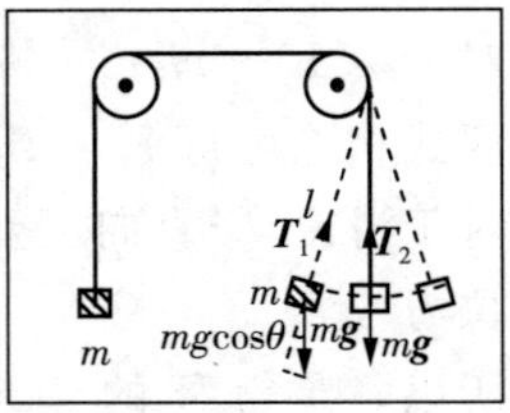

习题 2-11 图

【分析与解答】 当右边重物摆至最高点时，速率为0，绳中张力为 $T_1=mg\cos\theta<mg$；当右边重物摆至最低点时，速率最大，绳中张力为 $T_2=mg+m\dfrac{v^2}{l}>mg$，选 D。

2-12　质量为 0.25 kg 的质点，受 $\boldsymbol{F}=t\,\boldsymbol{i}$(N) 的力作用，$t=0$ 时该质点以 $\boldsymbol{v}=2\boldsymbol{j}$(m/s) 的速度通过坐标原点，该质点任意时刻的位置矢量是(　　)。

(A)$2t^2\boldsymbol{i}+2\boldsymbol{j}$(m)

(B) $\dfrac{2}{3}t^3\boldsymbol{i}+2t\boldsymbol{j}$(m)

(C) $\dfrac{3}{4}t^4\boldsymbol{i}+\dfrac{2}{3}t^3\boldsymbol{j}$(m)

(D) 条件不足，无法确定

【分析与解答】 列方程 $m\dfrac{d\boldsymbol{v}}{dt}=t\,\boldsymbol{i}\Rightarrow\int d\boldsymbol{v}=\int\dfrac{t\,\boldsymbol{i}}{m}dt$，解得 $\boldsymbol{v}=\dfrac{t^2\boldsymbol{i}}{2m}+C$，代入初始条件可得 $\boldsymbol{C}=2\boldsymbol{j}$；再利用 $\dfrac{d\boldsymbol{r}}{dt}=\dfrac{t^2\boldsymbol{i}}{2m}+2\boldsymbol{j}$，$\dfrac{d\boldsymbol{r}}{dt}=\dfrac{t^2\boldsymbol{i}}{2m}+2\boldsymbol{j}$ 积分可得 $\boldsymbol{r}=\dfrac{2t^3}{3}\boldsymbol{i}+2t\boldsymbol{j}$(注意到 $t=0$ 时 $\boldsymbol{r}=0$)，选 B。

2-13　质量为 m 的物体最初位于 x_0 处，在力 $F=-k/x^2$ 作用下由静止开始沿

直线运动，k 为一常数，则物体在任一位置 x 处的速率为(　　)。

(A) $\sqrt{\dfrac{k}{m}\left(\dfrac{1}{x}-\dfrac{1}{x_0}\right)}$

(B) $\sqrt{\dfrac{2k}{m}\left(\dfrac{1}{x}-\dfrac{1}{x_0}\right)}$

(C) $\sqrt{\dfrac{3k}{m}\left(\dfrac{1}{x}-\dfrac{1}{x_0}\right)}$

(D) $2\sqrt{\dfrac{k}{m}\left(\dfrac{1}{x}-\dfrac{1}{x_0}\right)}$

【分析与解答】　列方程 $m\dfrac{\mathrm{d}v}{\mathrm{d}t}=-\dfrac{k}{x^2}$，考虑到 $\dfrac{\mathrm{d}v}{\mathrm{d}t}=\dfrac{\mathrm{d}v}{\mathrm{d}x}\cdot\dfrac{\mathrm{d}x}{\mathrm{d}t}=v\cdot\dfrac{\mathrm{d}v}{\mathrm{d}x}$，有 $\int_0^v v\mathrm{d}v=-\int_{x_0}^{x}\dfrac{k}{mx^2}\mathrm{d}x$，解得 $v=\sqrt{\dfrac{2k}{m}\left(\dfrac{1}{x}-\dfrac{1}{x_0}\right)}$，选 B。

二、填空题

2－14　质量为 m 的小球，用轻绳 AB 和 BC 连接，如图所示。其中 AB 水平，剪断 AB 前后的瞬间，绳 BC 中的张力比 $F_T : F'_T=$________。

【分析与解答】　剪断 AB 前三力平衡，有 $F_T=mg/\cos\theta$；剪断 AB 后，合外力方向垂直于绳 BC，有 $F'_T=mg\cos\theta$；所以比为 $1:\cos^2\theta$。

2－15　图示中系统置于以 $a=g/2$ 的加速度上升的升降机内，A、B 两物体质量均为 m，若滑轮和质量不计，而 A 与水平桌面的滑动摩擦因数为 μ，则绳中张力的值为________。

【分析与解答】　利用非惯性参考系，重力加速度变为 $g'=\dfrac{1}{2}g+g=\dfrac{3}{2}g$；由牛顿定律 $\begin{cases}m_{\mathrm{B}}g'-T=m_{\mathrm{B}}a'\\T-\mu m_{\mathrm{A}}g'=m_{\mathrm{A}}a'\end{cases}$，得 $T=\dfrac{1}{2}(1+\mu)mg'$，所以为 $\dfrac{3}{4}(1+\mu)mg$。

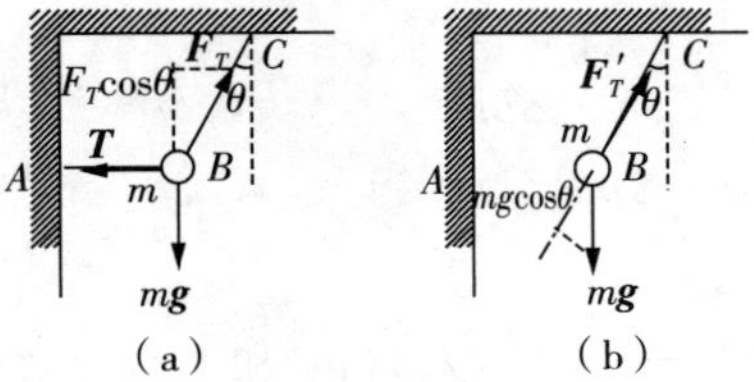

习题 2－14 图

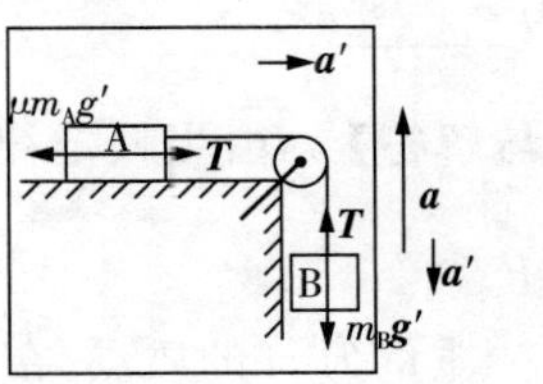

习题 2－15 图

2－16　图示中一漏斗绕铅直轴做匀角速转动，其内壁有一质量为 m 的小木块，木块到转轴的垂直距离为 r，m 与漏斗内壁间的静摩擦因数为 μ_0，漏斗与水平方向成 θ 角，若要使木块相对于漏斗内壁静止不动，漏斗的最大角速度 $\omega_{\max}=$

________，最小角速度 $\omega_{\min}=$________。

【分析与解答】 首先进行受力分析，当角速度较大时，木块有向上滑动的趋势，则保持平衡的摩擦力向下，见图(1)，有$\begin{cases} mg+\mu_0 T\sin\theta=T\cos\theta \\ T\sin\theta+\mu_0 T\cos\theta=m\omega_{\max}^2 r \end{cases}$，可求得：

$\omega_{\max}=\sqrt{\dfrac{g(\sin\theta+\mu_0\cos\theta)}{r(\cos\theta-\mu_0\sin\theta)}}$。

当角速度较小时，木块有向下滑动的趋势，则保持平衡的摩擦力向上，见图(2)，

有$\begin{cases} mg=T\cos\theta+\mu_0 T\sin\theta \\ T\sin\theta-\mu_0 T\cos\theta=m\omega_{\min}^2 r \end{cases}$，可求得 $\omega_{\min}=\sqrt{\dfrac{g(\sin\theta-\mu_0\cos\theta)}{r(\cos\theta+\mu_0\sin\theta)}}$。

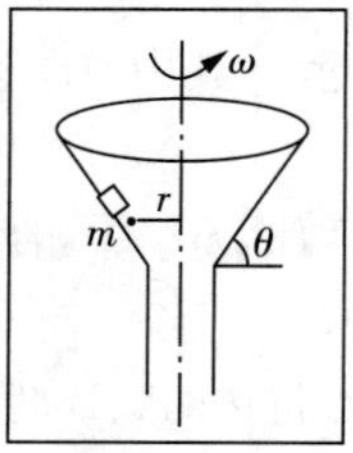

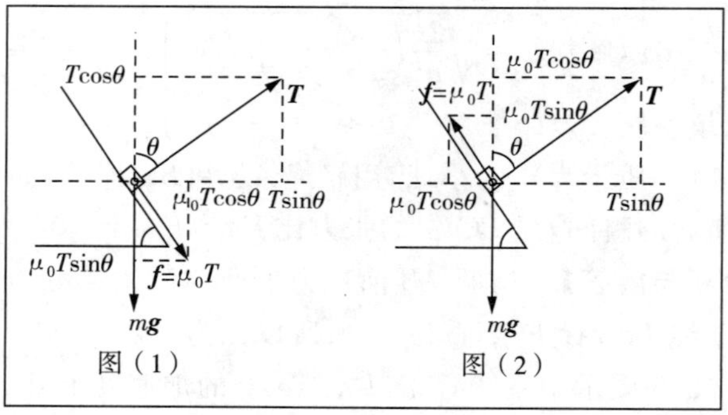

习题 2-16 图

2-17 如图所示，把一根匀质细棒 AC 放置在光滑桌面上，已知棒的质量为 m，长为 L。今用一大小为 F 的力沿水平方向推棒的左端。设想把棒分成 AB、BC 两段，且 $BC=0.2L$，则 AB 段对 BC 段的作用力大小为________。

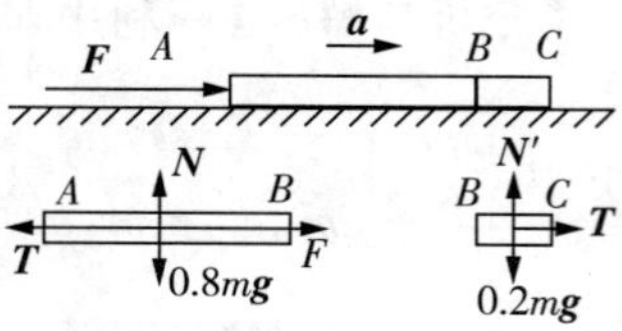

习题 2-17 图

【分析与解答】 由牛顿定律$\begin{cases} F-T=0.8ma \\ T=0.2ma \end{cases}$，

得 $T=0.2F$。

2-18 质量为 m 的质点，在变力 $F=F_0(1-kt)$（F_0 和 k 均为常量）作用下沿 ox 轴做直线运动。若已知 $t=0$ 时，质点处于坐标原点，速度大小为 v_0，则质点运动微分方程为________，质点速率随时间变化规律为 $v=$________，质点运动学方程为 $x=$________。

【分析与解答】 由牛顿定律 $F=ma$ 得运动微分方程：$F_0(1-kt)=m\dfrac{d^2x}{dt^2}$；再

由 $F_0(1-kt)=m\dfrac{dv}{dt}\Rightarrow\int_{v_0}^{v}dv=\dfrac{F_0}{m}\int_0^t(1-kt)dt$ 得 $v=v_0+\dfrac{F_0}{m}\left(t-\dfrac{kt^2}{2}\right)$；再由 $\dfrac{dx}{dt}=v_0+\dfrac{F_0}{m}\left(t-\dfrac{1}{2}kt^2\right)\Rightarrow\int_0^x dx=\int_0^t\left[v_0+\dfrac{F_0}{m}\left(t-\dfrac{1}{2}kt^2\right)\right]dt$ 得 $x=v_0t+\dfrac{F_0}{2m}\left(t^2-\dfrac{kt^3}{3}\right)$。

三、判断题

2-19　力是使物体运动起来的原因。(　　)

【分析与解答】　×，根据牛顿定律，合外力和物体的加速度成正比，因此，力是使物体运动状态变化的原因。

2-20　牛顿第二定律 $\boldsymbol{F}=m\boldsymbol{a}$ 适用于所有宏观物体的低速运动。(　　)

【分析与解答】　×，$\boldsymbol{F}=m\boldsymbol{a}$ 只适用于质量不变的宏观物体的低速运动。

2-21　物体做匀速运动，所受合外力不一定为零。(　　)

【分析与解答】　√，物体做匀速运动，即速率不变，但其运动方向可能改变，即有加速度，则所受合外力不为零。

2-22　在一个密闭的船舱里，可以通过力学实验判断船是静止的还是运动的。(　　)

【分析与解答】　×，根据伽利略相对性原理，如果船相对于地面做匀速直线运动，则在船上做任何力学实验，看到的现象都和船静止时完全一样，所以无法判断它是静止的还是运动的。

2-23　用绳子系一物体，在竖直平面内做圆周运动，当物体达到最高点时，物体受到四个力的作用：重力、绳子的拉力、向心力和离心力。(　　)

【分析与解答】　×，物体在最高点只受到重力和绳子的拉力的作用，向心力是它们的合力，离心力是由物体加速度引起的一个效应，并不是实际存在的一个力。

四、计算题

2-24　如图所示，质量为 m 的人站在升降机内，当升降机以加速度 $\boldsymbol{a}$ 运动时，求人对升降机地板的压力。

【分析与解答】　(1) 确定依据对象：以人为研究对象；

(2) 受力分析：人受到重力和地板对人的弹性力的作用；

(3) 选择坐标系：选向上为正方向；

(4) 列方程：根据牛顿第二定律得

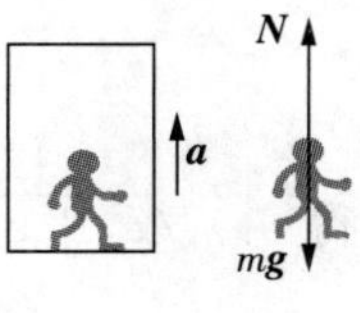

习题 2-24 图

$$N-mg=ma$$

(5) 解方程：解得 $N=m(g+a)$，由牛顿第三定律可知人对地板的压力为 $N'=m(g+a)$，方向向下。

(6) 讨论：$a>0$，$N>mg$，向上加速或向下减速，超重；$a<0$，$N<mg$，向上减

速或向下加速，失重。

当升降机自由降落时，人对地板的压力减为 0，此时人处于完全失重状态。

2-25 如图所示，长为 l 的轻绳，一端系一质量为 m 的小球，另一端系于定点 O。开始时小球处于最低位置。若使小球获得如图所示的初速 $\boldsymbol{v}_0$，小球将在竖直平面内做圆周运动。求小球在任意位置的速率及绳的张力。

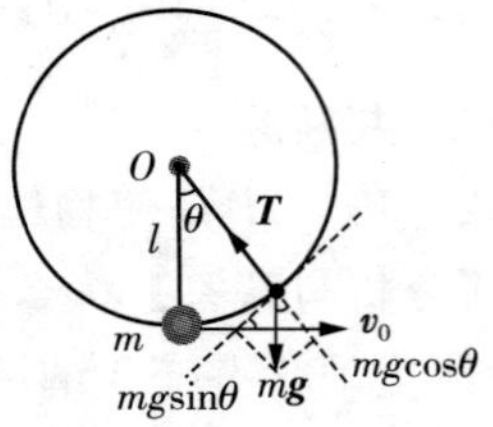

习题 2-25 图

【分析与解答】 以小球为研究对象，在任意 θ 位置，小球受重力和绳的张力的作用。根据牛顿第二定律可以写出小球在法向和切向的运动方程：

$$T - mg\cos\theta = ma_n = m\frac{v^2}{l} \tag{1}$$

$$mg\sin\theta = -ma_t = -m\frac{\mathrm{d}v}{\mathrm{d}t} \tag{2}$$

由式(2) 可得

$$\frac{\mathrm{d}v}{\mathrm{d}t} = -g\sin\theta \tag{3}$$

又因为 $\frac{\mathrm{d}v}{\mathrm{d}t} = \frac{\mathrm{d}v}{\mathrm{d}\theta}\frac{\mathrm{d}\theta}{\mathrm{d}t} = \omega\frac{\mathrm{d}v}{\mathrm{d}\theta} = \frac{v}{l}\frac{\mathrm{d}v}{\mathrm{d}\theta}$，则式(3) 可写成 $\frac{v}{l}\frac{\mathrm{d}v}{\mathrm{d}\theta} = -g\sin\theta$，得 $v\mathrm{d}v = -gl\sin\theta\mathrm{d}\theta$

由初始条件积分

$$\int_{v_0}^{v} v\mathrm{d}v = \int_0^{\theta} -gl\sin\theta\mathrm{d}\theta$$

得 $v = \sqrt{v_0^2 + 2gl(\cos\theta - 1)}$，代入(1) 式，得 $T = m\left(\frac{v_0^2}{l} - 2g + 3g\cos\theta\right)$。

讨论：上升过程中，小球速率减小，绳的拉力逐渐减小；下降过程中，小球速率增大，绳的拉力逐渐增大。

2-26 一重物 m 用绳悬起，绳的另一端系在天花板上，绳长 $l=0.5\ \mathrm{m}$，重物经推动后，在一水平面内做匀速圆周运动，转速 $n=1\ \mathrm{r/s}$，这种装置叫作圆锥摆。求这时绳和竖直方向所成的角度。

【分析与解答】 以小球为研究对象，对其进行受力分析：$T\sin\theta = m\omega^2 r =$

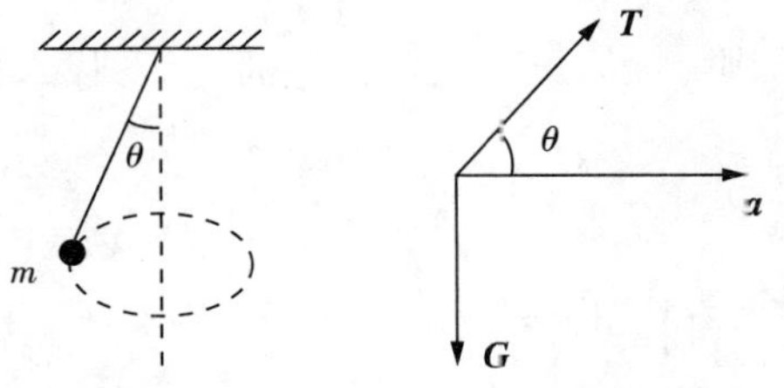

习题 2-26 图

$m\omega^2 l\sin\theta$，$T\cos\theta = mg$。

由转速可求出角速度为 $\omega = 2\pi n$；

拉力为 $T = m\omega^2 l = 4\pi^2 n^2 ml$，$\cos\theta = \dfrac{g}{4\pi^2 n^2 l} = \dfrac{9.8}{4\pi^2 \times 0.5} \Rightarrow \theta = 60°13'$。

可以看出，物体的转速 n 愈大，θ 也愈大，而与重物的质量 m 无关。

2-27　图示一斜面，倾角为 α，底边 AB 长为 l，质量为 m 的物体从顶端由静止开始向下滑动，斜面的摩擦因数为 $\mu = \dfrac{1}{\sqrt{3}}$，问当 α 为何值时，物体在斜面上下滑的时间最短？

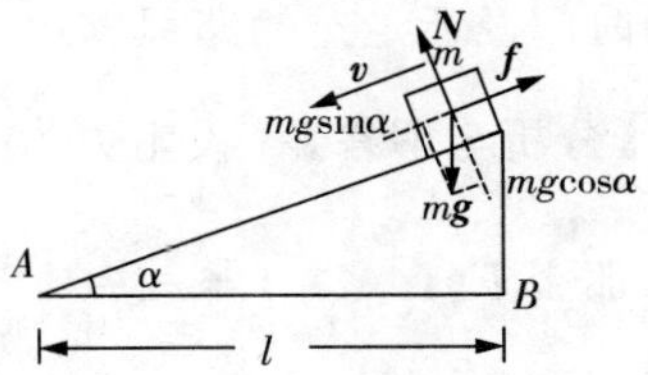

习题 2-27 图

【分析与解答】　先求下滑时间 t 与 α 的关系。

① 根据牛顿定律 $mg\sin\alpha - \mu mg\cos\alpha = ma$，可得 $a = (\sin\alpha - \mu\cos\alpha)g$；

② 利用 $s = \dfrac{1}{2}at^2$，并考虑到 $s = \dfrac{l}{\cos\alpha}$，有 $\dfrac{l}{\cos\alpha} = \dfrac{1}{2}(\sin\alpha - \mu\cos\alpha)gt^2$，整理得 $t^2 = \dfrac{2l}{g\cos\alpha(\sin\alpha - \mu\cos\alpha)}$；

③ 令 $x = \cos\alpha(\sin\alpha - \mu\cos\alpha)$，则当 $\dfrac{dx}{d\alpha} = 0$ 时 t 取最小，$\dfrac{dx}{d\alpha} = 0 \Rightarrow \sin\alpha(\sin\alpha - \mu\cos\alpha) - \cos\alpha(\cos\alpha + \mu\sin\alpha) = 0$，解得 $\tan 2\alpha = -\dfrac{1}{\mu} = -\sqrt{3}$，则 $2\alpha = \dfrac{2\pi}{3}$，$\alpha = \dfrac{\pi}{3}$。

2-28　一质点沿 x 轴运动，其所受的力如图所示，设 $t=0$ 时，$v_0 = 5\ \text{m/s}$，$x_0 = 2\ \text{m}$，质点质量为 $m = 1\ \text{kg}$，求质点 7 s 末的速率和位置坐标。

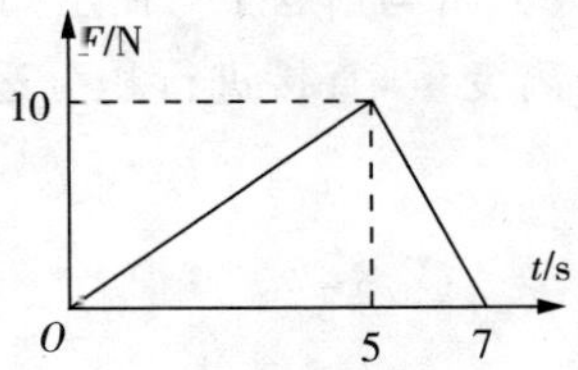

习题 2-28 图

【分析与解答】　由图示可知质点受力为

$F = \begin{cases} 2t, 0 \leqslant t \leqslant 5 \\ 35 - 5t, 5 \leqslant t \leqslant 7 \end{cases}$，根据牛顿定律 $dv = \dfrac{F}{m}dt$，可得

（1）当 $0\leqslant t\leqslant 5$ 时，有 $\int_{v_0}^{v}\mathrm{d}v=\int_0^t 2t\mathrm{d}t$，则 $v=v_0+t^2$，再利用 $\frac{\mathrm{d}x}{\mathrm{d}t}=v_0+t^2$，有 $\int_{x_0}^{x}\mathrm{d}x=\int_0^t(v_0+t^2)\mathrm{d}t$，则 $x=x_0+v_0t+\frac{1}{3}t^3$，将 $t=5$ 代入得 $v_5=30\ \mathrm{m/s}$，$x_5=27+\frac{125}{3}=\frac{206}{3}(\mathrm{m})$。

（2）当 $5\leqslant t\leqslant 7$ 时，有 $\int_{v_5}^{v}\mathrm{d}v=\int_5^t(35-5t)\mathrm{d}t$，则 $v=v_5+35t-\frac{5}{2}t^2-\frac{225}{2}$，再利用 $\frac{\mathrm{d}x}{\mathrm{d}t}=v_5+35t-\frac{5}{2}t^2-\frac{225}{2}$，有 $\int_{x_5}^{x_7}\mathrm{d}x=\int_5^t(v_5+35t-\frac{5}{2}t^2-\frac{225}{2})\mathrm{d}t$，则 $x_7=x_5-82.5t+\frac{35}{2}t^2-\frac{5}{6}t^3\Big|_5^7=142\ \mathrm{m}$。而 $\int_{v_0}^{v_7}\mathrm{d}v=\int_0^5 2t\mathrm{d}t+\int_5^7(35-5t)\mathrm{d}t$，得 $v_7=40\ \mathrm{m/s}$。

2－29　质量为 m 的摩托车，在恒定的牵引力 F 的作用下工作，它所受到的阻力与速率的平方成正比，它能达到的最大速率为 v_m，求摩托车从静止加速到 $\frac{v_\mathrm{m}}{2}$ 所需的时间及所走过的路程。

【分析与解答】　设阻力为 $f=-kv^2$，则 $F-kv^2=m\frac{\mathrm{d}v}{\mathrm{d}t}$，当加速度 $\frac{\mathrm{d}v}{\mathrm{d}t}=0$ 时，$F=kv_m^2$，那么 $F(1-\frac{v^2}{v_m^2})=m\frac{\mathrm{d}v}{\mathrm{d}t}$。

（1）由 $\mathrm{d}t=\frac{m\mathrm{d}v}{F(1-v^2/v_\mathrm{m}^2)}$，有 $\int_0^t\mathrm{d}t=\frac{mv_\mathrm{m}}{F}\int_0^{\frac{v_\mathrm{m}}{2}}\frac{\mathrm{d}(v/v_\mathrm{m})}{1-v^2/v_\mathrm{m}^2}$，则有 $t=\frac{mv_\mathrm{m}}{2F}\left[\int_0^{\frac{v_\mathrm{m}}{2}}\frac{\mathrm{d}(v/v_\mathrm{m})}{1+v/v_\mathrm{m}}-\int_0^{\frac{v_\mathrm{m}}{2}}\frac{\mathrm{d}(-v/v_\mathrm{m})}{1-v/v_\mathrm{m}}\right]=\frac{mv_\mathrm{m}}{2F}\ln 3$。

（2）考虑到 $\frac{\mathrm{d}v}{\mathrm{d}t}=\frac{\mathrm{d}v}{\mathrm{d}x}\cdot\frac{\mathrm{d}x}{\mathrm{d}t}=v\cdot\frac{\mathrm{d}v}{\mathrm{d}x}$，有 $F(1-\frac{v^2}{v_\mathrm{m}^2})=mv\frac{\mathrm{d}v}{\mathrm{d}x}$，则 $F(1-\frac{v^2}{v_\mathrm{m}^2})=\frac{m}{2}\frac{\mathrm{d}v^2}{\mathrm{d}x}$，积分 $\int_0^x\mathrm{d}x=\frac{m}{2F}\int_v^{\frac{v_\mathrm{m}}{2}}\frac{\mathrm{d}v^2}{1-v^2/v_\mathrm{m}^2}$，得 $x=-\frac{mv_\mathrm{m}^2}{2F}\ln\frac{3}{4}=\frac{mv_\mathrm{m}^2}{2F}\ln\frac{4}{3}$。

2－30　质点做一维运动，所受的力随时间变化的函数关系是 $f(t)$，试求质点的运动方程。已知 $t=0$ 时，$x=x_0$，$v=v_0$。

【分析与解答】　在已知函数 $f(t)$ 形式的情况下，列出质点的动力学方程式，经分离变量，直接进行积分运算，求出运动规律。

$$m\frac{\mathrm{d}v}{\mathrm{d}t}=f(t)$$

则有

$$m\mathrm{d}v=f(t)\mathrm{d}t$$

积分

$$\int_{v_0}^{v} m\mathrm{d}v = \int_{t_0}^{t} f(t)\mathrm{d}t$$

得

$$m(v - v_0) = \varphi(t) - \varphi(t_0)$$

$$\frac{\mathrm{d}x}{\mathrm{d}t} = v = \frac{1}{m}[\varphi(t) - \varphi(t_0)] + v_0$$

分离变量,再次积分得

$$x = x_0 + v_0(t - t_0) + \frac{1}{m}\int_{t_0}^{t}[\varphi(t) - \varphi(t_0)]\mathrm{d}t$$

式中,$\varphi(t)$ 为 $f(t)$ 的原函数。

第三章　动量定理　动量守恒定律

思考题

3-1　冲量的方向是否与作用力的方向相同?

答:(1) 如果 $\boldsymbol{F}$ 是一个方向不变、大小变化的力,那么冲量 $\boldsymbol{I}$ 方向与 $\bar{\boldsymbol{F}}$ 方向相同,冲量 $\boldsymbol{I}$ 大小由外力大小和外力持续作用时间决定。冲量大小等于 $\boldsymbol{F}-\boldsymbol{t}$ 图中曲线下的面积或等于平均冲力 $\bar{\boldsymbol{F}}$ 下的面积,冲量的方向与作用力的方向相同。

(2) 如果 $\boldsymbol{F}$ 是一个方向和大小都变化的力,那么冲量 $\boldsymbol{I}$ 的大小和方向是由这段时间内所有微分冲量 $\boldsymbol{F}\mathrm{d}t$ 的矢量总和决定。

3-2　用锤压钉,很难把钉压入木板,如用锤击钉,钉就很容易进入木板,这是为什么?

答:钉子能进入木板的原因是钉子受到的作用力要大于钉子和木板之间的摩擦力,用压的方式时,压力小于钉子受到的摩擦力,钉子无法进入木板;如果采用打击的方式,根据动量定理:$\boldsymbol{F}\Delta t = m\boldsymbol{v}_2 - m\boldsymbol{v}_1$,由于作用时间很短,所以钉子受到的平均冲力很大,容易克服木板的摩擦阻力而进入木板。

3-3　有两只船与堤岸的距离相同,为什么人从小船跳上岸比较难,而从大船跳上岸却比较容易?

答:以船为研究对象,假设人起跳时对船的冲量相同,根据动量定理 $\boldsymbol{F}\Delta t = m\boldsymbol{v}_2 - m\boldsymbol{v}_1$,则船的动量变化相同,所以大船比小船速度变化小,人起跳时大船较为稳定，故从大船跳上岸比从小船跳上岸容易。

习　题

一、选择题

3-1　在下列各种运动中，不满足任何相等时间间隔内物体动量增量一定相同的是（　　）。

(A) 匀加速直线运动　　(B) 平抛运动

(C) 匀减速直线运动　　(D) 匀速圆周运动

【分析与解答】　分析合力可知只有 D 选项合力是变力，选 D。

3-2　在物体运动过程中，下列说法不正确的有（　　）。

(A) 动量不变的运动，一定是匀速运动

(B) 动量大小不变的运动，可能是变速运动

(C) 如果在任何相等时间内物体所受的冲量相等（不为零），那么该物体的加速度为常矢量

(D) 冲量的方向和物体运动加速度的方向一定相同

【分析与解答】　对于变力作用物体时冲量与力的方向不相同，选 D。

3-3　在距地面高为 h，同时以相等初速 $\boldsymbol{v}_0$ 分别平抛、竖直上抛、竖直下抛一质量相等的物体 m，当它们从抛出到落地时，比较它们的动量的增量 $\Delta\boldsymbol{p}$，有（　　）。

(A) 平抛过程较大　　(B) 竖直上抛过程较大

(C) 竖直下抛过程较大　　(D) 三者一样大

【分析与解答】　几种运动在竖直方向上都仅仅受到重力，初速度大小相等时，只有竖直上抛运动在竖直方向的速度变化最大，所以动量变化最大，选 B。

3-4　关于物体所受的合外力与其动量之间的关系，叙述正确的是（　　）。

(A) 物体所受的合外力与物体的初动量成正比

(B) 物体所受的合外力与物体的末动量成正比

(C) 物体所受的合外力与物体的动量变化量成正比

(D) 物体所受的合外力与物体动量对时间的变化率成正比

【分析与解答】　由牛顿第二定律可知 $\boldsymbol{F}=\frac{\mathrm{d}\boldsymbol{p}}{\mathrm{d}t}$，选 D。

3-5　质量为 m 的物体以 $\boldsymbol{v}$ 的初速度竖直向上抛出，经时间 t 达到最高点，速度变为 0，以竖直向上为正方向，在这个过程中，物体的动量变化量和重力的冲量分别是（　　）。

(A) $-m\boldsymbol{v}$ 和 $-m\boldsymbol{g}t$　　(B) $m\boldsymbol{v}$ 和 $m\boldsymbol{g}t$

(C) $m\boldsymbol{v}$ 和 $-m\boldsymbol{g}t$　　(D) $-m\boldsymbol{v}$ 和 $m\boldsymbol{g}t$

【分析与解答】　取竖直向上为正方向，重力冲量向下为负，动量变化由最后动

量 0 减去初始动量 $m\boldsymbol{v}$，选 A。

3－6　质量为 1 kg 的小球从高 20 m 处自由下落到软垫上，反弹后上升的最大高度为 5 m，小球接触软垫的时间为 1 s，在接触时间内，小球受到的合力大小(空气阻力不计)为(　　)。

(A)10 N　　(B)20 N　　(C)30 N　　(D)40 N

【分析与解答】　由 $v_1=\sqrt{2gh_1}=\sqrt{2\times10\times20}=20\ (\mathrm{m/s})$，$v_2=\sqrt{2gh_2}=\sqrt{2\times10\times5}=10\ (\mathrm{m/s})$，$\boldsymbol{F}\Delta t=m\boldsymbol{v}_2-m\boldsymbol{v}_1\Rightarrow F=10-(-20)=30\ (\mathrm{N})$，选 C。

二、填空题

3－7　用 8 N 的力推动一个物体，力的作用时间是 5 s，则力的冲量大小为________。若物体仍处于静止状态，此力在这段时间内冲量大小为________，合力的冲量大小为________。

【分析与解答】　$I=F\Delta t=8\times5=40\ (\mathrm{N\cdot s})$，物体静止时该力冲量不变，合力为零，所以合力冲量为零。

3－8　一个原来静止在光滑水平面上的物体，突然裂成三块，以相同的速率沿三个方向在水平面上运动，各方向之间的夹角如图所示，则三块物体的质量之比 $m_1:m_2:m_3=$________。

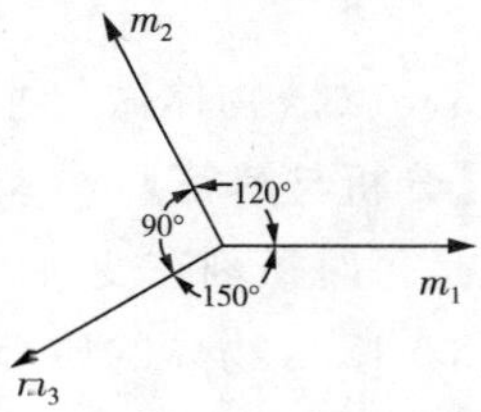

习题 3－8 图

【分析与解答】　以 m_1 为水平方向进行正交分解，有

$$\begin{cases}m_1v=m_2v\cos60^\circ+m_3v\cos30^\circ\\ m_2v\sin60^\circ=m_3v\sin30^\circ\end{cases}\Rightarrow\begin{cases}2m_1=m_2+\sqrt{3}m_3\\ \sqrt{3}m_2=m_3\end{cases}\Rightarrow\begin{cases}m_1=2m_2\\ m_3=\sqrt{3}m_2\end{cases}$$

则 $m_1:m_2:m_3=2:1:\sqrt{3}$。

3－9　质量为 m 的小球，在合外力 $F=-kx$ 作用下运动，已知 $x=A\cos\omega t$，其中 k、ω、A 为正的常量，则在 $t=0$ 到 $t=\dfrac{\pi}{2\omega}$ 时间内小球动量的增量为________。

【分析与解答】　由 $I=\int F\mathrm{d}t$，则 $I=\int_0^{\frac{\pi}{2\omega}}-kx\,\mathrm{d}t=-\int_0^{\frac{\pi}{2\omega}}kA\cos\omega t\,\mathrm{d}t=-\dfrac{kA}{\omega}$，所以 $\Delta p=-\dfrac{kA}{\omega}$。

3－10　质量为 $M=2.0$ kg 的物体(不考虑体积)，用一根长为 $l=1.0$ m 的细绳悬挂在天花板上。今有一质量为 $m=20$ g 的子弹以 $v_0=600$ m/s 的水平速度射穿物体。刚射出物体时子弹的速度大小 $v=30$ m/s，设穿透时间极短。求子弹刚穿出时绳中张力的大小________。

【分析与解答】 由碰撞过程动量守恒可得 $mv_0 = mv + Mv_1$，进一步推得

$$v_1 = \frac{mv_0 - mv}{M} = \frac{0.02 \times 600 - 0.02 \times 30}{2} = 5.7(\mathrm{m/s})$$

根据圆周运动的规律 $T - Mg = M\frac{v_1^2}{l}$，可得

$$T = Mg + M\frac{v_1^2}{l} = 2 \times 9.8 + 2 \times \frac{5.7^2}{1} = 84.58(\mathrm{N})$$

三、判断题

3-11　物体的动量改变，一定是速度大小改变了。（　　）

【分析与解答】 ×，动量改变可能是速度大小改变，也可能是速度方向发生变化。

3-12　物体做匀速圆周运动时，动量不变。（　　）

【分析与解答】 ×，物体做匀速圆周运动时，速度方向每时每刻在变，所以动量也是每时每刻在变。

3-13　物体的质心一定在物体上。（　　）

【分析与解答】 ×，质心可以在物体之外，比如空心球体。

3-14　物体 A 被放在斜面 B 上，把 A、B 看成一个系统，若 B 和地面之间无摩擦，而 A、B 之间有摩擦力，则系统的动量不守恒。（　　）

【分析与解答】 ×，把 A、B 看成一个系统时，A、B 之间的作用力属于内力，对系统的动量没影响，而 B 与地面无摩擦，所以合外力为零，系统动量守恒。

3-15　动量定理和动量守恒定律也可用于分析变质量物体的运动。（　　）

【分析与解答】 √，动量定理和动量守恒定律都可以分析变质量物体。

四、计算题

3-16　安全带可以保护高空作业者不慎跌落时的安全。如果一个人质量为 50 kg，从空中跌落了 2 m 时安全带起作用，若安全带弹性缓冲作用时间为 0.5 s，求安全带对人的平均冲力。

【分析与解答】 人自由下落 2 m 时的速度为

$$v_0 = \sqrt{2gh} = \sqrt{2 \times 9.8 \times 2} = 6.26(\mathrm{m/s})$$

设安全带对人的平均冲力为 $\overline{F}$，根据动量定理取向下为正，有

$$(mg - \overline{F})\Delta t = mv - mv_0$$

人和绳碰撞结束，速度为零，代入上式，得

$$\bar{F}=m\left(\frac{\sqrt{2gh}}{t}+g\right)=1.12\times10^{3}\ \mathrm{N}$$

3－17　一个做斜抛运动的炮弹，在最高点炸裂为质量相同的A、B两块。最高点离地面为19.6 m，爆炸1 s后，A块落到爆炸点正下方的地面上，此处距抛出点的水平距离为100 m，问B块落在距抛出点多远的地面上。（不计空气阻力）

【分析与解答】　在最高点爆炸前的速度为 $v_0=\dfrac{x_0}{\sqrt{2h/g}}$，$v_0=50\ \mathrm{m/s}$。

设爆炸后A块水平速度为0、竖直向下速度为 v_{Ay}，B块水平速度为 v_{Bx}、竖直向上速度为 v_{By}，爆炸前后应用动量守恒：$2mv_0 = mv_A + mv_B$ 有 $\begin{cases}2mv_0=mv_{Ax}+mv_{Bx}\\0=mv_{Ay}+mv_{By}\end{cases}$ 得 $\begin{cases}v_{Bx}=2v_0\\v_{Ay}=-v_{By}\end{cases}$，爆炸后，A块竖直下抛，有 $h=v_{Ay}t_A+\frac{1}{2}gt_A^2$，可求得 $v_{Ay}=14.7\ \mathrm{m/s}$，B块在空中的时间可由竖直方向的竖直上抛运动求得，即 $h=-v_{By}t_B+\frac{1}{2}gt_B^2$，有 $t_B=4\ \mathrm{s}$，则 $\Delta x_B=v_{Bx}t_B=2v_0t_B=400\ \mathrm{m}$，$x_B=x_0+\Delta x_B=500\ \mathrm{m}$。

3－18　如图所示，质量为 m、速度为 $\boldsymbol{v}$ 的钢球射向质量为 M 的靶，靶中心有一小孔，内有劲度系数为 k 的弹簧，此靶最初处于静止状态，但可在水平面上做无摩擦滑动。求子弹射入靶内弹簧后，子弹和靶共同运动的速度。

【分析与解答】　小球射入相对静止的靶。直到靶和小球在某瞬时有相同的速度，弹簧压缩最大。应用动量守恒定律，求得小球和靶共同的速度大小 v_1：$(M+m)v_1=mv\Rightarrow v_1=\dfrac{mv}{(M+m)}$。

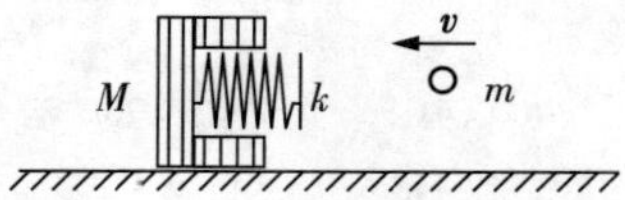

习题 3－18 图

3－19　长为 $2a$ 的小船其质心在船的中心位置上，质量为 M。船上站有一质量为 m 的人，开始时，人站在船的 A 端，且人与船都是静止的，后来人向船的另一端 B 端走去，如图所示。求：当人走到 B 端时船的位移量。（假设水对船的阻力可以不计）

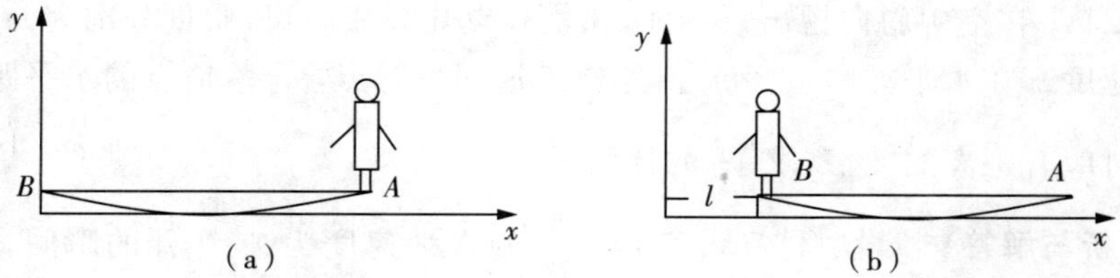

习题 3－19 图

【分析与解答】 取人和船组成质点系，如图(a) 所示。人在 A 端时，质心坐标为

$$x_c = \frac{Ma + m(2a)}{M + m} \tag{1}$$

如图(b) 所示，人到达 B 端时，设船移动距离为 l，则此时的质心坐标为

$$x_c' = \frac{M(a + l) + ml}{M + m} \tag{2}$$

因系统在水平方向不受外力，且开始时系统处于静止，则根据质心运动定理，有

$$x_c = x_c' \tag{3}$$

联立以上三式，解得 $l = \dfrac{2ma}{M + m}$。

3-20 质量为 m 的小球 A 以速度 $\boldsymbol{v}_0$ 冲击质量相同的静止在光滑水平面上的球 B，碰后球 A 运动方向与原来运动方向成 α 角；球 B 获得的速度与球 A 原运动方向成 β 角，如图所示。问：碰撞后 A 球和 B 球的速率各是多少？

【分析与解答】 以 A、B 两小球为研究对象，取 v_0 方向为坐标轴 x 轴的正方向。由于系统满足动量守恒条件，故有

$$mv_A\cos\alpha + mv_B\cos\beta = mv_0 \tag{1}$$

$$mv_A\sin\alpha - mv_B\sin\beta = 0 \tag{2}$$

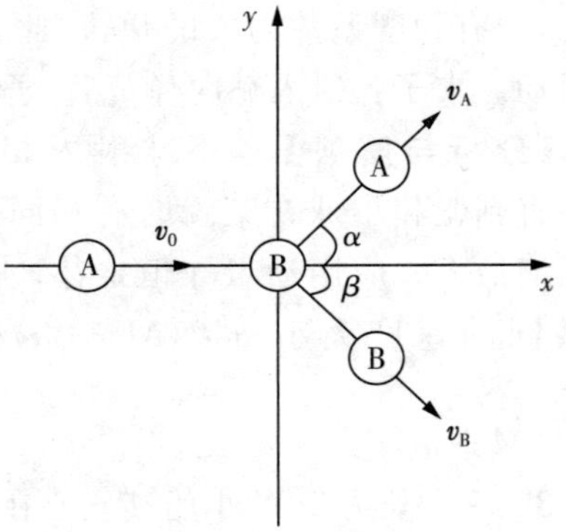

习题 3-20 图

联立式(1) 和式(2)，解得

$$v_A = \frac{v_0\sin\beta}{\sin(\alpha + \beta)}$$

$$v_B = \frac{v_0\sin\alpha}{\sin(\alpha + \beta)}$$

3-21 在空中斜向抛出一物体，在最高点炸裂成两块，质量分别为 m_1 和 m_2，它们的速度都在水平方向上。m_1 沿原轨道返回抛射点，m_2 落地点的水平距离却是未炸裂时应有距离的 2 倍，求 $\dfrac{m_1}{m_2}$ 的比值。

【分析与解答】 设物体在没有炸开前的水平速度为 $\boldsymbol{v}$，炸开的瞬间，m_1 的速度为 $\boldsymbol{v}_1$，m_2 的速度为 $\boldsymbol{v}_2$。由题意知，m_1 沿原轨道返回出发点，忽略空气阻力，取初

速度方向为正方向,可以得到

$$\boldsymbol{v}_1 = -\boldsymbol{v} \tag{1}$$

由于在水平方向上系统所受的合外力为零,整个系统在水平方向动量守恒,则

$$(m_1 + m_2)v = -m_1 v + m_2 v_2 \tag{2}$$

又由 m_2 落地点的水平距离是未炸裂时应有距离的 2 倍,且物块下落的时间均为$\sqrt{\frac{2h}{g}}$,可得

$$v_2 = 2v \tag{3}$$

将式(1) 和式(3) 代入式(2),可得

$$\frac{m_1}{m_2} = \frac{1}{2}$$

3－22　某同学在其前方 8 m 处看见一个静止的滑板,他决定尽快跑上前去跳上滑板在路上滑动。该同学的质量是 75 kg,滑板质量 25 kg,如果他的加速度恒为 1.0 m/s²,那么当他跳上滑板后滑板的速度是多少?

【分析与解答】　这是一个两体问题。首先,同学在地面加速,然后跳上滑板并一起运动,在他和滑板之间发生"碰撞"。人与滑板之间的相互作用力(例如摩擦力)只有当他的脚踏上滑板的那一刻才起作用。可以近似地把人与滑板看作一个系统,在"碰撞"发生的瞬间,引入冲量,在碰撞过程中系统的总动量守恒。但是对整个问题而言,人与滑板并不是孤立的系统,因为人的初始加速度对滑板并没有起作用。

设想:把这个问题分成两部分,一部分是加速部分,我们用运动学去分析;另一部分是碰撞部分,我们用动量守恒去分析。

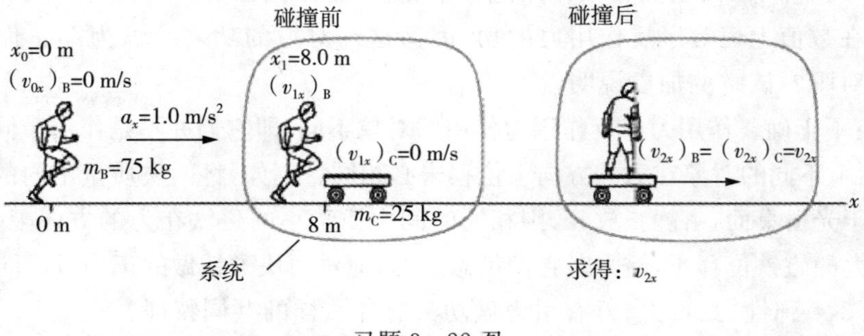

习题 3－22 图

有两点要注意:第一,人跑动的末速率$(v_{1x})_B$ 是碰撞前的速率;第二,人和滑板最后一起运动,所以$(v_{2x})_B$ 是他们的末速率。

第一部分是运动学部分，我们不知道人加速了多长时间，但我们知道他的加速度和距离，因此有$(v_{1x})_B^2=(v_{0x})_B^2+2a_x(x_1-x_0)=2a_x x_1$，加速运动到8.0 m时他的速度为$(v_{1x})_B=\sqrt{2a_x x_1}=4.0\ \text{m/s}$。

第二部分是碰撞部分，用动量守恒$P_{2x}=P_{1x}$，分别写出各自的动量，则为

$$m_B\ (v_{2x})_B+m_C\ (v_{2x})_C=(m_B+m_C)v_{2x}=m_B\ (v_{1x})_B+m_C\ (v_{1x})_C=m_B\ (v_{1x})_B$$

因为滑板初始状态静止，所以这里$(v_{1x})_C=0\ \text{m/s}$，这样我们求得

$$v_{2x}=\frac{m_B}{m_B+m_C}(v_{1x})_B=\frac{75}{100}\times 4.0=3.0(\text{m/s})$$

可见在同学一跳上滑板后，滑板的速度就立即达到了3.0 m/s。

第四章　功和能　机械能守恒定律

思 考 题

4-1　质点运动过程中，作用于质点上的某一力一直没有做功，这是否表明该力在整个过程中对质点的运动没有任何影响？

答：不正确。在牛顿第二定律$\boldsymbol{F}=m\boldsymbol{a}$中，$\boldsymbol{F}$为质点所受的合力，所以凡质点所受的力都要对质点的运动产生影响。如果其中某力始终与质点运动的速度方向垂直，在运动过程中就不对质点做功，但仍然对质点的加速度产生影响。例如，做匀速圆周运动的质点所受的向心力，沿固定斜面下滑的质点所受的斜面支持力，不改变速度的大小，但改变速度的方向。

4-2　甲、乙两物体相互作用过程中，若甲对乙做正功，则乙对甲做负功，作用力的功在数值上恒等于反作用力的功，因而这一对力的功之和恒为零。你认为这种说法对吗？试举例加以说明。

答：不正确。作用力与反作用力作用的对象不同，即它们并不是作用于同一个对象，这两个不同的对象在力的方向上位移未必相同。例如，将两块质量不同的磁铁同极放置于光滑桌面，由静止放开，则相同时间内质量小的磁铁在力的方向上位移大，而质量大的磁铁位移小，磁力对它们都做正功，但对两块磁铁做的正功量不同。

4-3　弹性力、重力、万有引力做功具有什么样的共同特征？

答：都是保守力，做功都与物体的始末位置有关，与物体的运动路径无关。

4-4　由于作用于质点系内所有质点上的一切内力的矢量和恒等于零，所以内力不能改变质点系的总动能。这句话对吗？

答:“内力不能改变质点系的总动能”的说法是错误的,虽然质点系内一对作用力和反作用力的矢量和为零,但它们分别作用于质点系内不同的质点,各质点的位移可以不同,所以一对内力做功的代数和不一定为零。

4-5　试判断在以下各过程中系统的机械能是否一定守恒:

(1) 忽略空气阻力和其他星体的作用力,卫星绕地球沿椭圆轨道运动;

(2) 弹簧上端固定,下端悬一重物,重物在其平衡位置附近振动、空气阻力忽略不计。

答:(1) 守恒,因为忽略空气阻力和其他星体的作用力,卫星只受地球的万有引力,由于万有引力是保守内力,根据机械能守恒定律,系统内只有保守内力做功,非保守内力和其他一切外力都不做功,由系统的机械能保持守恒可知该系统机械能守恒。(2) 守恒,机械能包括动能和势能(弹性势能和重力势能),在弹簧振动的过程中只有弹力做功,且弹力是保守内力,所以该系统机械能守恒。

习　　题

一、选择题

4-1　用铁锤把质量很小的钉子敲入木板,设木板对钉子的阻力与钉子进入木板的深度成正比。在铁锤敲打第一次时,能把钉子敲入 1.00 cm。如果铁锤第二次敲打的速度与第一次完全相同,那么第二次敲入的深度为(　　)。

(A)0.41 cm　　(B)0.50 cm　　(C)0.73 cm　　(D)1.00 cm

【分析与解答】　首先设阻力为 $f=kx$,第一次敲入的深度为 x_0,第二次为Δx,考虑到两次敲入所用的功相等,则$\int_0^{x_0} kx\,\mathrm{d}x=\int_{x_0}^{x_0+\Delta x} kx\,\mathrm{d}x$,选 A。

4-2　有两个倾角不同、高度相同、质量相同的斜面放在光滑的水平面上,斜面是光滑的,有两个一样的物块分别从这两个斜面的顶点由静止开始滑下,则(　　)。

(A) 物块到达斜面底端时的动量相等

(B) 物块到达斜面底端时的动能相等

(C) 物块和斜面(以及地球) 组成的系统,机械能不守恒

(D) 物块和斜面组成的系统水平方向上动量守恒

【分析与解答】　首先要明白的是物块从斜面上下滑到底部时,斜面也在地面上滑动。(A) 动量是矢量;(B) 两斜面最后获得的动能不同,所以,两物块到达斜面底端的动能也不同;(C) 物块和斜面(以及地球) 组成的系统,没有外力或非保守内力做功,则机械能守恒;(D) 系统水平方向上无外力作用,故系统水平方向上动量守恒,选 D。

4-3　如图所示,子弹射入放在水平光滑地面上静止的木块后穿出,以地面为

参考系，下列说法正确的是(　　)。

(A) 子弹减少的动能转变为木块的动能

(B) 子弹-木块系统的机械能守恒

(C) 子弹动能的减少等于子弹克服木块阻力所做的功

(D) 子弹克服木块阻力所做的功等于这一过程中产生的热

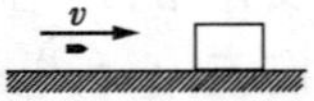

习题 4-3 图

【分析与解答】 子弹动能的减少一方面给了木块动能，另一方面穿过木块时有摩擦生热，即等于子弹克服木块阻力所做的功，选 C。

4-4　A、B两木块质量分别为 m_A 和 m_B，且 $m_B=2m_A$，两者用一个轻弹簧连接后静止于光滑水平桌面上，若用外力将两木块压紧使弹簧被压缩，然后将外力撤去，则此后两木块运动动能之比 E_{kA}/E_{kB} 为(　　)。

(A)0.5　　(B)0.707　　(C)1.414　　(D)2

【分析与解答】 外力撤去后，系统只受弹性力(保守内力)作用，则系统动量守恒，即 $m_A v_A = m_B v_B$，那么，$\dfrac{E_{kA}}{E_{kB}} = \dfrac{\frac{1}{2}m_A v_A^2}{\frac{1}{2}m_B v_B^2} = \dfrac{m_B m_A^2 v_A^2}{m_A m_B^2 v_B^2} = \dfrac{m_B}{m_A} = 2$，选 D。

4-5　质量为 m 的物体，从距地球中心距离为 R 处自由下落，且 R 比地球半径 R_0 大得多。若不计空气阻力，则落到地球表面时的速度大小为(　　)。

(A) $\sqrt{2g(R-R_0)}$　　(B) $\sqrt{2gR_0^2\left(\frac{1}{R}-\frac{1}{R_0}\right)}$

(C) $\sqrt{2gR_0^2\left(\frac{1}{R_0}-\frac{1}{R}\right)}$　　(D) $\sqrt{2gR_0^2\frac{1}{R^2}}$

【分析与解答】 首先注意到 $G\dfrac{M}{R_0^2}=g$。由万有引力势能公式 $E_p=-G\dfrac{Mm}{r}$，有 $\dfrac{1}{2}mv^2=-G\dfrac{Mm}{R}-\left(-G\dfrac{Mm}{R_0}\right)$，则 $v=\sqrt{2gR_0^2\left(\dfrac{1}{R_0}-\dfrac{1}{R}\right)}$，选 C。

二、填空题

4-6　人从 10 m 深的井中匀速提水，桶离开水面时装有水 10 kg。若每升高 1 m 要漏掉 0.2 kg 的水，则把这桶水从水面提高到井口的过程中，人力所做的功为________。

【分析与解答】 首先考虑 $k=0.2$ kg/m，则漏水重量为 $\Delta m = kyg$。由 $A=\int(mg-kyg)\mathrm{d}y$ 得 $A=\int_0^{10}(10-0.2y)g\mathrm{d}y=(100-10)g=882(\mathrm{J})$。

4-7　一物体在介质中按规律 $x=ct^3$ 做直线运动，c 为常量。设介质对物体的阻力 $f=-kv^2$，k 为正常量，则物体由原点运动到 $x=l$ 位置时，阻力所做的功为________。

【分析与解答】 由 $x=ct^3$ 知 $v=3ct^2=3c^{\frac{1}{3}}x^{\frac{2}{3}}$，则 $A=-\int_0^l k\,(3c^{\frac{1}{3}}x^{\frac{2}{3}})^2\mathrm{d}x=-\frac{27}{7}kc^{\frac{2}{3}}l^{\frac{7}{3}}$。

4-8 质量为 m 的子弹，以水平速率 v_0 射入置于光滑水平面上的质量为 M 的静止砂箱，子弹在砂箱中前进距离 l 后停在砂箱中，同时砂箱向前运动的距离为 s，此后子弹与砂箱一起以共同速率匀速运动，则子弹受到的平均阻力 $\overline{F}=$________，砂箱与子弹系统损失的机械能 $\Delta E=$________。

【分析与解答】 (1) 由系统动量守恒有：$mv_0=(m+M)v\Rightarrow v=\frac{mv_0}{m+M}$，子弹在砂箱内运动的时间可由 $\frac{v_0+v}{2}t=s+l$ 求出，有 $\frac{1}{t}=\frac{v_0+v}{2(s+l)}=\frac{(M+2m)v_0}{2(m+M)(s+l)}$；利用动量定理得 $\overline{F}t=mv-mv_0$，有 $\overline{F}=-\frac{mM(M+2m)v_0^2}{2(m+M)^2(s+l)}$；利用 $\Delta E=\frac{1}{2}mv_0^2-\frac{1}{2}(m+M)v^2$，得 $\Delta E=\frac{mMv_0^2}{2(M+m)}$。

三、计算题

4-9 一砖块在一定力的作用下沿30°的斜面向上运动，三个力如图所示。已知，F_1 沿水平方向且大小为40 N，F_2 垂直于斜面且大小为20 N，F_3 平行于斜面大小为30 N。求砖块(以及砖块上力的作用点)沿斜面向上移动 80 cm 各力所做的功。

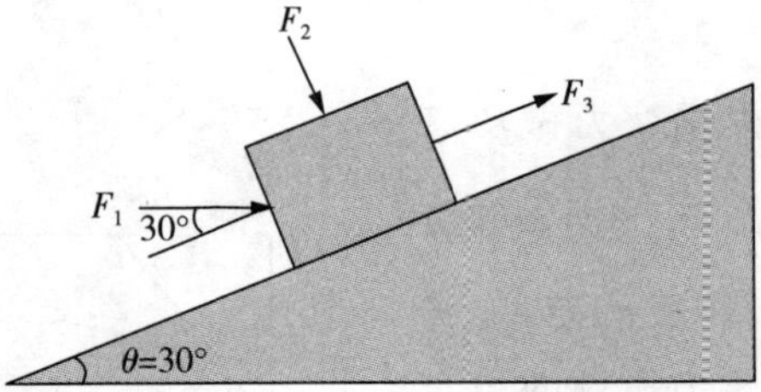

习题 4-9 图

【分析与解答】 F_1 在位移方向上的分量为 $F_1\cos 30°=34.6$ N，所以 F_1 做的功为 $F_1\cos 30°\times 0.8=28$ J；因 F_2 在位移的方向上没有分量，F_2 不做功；F_3 在位移的方向上的分量为 30 N，所以 F_3 做功为 $F_3\times 0.8=24$ J。

4-10 质量为 50 kg 的箱子沿倾角为30° 的斜面滑下。箱子的加速度为 $2.0\ \mathrm{m/s^2}$，斜面长 10 m。(1) 箱子到达斜面底部的动能为多大？(2) 克服摩擦做了多少功？(3) 求箱子在下滑过程中受到摩擦力的大小。

【分析与解答】 (1) 用 m 和 a 表示箱子的质量和加速度，根据质点运动学基本定理，当箱子从静止到沿斜面下滑 s，其速率 v 为

$$v^2 = 2as$$

箱子的动能为

$$E_k = \frac{1}{2}mv^2 = mas = 1000\ \text{J}$$

(2) 下降过程中重力对箱子所做的功为 $A_g = mgh$，其中 h 是箱子下落的高度，对于倾斜角为 θ 斜面，$h = s \cdot \sin\theta$，所以 $A_g = mgs\sin\theta$，代入数据得

$$A_g = mgs\sin\theta = 50 \times 9.8 \times 10 \times 0.5 = 2450(\text{J})$$

用 A_f 表示摩擦力做的功，根据动能定律有

$$A_g + A_f = \Delta E_k$$

所以，$A_f = \Delta E_k - A_g = 1000 - 2450 = -1450(\text{J})$，即克服摩擦力做功为 1450 J。

(3) 摩擦力做功为

$$A_f = F_f \cdot s = -F_f s,\ F_f = -\frac{A_f}{s} = 145\ \text{N}$$

4-11 质量为 2 kg 的物体，在沿 x 方向的变力作用下，在 $x=0$ 处由静止开始运动，设变力与 x 的关系如图所示，试由动能定理求物体分别在 $x=5$ m，$x=10$ m，$x=15$ m 处的速率。

【分析与解答】 根据变力做功 $A = \int \boldsymbol{F} \cdot \mathrm{d}\boldsymbol{r}$ 可知在 $F-x$ 图中，力所做的功数值等于图像与 x 轴所围成的面积，所以当物体在 $x = 5$ m 处，力所做的功为 $A_1 = 25$ J。

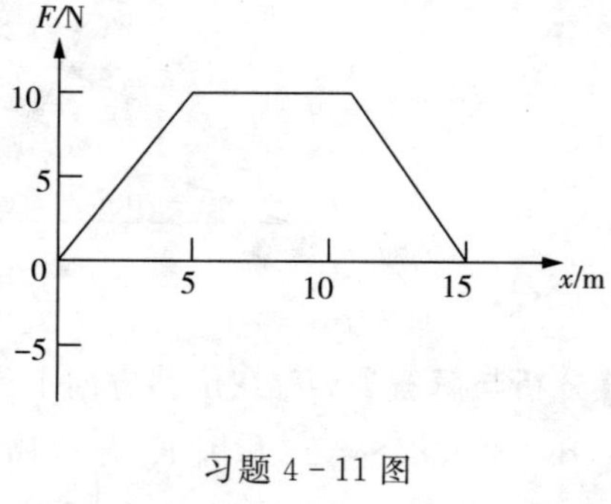

习题 4-11 图

设物体在 $x=5$ m 处的速度大小为 v_1，初始速度大小为 $v_0=0$，根据动能定理有

$$A_1 = \Delta E_k = \frac{1}{2}mv_1^2 - \frac{1}{2}mv_0^2$$

代入数值得

$$v_1=\sqrt{\frac{2A_1}{m}}=5\ \mathrm{m/s}$$

同理,物体在 $x=10$ m 处,力所做的功为 $A_2=75$ J,则物体在 $x=10$ m 处的速度大小为

$$v_2=\sqrt{\frac{2A_2}{m}}=5\sqrt{3}\ \mathrm{m/s}$$

物体在 $x=15$ m 处,力所做的功为 $A_3=100$ J,则物体在 $x=15$ m 处的速度大小为

$$v_3=\sqrt{\frac{2A_3}{m}}=10\ \mathrm{m/s}$$

4-12　有一保守力 $\boldsymbol{F}=(-Ax+Bx^2)\boldsymbol{i}$,沿 Ox 轴作用于质点上,式中 A、B 为常量,x 以 m 计,F 以 N 计:(1) 取 $x=0$ m 处 $E_p=0$,试计算与此力相应的势能;(2) 求 质点从 $x=0$ m 运动到 $x=3$ m 时势能的变化。

【分析与解答】 (1) 根据保守力所做功等于相应势能的变化量有

$$-A_p=E_{p(x)}-E_{p(x=0)}$$

又根据变力做功有

$$-A_p=-\int\boldsymbol{F}\cdot\mathrm{d}\boldsymbol{r}=-\int_0^x(-Ax+Bx^2)\mathrm{d}x=\frac{Ax^2}{2}-\frac{Bx^3}{3}$$

联立上述方程得

$$E_{p(x)}-0=\frac{Ax^2}{2}-\frac{Bx^3}{3}$$

即

$$E_{p(x)}=\frac{Ax^2}{2}-\frac{Bx^3}{3}$$

(2)$\Delta E_p=E_{p(x=3)}-E_{p(x=0)}=\frac{9A}{2}-9B$。

4-13　小球做竖直上抛运动,当它回到抛出点时,速率为抛出时的 3/4,设小球运动中受到空气的阻力为恒力。试求:(1) 小球受到的空气阻力与重力之比;(2) 小 球上升的最大高度与真空情况下最大高度之比。($g=10\ \mathrm{m/s^2}$)

【分析与解答】 (1) 设初速度大小为 v_0,返回出发点为 $3v_0/4$,阻力大小为 f,上升高度为 h,根据动能定理知

$$-2fh=\frac{1}{2}m\left(\frac{3}{4}v_0\right)^2-\frac{1}{2}mv_0^2=-\frac{7}{32}mv_0^2$$

从抛出点到最高点，应用动能定理知

$$-fh-mgh=0-\frac{1}{2}mv_0^2$$

由上式可得

$$f:mg=7:25$$

(2) 无阻力时高度为 H，则有 $-mgH=-\frac{1}{2}mv_0^2$

$$h:H=25:32$$

4-14 在倾角 $\theta=60°$ 的斜面上，放置着质量分别为 $m_1=0.40\ \mathrm{kg}$ 和 $m_2=0.20\ \mathrm{kg}$ 的两物块，两物块由一劲度系数 $k=0.57\ \mathrm{N/m}$ 弹簧相连，如图所示，两物体与斜面间的摩擦因数均为 $\mu=0.10$。开始时，m_1 的速度大小为 $v_1=0.50\ \mathrm{m/s}$，m_2 的速度大小为 $v_2=2.0\ \mathrm{m/s}$，方向均沿斜面向下，弹簧处于原长，求两物块再次回到弹簧原长时的相对速度大小。

【分析与解答】 建立沿斜面向下为正的坐标系，相对斜面，在拉伸中对 m_1 应用牛顿第二定律

$$m_1g\sin\theta+kx-\mu m_1g\cos\theta=m_1a \tag{1}$$

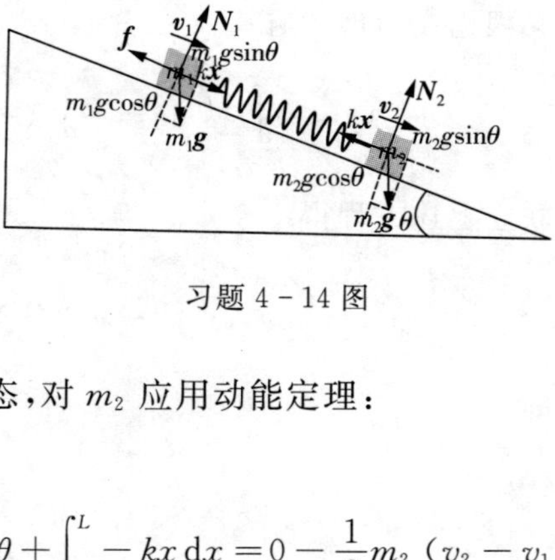

习题 4-14 图

以 m_1 为参照系，以弹簧开始拉伸和拉伸到最大时(相对速度为零)为初、末态，对 m_2 应用动能定理：

弹簧拉伸时

$$-\mu m_2gL\cos\theta+\int_0^L-m_2a\,\mathrm{d}x+m_2gL\sin\theta+\int_0^L-kx\,\mathrm{d}x=0-\frac{1}{2}m_2(v_2-v_1)^2 \tag{2}$$

弹簧回到原长时

$$\mu m_2gL\cos\theta+\int_L^0-m_2a\,\mathrm{d}x-m_2gL\sin\theta+\int_L^0-kx\,\mathrm{d}x=\frac{1}{2}m_2v_{相}^2-0 \tag{3}$$

式(1)、式(2) 联立解得

$$L=\frac{1}{2}m_2(v_2-v_1)\sqrt{\frac{m_1m_2}{(m_1+m_2)k}}=0.73\ \text{m}$$

式(2)、式(3)联立解得

$$v_{相}=|v_2-v_1|=1.5\ \text{m/s}$$

4-15 双原子分子相互作用势能为 $E_{p(x)}=\frac{a}{x^{12}}-\frac{b}{x^6}$。求势能零点位置、平衡位置，并讨论该平衡位置是否稳定及各处的保守力。

【分析与解答】 令 $E_{p(x)}=\frac{a}{x^{12}}-\frac{b}{x^6}=0$，可求解得势能零点位置

$$x_0=\left(\frac{a}{b}\right)^{\frac{1}{6}}$$

由保守力和势能之间的关系 $F=-\frac{\partial E_p}{\partial x}$ 可得

$$F=-\frac{\partial E_p}{\partial x}=\frac{12a}{x^{13}}-\frac{6b}{x^7}$$

令 $F=\frac{12a}{x^{13}}-\frac{6b}{x^7}=0$，得平衡位置 $x_{平衡}=\left(\frac{2a}{b}\right)^{\frac{1}{6}}$，又因为$\left.\frac{\partial^2E_p}{\partial x^2}\right|_{x=x_{平衡}}>0$，所以该平衡是稳定性平衡。

4-16 两个质量分别为 m_1 和 m_2 的木块A和B，用一个质量忽略不计、弹性系数为 k 的弹簧连接起来，放置在光滑水平面上，使A紧靠墙壁，如图所示，用力推木块B使弹簧压缩 x_0，然后释放，已知 $m_1=m$，$m_2=3m$，求：

(1) 释放后，A、B两木块速度相等时速度的大小；

(2) 释放后，弹簧的最大伸长量。

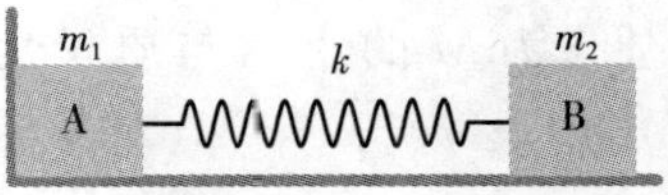

习题 4-16 图

【分析与解答】 (1) 设弹簧恢复原长时B木块的速度大小为 v_{B0}，根据机械能守恒定律有

$$\frac{1}{2}kx_0^2=\frac{1}{2}m_2v_{B0}^2$$

得

$$v_{B0}=\sqrt{\frac{k}{3m}}x_0$$

此后系统在水平方向上动量守恒

$$m_2 v_{B0} = (m_1 + m_2) v$$

得

$$v = \frac{3}{4} v_{B0} = \frac{3}{4} x_0 \sqrt{\frac{k}{3m}}$$

(2)A、B两木块速度大小相等时，弹簧伸长最大

$$\frac{1}{2} m_2 v_{B0}^2 = \frac{1}{2}(m_1 + m_2) v^2 + \frac{1}{2} k x_{max}^2$$

得

$$x_{max} = \frac{1}{2} x_0$$

4－17　如图所示，质量为 m 的小球从光滑轨道的顶端 A 点由静止开始沿斜道滑下，在半径为 R 的圆环部分的最低点 B 与另一质量为 M 的静止小球发生弹性碰撞，碰撞后质量为 M 的小球沿圆环上升，并在高度为 h_0 处脱离圆环，而质量为 m 的小球则沿斜道上升后又滑下，并在质量为 M 的小球脱离点脱离圆环。试求：(1)m 与 M 之比；(2)A 点的高度 h。

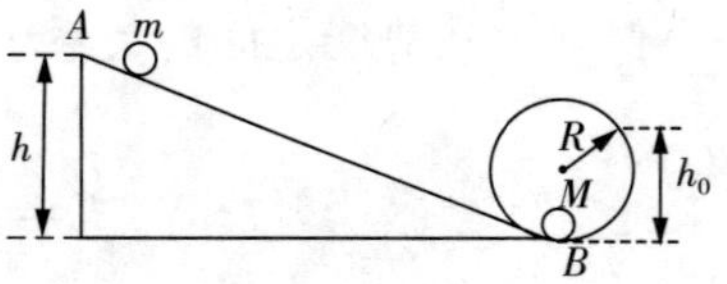

习题 4－17 图

【分析与解答】　以地面为参考系，质量为 m 的小球从斜面滑下到与质量为 M 的小球相碰前，质量为 m 的小球和地球组成的系统机械能守恒有 $\frac{1}{2} m v_{m0}^2 = mgh$。

质量为 M 的小球与质量为 m 的小球碰撞前后动量守恒有 $m v_{m0} = m v_{m1} + M v_{M1}$

弹性碰撞满足碰撞定律有 $\frac{v_{M1} - v_{m1}}{v_{m0}} = 1$

质量为 m 的小球与质量为 M 的静止小球碰撞后，沿轨道上升，当它再次返回 B 点时的速度大小为 v_{m1}(机械能守恒)，从 B 点到 h_0 处，如下系统机械能守恒：

质量为 M 的小球和地球组成的系统有 $\frac{1}{2} M v_{M1}^2 = \frac{1}{2} M v_{M2}^2 + Mgh_0$

质量为 m 的小球和地球组成的系统有 $\frac{1}{2} M v_{m1}^2 = \frac{1}{2} M v_{m2}^2 + mgh_0$

质量为 M 的小球脱离圆环时，圆环与质量为 M 的小球之间的相互作用力为零，此时对质量为 M 的小球应用牛顿第二定律有 $Mg\cos\theta = M\frac{v_{M2}^2}{R}$，对质量为 m 的小

球应用牛顿第二定律有 $mg\cos\theta = m\dfrac{v_{m2}^2}{R}$

由图中几何关系知 $h_0 = R + R\cos\theta$，其中 θ 为与竖直方向的夹角。联立上述各方程可得$\dfrac{m}{M} = \dfrac{1}{3}$，$h = 6h_0 - 2R$。

4-18　质量为 3 kg 的滑块沿半径为 1.6 m 的四分之一圆周从静止滑下。(1) 若曲面光滑，滑块在底部的速度为多大？(2) 若在底部的速度大小为 4 m/s，在下滑过程中由于摩擦而损耗的能量为多少？(3) 当滑块到达水平区域时的速度大小为 4 m/s，又滑行了 3 m 后停止，求水平面上摩擦力的大小。

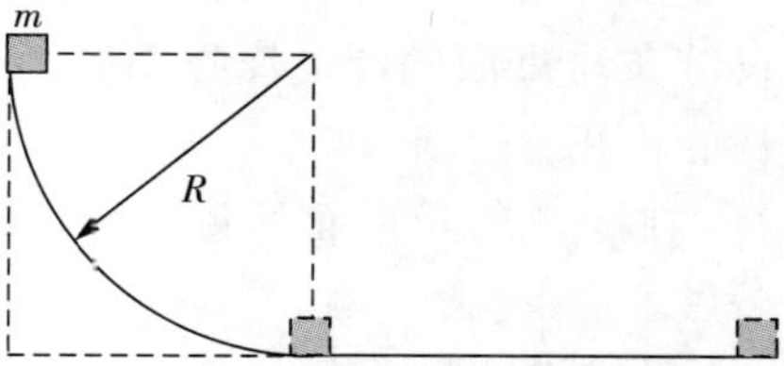

习题 4-18 图

【分析与解答】 (1) 由于曲面光滑，所以滑块在下滑过程中不受摩擦力的作用，设滑块在底部的速度大小为 v_0，根据动能定理有

$$A_g = \Delta E_k = \frac{1}{2}m(v_0)^2 - 0$$

又因为重力所做的功为 $A_g = mgR$，即 $mgR = \dfrac{1}{2}m(v_0)^2$，所以

$$v_0 = \sqrt{2gR} = 5.6\ \text{m/s}$$

(2) 设摩擦力做功为 A_f，设滑块在底部的速度大小为 v_1，根据功能原理有

$$A_g + A_f = \Delta E_k = \frac{1}{2}m(v_1)^2 - 0$$

又因为 $A_g = \dfrac{1}{2}m(v_0)^2$，所以 $A_f = \Delta E_k = \dfrac{1}{2}m(v_1)^2 - \dfrac{1}{2}m(v_0)^2$，代入数值得

$$A_f = -23.04\ \text{J}$$

即由于摩擦而损耗的能量为 23.04 J。

(3) 设滑块在水平面上的摩擦力为 f，滑块在底部的速度大小为 v_1，根据功能原理有

$$A_f = \boldsymbol{f}\cdot\boldsymbol{s} = -fs = 0 - \frac{1}{2}mv_1^2$$

得

$$f=m\,(v_1)^2/s=8\text{ N}$$

4-19　一链条总长为 l,质量为 m,放在桌面上使其下垂,下垂的长度为 a,如图所示。设链条与桌面的滑动摩擦系数为 μ,令链条从静止开始运动,问:

(1) 在链条离开桌面的过程中,摩擦力对链条做了多少功?

(2) 链条刚刚离开桌面时的速率是多少?

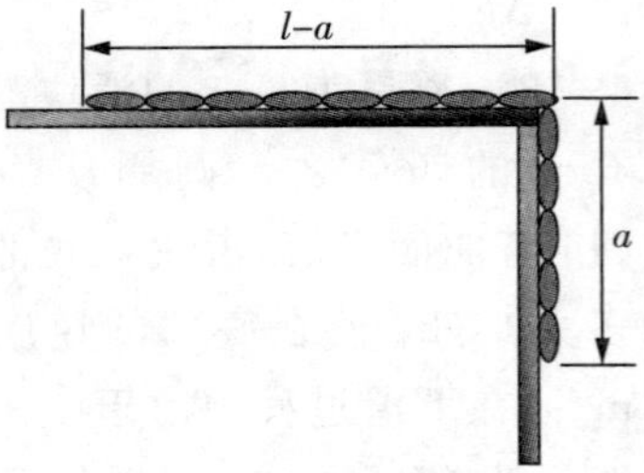

习题 4-19 图

【分析与解答】 (1) 某一时刻桌面上链条长为 x,则摩擦力大小为 $f=\mu m\dfrac{x}{l}g$,摩擦力的功为

$$A_f=\int_{l-a}^{0}\mu m\frac{x}{l}g\,\mathrm{d}x=-\frac{\mu mg}{2l}(l-a)^2$$

(2) 以链条为对象,应用质点的动能定理

$$A_g+A_f=\frac{1}{2}mv^2-\frac{1}{2}mv_0^2$$

其中,v 是链条刚刚离开桌面时的速率,v_0 是链条的初始速度大小,其值为零。

$$A_g=\int_a^l G\,\mathrm{d}y=\int_a^l\frac{mg}{l}y\,\mathrm{d}y=\frac{mg(l^2-a^2)}{2l}$$

联立题中(1)的结果可得

$$\frac{mg(l^2-a^2)}{2l}-\frac{\mu mg}{2l}(l-a)^2=\frac{1}{2}mv^2$$

得

$$v=\sqrt{\frac{g(l^2-a^2)}{l}-\frac{\mu g}{l}(l-a)^2}$$

第五章　刚体的运动

思考题

5-1　汽车在弯曲的道路上行驶,其运动是否是平动?

答:不是,因为汽车在弯曲的道路上行驶时,汽车每一点的速度方向并非都一样。

5-2　“圆柱体沿光滑斜面滚下 ……”这句话是否有问题?为什么?

答:有问题。因为在光滑的斜面上,圆柱体只有滑动,而不会滚动。

5-3　圆柱体在沿斜面作滚动的过程中,受到摩擦作用,为什么机械能是守恒的?

答:在纯滚动过程中圆柱体与斜面之间产生的是静摩擦力,正是此静摩擦力与重力沿下滑方向的分力组成了力偶使圆柱体转动,并且摩擦力阻止了圆柱体与斜面发生相对滑动,才使圆柱体能沿斜面滚动而不滑动,所以纯滚动过程静摩擦力没有做功,机械能守恒。如果斜面不能提供足够的摩擦力,则圆柱体将连滚带滑地向下运动,此时机械能不守恒;如果斜面绝对光滑,即斜面对圆柱体不提供摩擦力,则圆柱体在重力作用下沿斜面只会滑动不会滚动,此时机械能也守恒。

5-4　伐木工人砍树时,要树向哪边倒,就先在那一边砍一个深槽。试说明理由。如果人站在槽口的反面,是否安全?

答:重力矩使树倒向槽口,人站在槽口的反面,是安全的。

5-5　许多大的江河流向赤道,江河夹带大量泥沙沉积到海洋里,这对地球的自转带来什么影响?

答:地球的质量分布远离轴心,转动惯量增大。由于角动量守恒,自转角速度减小。

5-6　两极冰山的融化是地球自转时间发生变化的原因之一。试说明之。

答:冰山融化后水向赤道聚集,转动惯量增大。由于角动量守恒,自转角速度减小、周期增大,所以自转时间变长。

5-7　如果一个刚体的重量超过一个弹簧秤的最大读数,问怎样用这个弹簧秤称出该刚体的重量?

答:将刚体的一头搁地,另一头挂在弹簧秤上,读一数值 T_1;然后反过来,再秤出另一头的数值 T_2,利用公式 $Mg = T_1 + T_2$ 即可得到刚体的重量。

5-8　如果一个刚体所受合外力为零，其合力矩是否也一定为零？如果刚体所受合外力矩为零，其合外力是否也一定为零？

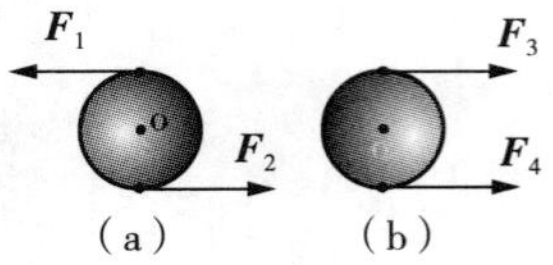

思考题5-8图

答：一个刚体所受合外力为零，其合力矩不一定为零，如图(a)所示。刚体所受合外力矩为零，其合外力不一定为零，如图(b)所示。

习　　题

一、选择题

5-1　有两个力作用在一个有固定转轴的刚体上：

(1) 这两个力都平行于轴作用时，它们对轴的合力矩一定是零；

(2) 这两个力都垂直于轴作用时，它们对轴的合力矩可能是零；

(3) 当这两个力的合力为零时，它们对轴的合力矩也一定是零；

(4) 当这两个力对轴的合力矩为零时，它们的合力也一定是零。

对上述说法下述判断正确的是(　　)。

(A) 只有(1) 是正确的

(B)(1)(2) 正确，(3)(4) 错误

(C)(1)(2)(3) 都正确，(4) 错误

(D)(1)(2)(3)(4) 都正确

【分析与解答】　力对轴的力矩通常有三种情况：力的作用线通过转轴和力平行于转轴(例如门的重力并不能使门转)时力矩为零。不满足上述情况下的作用力(含题述作用力垂直于转轴的情况)对轴的力矩不为零，但同时有两个力作用时，只要满足两力矩大小相等、方向相反，两力矩对同一轴的合外力矩也可以为零，由以上规则可知(1)(2) 说法是正确的。对于(3)(4) 两种说法，如作用于刚体上的两个力为共点力，当合力为零时，它们对同一轴的合外力矩也一定为零，反之亦然。但如果这两个力为非共点力，则以上结论不成立，故(3)(4) 说法不完全正确，选 B。

5-2　关于力矩有以下几种说法：

(1) 对某个定轴转动刚体而言，内力矩不会改变刚体的角加速度；

(2) 一对作用力和反作用力对同一轴的力矩之和必为零；

(3) 质量相等，形状和大小不同的两个刚体，在相同力矩的作用下，它们的运动状态一定相同。

对上述说法下述判断正确的是(　　)。

(A) 只有(2) 是正确的　　　　(B)(1)(2) 是正确的

(C)(2)(3) 是正确的　　　　　　　　(D)(1)(2)(3) 都是正确的

【分析与解答】　刚体中相邻质元之间的一对内力属于作用力与反作用力，且作用点相同，故对同一轴的力矩之和必为零，因此可推知刚体中所有内力矩之和为零，因而不会影响刚体的角加速度或角动量等，故(1)(2) 说法正确。对说法(3) 来说，题述情况中两个刚体对同一轴的转动惯量因形状、大小不同有可能不同，因而在相同力矩作用下，产生的角加速度不一定相同，因而运动状态未必相同，选 B。

5-3　均匀细棒 OA 可绕通过其一端 O 而与棒垂直的水平固定光滑轴转动，如图所示，今使棒从水平位置由静止开始自由下落到竖直位置的过程中，下述说法正确的是(　　)。

(A) 角速度从小到大，角加速度不变

(B) 角速度从小到大，角加速度从小到大

(C) 角速度从小到大，角加速度从大到小

(D) 角速度不变，角加速度为零

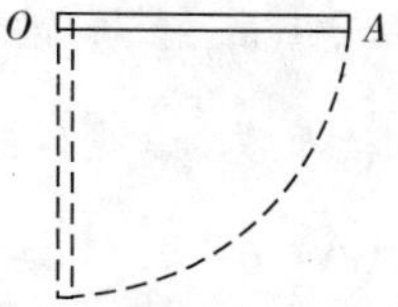

习题 5-3 图

【分析与解答】　如图所示，棒下落过程中，重力对轴的力矩是变化的，其大小与棒和水平面的夹角有关。当棒处于水平位置时，重力矩最大，当棒处于竖直位置时，重力矩为零。因此棒在下落过程中重力矩由大到小，由转动定律可知，棒的角加速度亦由大到小，而棒的角速度却由小到大(由机械能守恒亦可判断角速度变化情况)，选 C。

5-4　一圆盘绕通过盘心且垂直于盘面的水平轴转动，轴间摩擦不计。如图所示，两个质量相同，速度大小相同，方向相反并在一条直线上的子弹，它们同时射入圆盘并且留在盘内，则子弹射入后的瞬间，圆盘和子弹系统的角动量 L 以及圆盘的角速度 ω 的变化情况为(　　)。

(A) L 不变，ω 增大　　　　　　(B) 两者均不变

(C) L 不变，ω 减小　　　　　　(D) 两者均不确定

【分析与解答】　对于圆盘-子弹系统来说，并无外力矩作用，故系统对轴 O 的角动量守恒，故 L 不变，此时应有下式成立，即

$$mvd - mvd + J_0\omega_0 = J\omega$$

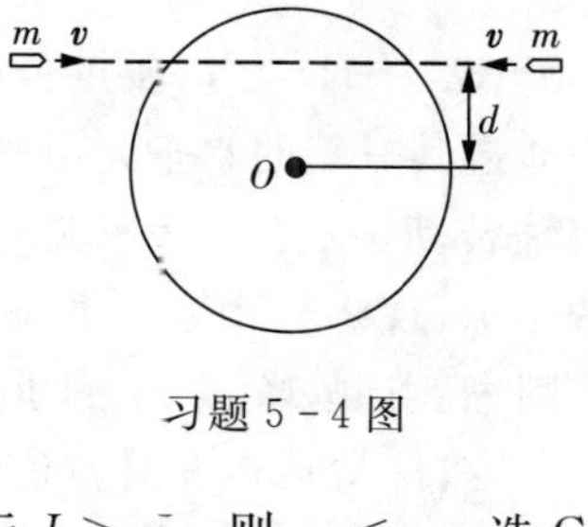

习题 5-4 图

式中，mvd 为子弹对点 O 的角动量，ω_0 为圆盘初始角速度，J 为子弹留在盘中后系统对轴 O 的转动惯量，J_0 为子弹射入前盘对轴 O 的转动惯量。由于 $J > J_0$，则 $\omega < \omega_0$，选 C。

5-5　假设卫星环绕地球中心做椭圆运动，则在运动过程中，卫星对地球中心的(　　)。

(A) 角动量守恒，动能守恒　　　　(B) 角动量守恒，机械能守恒

(C) 角动量不守恒，机械能守恒　　　　(D) 角动量不守恒，动量也不守恒

【分析与解答】 由于卫星一直受到万有引力作用，故其动量不可能守恒，但由于万有引力一直指向地球中心，则万有引力对地球中心的力矩为零，故卫星对地球中心的角动量守恒，即 $\boldsymbol{r}\times m\boldsymbol{v}=$ 恒量，式中 $\boldsymbol{r}$ 为地球中心指向卫星的位矢。当卫星处于椭圆轨道上不同位置时，由于 $|\boldsymbol{r}|$ 不同，由角动量守恒可知卫星速率不同，其中当卫星处于近地点时速率最大，处于远地点时速率最小，故卫星动能并不守恒，但由于万有引力为保守力，则卫星的机械能守恒，即卫星动能与万有引力势能之和维持不变，选 B。

5-6　一花样滑冰者，开始时两臂伸开，转动惯量为 J_0，自转时，其动能为 $E_0=\frac{1}{2}J_0\omega_0^2$，然后他将手臂收回，转动惯量减少至原来的 $\frac{1}{3}$，此时他的角速度变为 ω，动能变为 E，则（　　）。

(A) $\omega=3\omega_0, E=E_0$　　　　(B) $\omega=\frac{1}{3}\omega_0, E=3E_0$

(C) $\omega=\sqrt{3}\omega_0, E=E_0$　　　　(D) $\omega=3\omega_0, E=3E_0$

【分析与解答】 利用角动量守恒定律有 $J_0\omega_0=J\omega\Rightarrow\omega=3\omega_0$，则 $E=\frac{1}{2}J\omega^2=3E_0$，选 D。

二、填空题

5-7　绕定轴转动的飞轮均匀地减速，$t=0$ 时角速度为 $\omega_0=5\ \text{rad/s}$，$t=20\ \text{s}$ 时角速度为 $\omega=0.8\omega_0$，则飞轮的角加速度 $\alpha=$________，$t=0$ 到 $t=100\ \text{s}$ 飞轮所转过的角度 $\theta=$________。

【分析与解答】 飞轮做匀变速转动，根据 $\omega=\omega_0+\alpha t$，可得 $\alpha=\frac{\omega-\omega_0}{t}=-0.05\ \text{rad/s}^2$，根据 $\theta=\omega_0 t+\frac{1}{2}\alpha t^2$，可得 $\alpha=-0.05\ \text{rad/s}^2$，$\theta=250\ \text{rad}$。

5-8　一长为 l、质量可以忽略的直杆，可绕通过其一端的水平光滑轴在竖直平面内做定轴转动，在杆的另一端固定着一质量为 m 的小球，现将杆由水平位置无初转速地释放，则杆刚被释放时的角加速度 $\alpha_0=$________，杆与水平方向夹角为 60° 时的角加速度 $\alpha=$________。

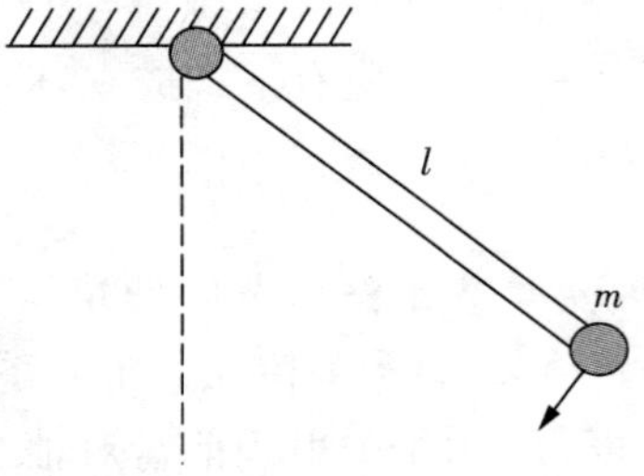

习题 5-8 图

【分析与解答】 由转动定律 $M=J\alpha$。

(1) 开始时杆处于水平位置 $mgl=J\alpha_0$，

其中 $J = ml^2$ 为小球相对于转轴的转动惯量，得 $\alpha_0 = \dfrac{g}{l}$。

(2) $mgl\cos\theta = J\alpha$，$\alpha = \dfrac{g}{2l}$。

5-9　如图所示，滑块A、重物B和滑轮C的质量分别为 m_A、m_B 和 m_C，滑轮的半径为 R，滑轮对轴的转动惯量 $J = \dfrac{1}{2}m_C R^2$。滑块A与桌面之间、滑轮与轴承之间均无摩擦，绳的质量可不计，绳与滑轮之间无相对滑动。滑块A的加速度为________。

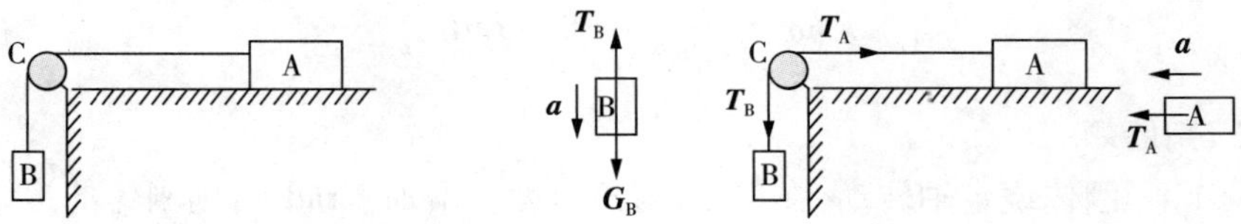

习题 5-9 图

【分析与解答】　由转动定律

$$T_B R - T_A R = J\alpha \tag{1}$$

$$G_B - T_B = m_B a \tag{2}$$

$$T_A = m_A a \tag{3}$$

$$a = R\alpha \tag{4}$$

以上4个方程，共有4个未知量：T_A、T_B、a 和 α。

可求得　　$a = 2m_B g/[2(m_A + m_B) + m_C]$

5-10　如图所示，一大一小两个匀质圆盘同轴地黏结在一起构成一个组合轮。小圆盘的半径为 r，质量为 m；大圆盘的半径 $R = 3r$，质量 $M = 3m$。组合轮可绕通过其中心且垂直于盘面的光滑水平固定轴 O 转动，随 O 轴的转动惯量 $J = 14mr^2$。两圆盘边缘上分别绕有轻质细绳，其下端各悬挂质量为 m 的物体A和B。这一系统从静止开始运动，绳与盘无相对滑动，绳的长度不变。已知 $r = 5$ cm。求组合轮的角加速度 $\alpha =$ ________。

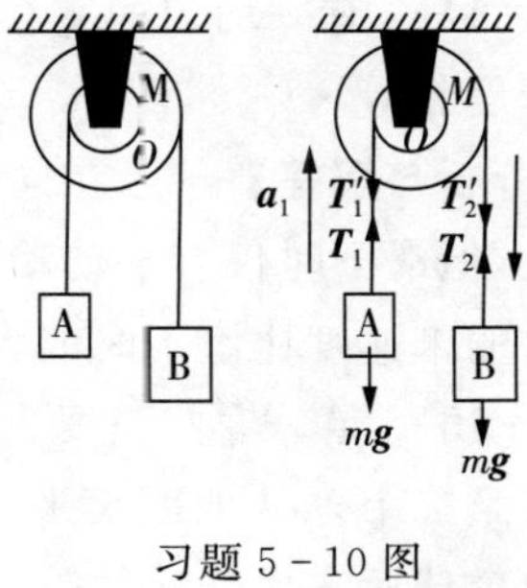

习题 5-10 图

【分析与解答】 $T_1=T_1',T_2=T_2'$

由牛顿第二定律和刚体定轴转动定律知，

$$\begin{cases}T_1-mg=ma_1\\ mg-T_2=ma_2\\ T_2R-T_1r=J\alpha\\ a_1=r\alpha\\ a_2=R\alpha\end{cases}$$

$$\Rightarrow\alpha=\frac{1}{12r}g=16.3\ \mathrm{rad/s^2}$$

三、判断题

5-11　刚体绕定轴转动，在每 1 s 内角速度都增加 π rad/s，则刚体的运动是匀加速转动。(　　)

【分析与解答】 ×，刚体绕定轴转动，在每 1 s 内角速度都增加 π rad/s，说明每 1 s 内的平均角加速度相等，不等于说每一时刻的角加速度都相等。

5-12　人骑自行车时，自行车的脚镫子在任何位置，人施加于它的力矩都相等。(　　)

【分析与解答】 ×，由于力矩等于力乘以力臂，脚镫子在水平位置时力臂最大，在竖直位置时力臂为 0，所以力矩不相等。

5-13　刚体做定轴转动时，如果它的角速度越大，则作用在刚体上的力矩就一定越大。(　　)

【分析与解答】 ×，力矩大小与角加速度大小成正比，力矩越大仅说明角速度的变化越快，不能说明角速度越大。

5-14　有一均匀的实心圆柱体沿着同一光滑斜面落下，则其滑下时和滚下时的末速度相等。(　　)

【分析与解答】 ×，在同一光滑斜面滑下和滚下，其势能减少相同，全部转化成动能，但滑下时仅有平动动能，而滚下时除了有平动动能外，还有转动动能，所以滑下时的末速度比滚下时的大。

5-15　足球守门员要先后接住来势不同的两个球，第一个球从空中飞来(无转动)；第二个球从地面滚来。设两个球的质量以及前进的速度相同，则他先后接住这两个球所需做的功相等。(　　)

【分析与解答】 ×，从地面滚来的足球的动能包括平动动能和转动动能，可见它比从空中飞来的足球(无转动) 具有更高的动能。

四、计算题

5-16　一汽车发动机曲轴的转速在 12 s 内由 1.2×10^3 r/min 均匀地增加到 2.7×10^3 r/min。求：(1) 曲轴转动的角加速度；(2) 在此时间内，曲轴转了多少圈？

【分析与解答】　这是刚体的运动学问题.刚体定轴转动的运动学规律与质点的运动学规律有类似的关系，本题为匀变速转动。

(1) 由于角速度 $\omega=2\pi n$(n 为单位时间内的转数)，根据角加速度的定义 $\alpha=\frac{\mathrm{d}\omega}{\mathrm{d}t}$，在匀变速转动中角加速度为

$$\alpha=\frac{\omega-\omega_0}{t}=\frac{2\pi(n-n_0)}{t}=13.1\ \mathrm{rad/s^2}$$

(2) 发动机曲轴转过的角度为

$$\theta=\omega_0 t+\frac{1}{2}\alpha t^2=\frac{\omega+\omega_0}{2}t=\pi(n+n_0)t$$

在 12 s 内曲轴转过的圈数为

$$N=\frac{\theta}{2\pi}=\frac{n+n_0}{2}t=390\ 圈$$

5-17　水分子的形状如图所示，从光谱分析可知水分子对 AA' 轴的转动惯量 $J_{AA'}=1.93\times10^{-47}\ \mathrm{kg\cdot m^2}$，对 BB' 轴转动惯量 $J_{BB'}=1.14\times10^{-47}\ \mathrm{kg\cdot m^2}$，试由此数据和各原子质量求出氢原子和氧原子的距离 d 和夹角 θ。假设各原子都可当质点处理。

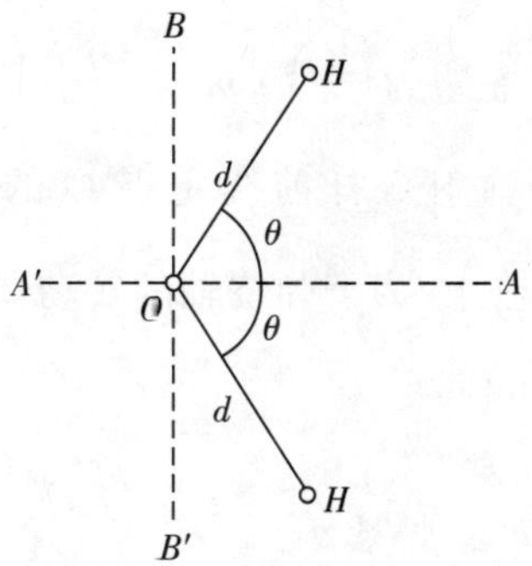

习题 5-17 图

【分析与解答】　如将原子视为质点，则水分子中的氧原子对 AA' 轴和 BB' 轴的转动惯量均为零，因此计算水分子对两个轴的转动惯量时，只需考虑氢原子即可。

由图可得

$$J_{AA'}=2m_H d^2\sin^2\theta$$

$$J_{BB'}=2m_H d^2\cos^2\theta$$

此二式相加，可得 $J_{AA'}+J_{BB'}=2m_H d^2$，则

$$d=\sqrt{\frac{J_{AA'}+J_{BB'}}{2m_H}}=9.59\times10^{-11}\ \text{m}$$

由二式相比，可得 $J_{AA'}/J_{BB'}=\tan^2\theta$，则

$$\theta=\arctan\sqrt{\frac{J_{AA'}}{J_{BB'}}}=\arctan\sqrt{\frac{1.93}{1.14}}=52.3°$$

5-18　在光滑的水平面上有一木杆，其质量 $m_1=1.0$ kg，长 $l=40$ cm，可绕通过其中点并与之垂直的轴转动。一质量为 $m_2=10$ g 的子弹，以 $v=200$ m/s 的速度射入杆端，其方向与杆及轴正交。若子弹陷入杆中，试求所得到的角速度。

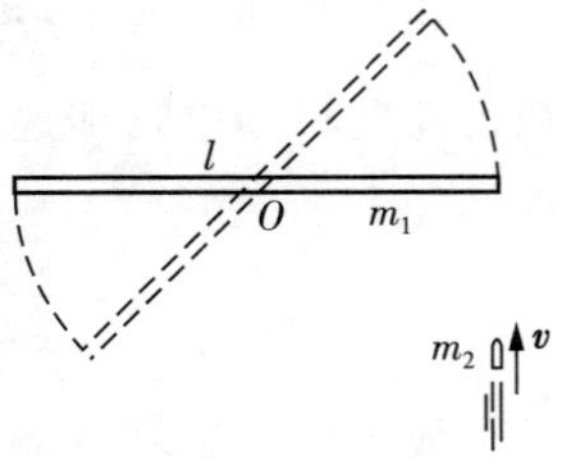

习题 5-18 图

【分析与解答】　子弹与杆相互作用的瞬间，可将子弹视为绕定点 O 的转动。这样，子弹射入杆前的角速度可表示为 $\boldsymbol{\omega}$，子弹陷入杆后，它们将一起以角速度 $\boldsymbol{\omega}'$ 转动。若将子弹和杆视为系统，因系统不受外力矩作用，故系统的角动量守恒。由角动量守恒定律可解得杆的角速度。

根据角动量守恒定律

$$\boldsymbol{r}\times m_2\boldsymbol{v}=(J_1+J_2)\boldsymbol{\omega}'$$

等式左边为 $\left(\frac{l}{2}\right)\cdot m_2\omega\cdot\left(\frac{l}{2}\right)=\frac{l^2}{4}m_2\omega$，为系统初始的角动量；$\omega'=2v/l=1000\ \text{s}^{-1}$ 为子弹射入杆前绕定点 O 的角速度；$J_1=m_1l^2/12$ 为杆绕轴的转动惯量；$J_2=m_2\left(\frac{l}{2}\right)^2$ 为子弹绕轴的转动惯量。

可得

$$\frac{l^2}{4}m_2\omega=\left(\frac{l^2}{12}m_1+\frac{l^2}{4}m_2\right)\omega'$$

可得杆的角速度为

$$\omega'=\frac{3m_2\omega}{(m_1+3m_2)}=29.1\ \text{s}^{-1}$$

5-19　如图所示，一质量为 m 的小球由一绳索系着，以角速度 ω_0 在无摩擦的水平面上做半径为 r_0 的圆周运动。如果在绳的另一端作用一竖直向下的拉力，使小球做半径为 $r_0/2$ 的圆周运动。求：(1) 小球新的角速度；(2) 拉力所做的功。

【分析与解答】　沿轴向的拉力对小球不产生力矩，因此，小球在水平面上转动

的过程中不受外力矩作用，其角动量应保持不变。但是，外力改变了小球圆周运动的半径，也改变了小球的转动惯量，从而改变了小球的角速度。至于拉力所做的功，可根据动能定理由小球动能的变化得到。

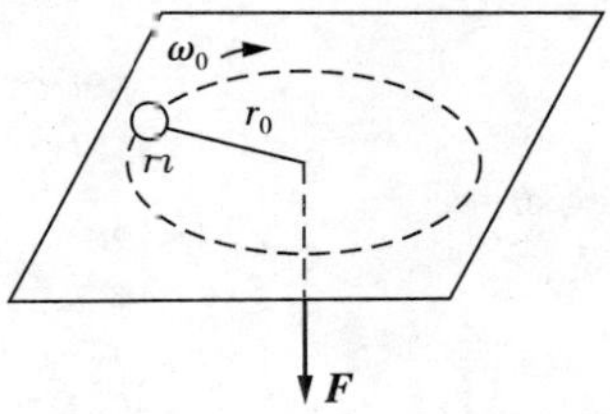

习题 5-19 图

(1) 根据分析，小球在转动的过程中，角动量保持守恒，即

$$J_0\omega_0 = J_1\omega_1$$

式中，J_0 和 J_1 分别是小球在半径为 r_0 和 $1/2r_0$ 时对轴的转动惯量，即 $J_0 = mr_0^2$，$J_1 = \frac{1}{4}mr_0^2$，则 $\omega = \frac{J_1}{J_0}\omega_0 = 4\omega_0$。

(2) 随着小球转动角速度的增加，其转动动能也增加，这正是拉力做功的结果，由转动的动能定理可得拉力的功为

$$A = \frac{1}{2}J_1\omega_1^2 - \frac{1}{2}J_0\omega_0^2 = \frac{3}{2}mr_0^2\omega_0^2$$

5-20　长 $l=0.40$ m、质量 $M=1.00$ kg 的匀质木棒，可绕水平轴 O 在竖直平面内转动，开始时棒自然竖直悬垂，现有质量 $m=8$ g 的子弹以 $v=200$ m/s 的速率从 A 点射入棒中，A 点与 O 点的距离为 $\frac{3}{4}l$，如图所示。求：(1) 棒开始运动时的角速度；(2) 棒的最大偏转角。

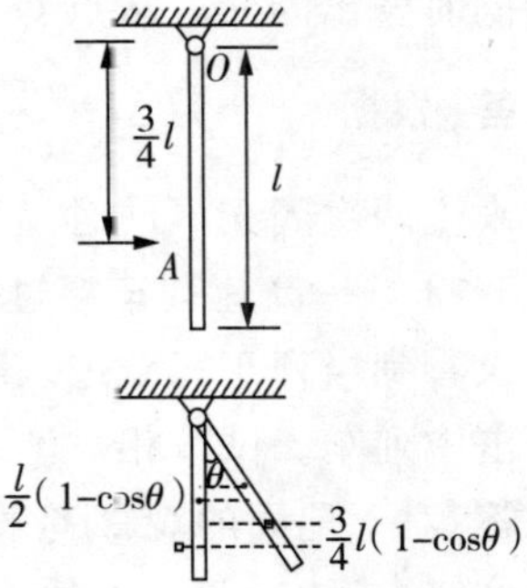

习题 5-20 图

【分析与解答】 (1) 应用角动量守恒定律

$$mv\cdot\frac{3}{4}l = \frac{1}{3}Ml^2\omega + m\left(\frac{3}{4}l\right)^2\omega$$

得

$$\omega = \frac{\frac{3}{4}mv}{\left(\frac{1}{3}M + \frac{9}{16}m\right)l} = \frac{36mv}{(16M+27m)l} = 8.9\ \text{rad/s}$$

(1) 应用机械能守恒定律

$$\frac{1}{2}\left[\frac{1}{3}Ml^2 + m\left(\frac{3}{4}l\right)^2\right]\omega^2 = Mg\,\frac{l}{2}(1-\cos\theta) + mg\,\frac{3l}{4}(1-\cos\theta)$$

得

$$\cos\theta=1-\frac{\frac{2}{3}M+\frac{9}{8}m}{2M+3m}\cdot\frac{l}{g}\omega^2=1-\frac{54m^2v^2}{(2M+3m)(16M+27m)lg}=-0.079$$

$$\Rightarrow\theta=94.5°$$

第六章　狭义相对论基础

思　考　题

6-1　两飞船 A、B 均沿静止参照系的 x 轴方向运动，速度分别为 v_1 和 v_2。由飞船 A 向飞船 B 发射一束光，相对于飞船 A 的速度为 c，则该光束相对于飞船 B 的速度为多少？

答：根据在真空中光速不变可知，该光束相对于飞船 B 的速度仍然为光速 c。

6-2　一列以速度 v 行驶的火车，当中点 C' 与站台中点 C 对准时，从站台首尾两端同时发出闪光。从点 C' 看来，这两次闪光是否同时？首尾两端何处先到？

答：根据 $\Delta t'=\gamma(\Delta t-\frac{u}{c^2}\Delta x)$，由于 $\Delta t=0$，$\Delta x\neq 0$，所以 $\Delta t'<0$，即对 C' 点的观测者来说两次闪光不同时发生，尾部先到。

6-3　一高速列车穿过一山底隧道，列车和隧道静止时有相同的长度 l_0，山顶上有人看到当列车完全进入隧道中时，在隧道的进口和出口处同时发生了雷击，但并未击中列车。试按相对论理论定性分析列车上的旅客应观察到什么现象？

答：对于地面的观察者来说，雷击是在不同的地方同时发生的；但是对于列车上的旅客来说，这两个事件不是同时发生的，他应该看到两次雷击现象。

6-4　相对论中运动物体长度的收缩与物体热胀冷缩引起的长度变化是否是一回事？

答：热胀冷缩引起的长度变化是相对于同一参照系而言的。在同一温度变化下，各种材料的伸缩比例是不一样的。

运动物体的长度变化，是相对另一参照系而言的。不同材料制成的尺子的缩短比例都是一样的，即满足 $l=l_0\sqrt{1-\frac{v^2}{c^2}}$。

因此，相对论中运动物体的长度收缩与热胀冷缩引起的长度变化不是一回事。

6-5　一飞船相对地球高速飞行，在地球上观测飞船上的物体长度收缩，时间流逝变慢。有人说，在飞船上观测，地球上物体的长度变长、时间流逝变快，这种说法对吗？

答：不对。因为按照狭义相对论的观点，所有惯性参照系都是等价的，所以如果从地球观测飞船，飞船上的物体的长度收缩，时间流逝变慢，那么从飞船上观测地球，所看到的情形也应是一样的。

6-6　什么是静长？什么是原时？

答：物体在相对于物体静止的参照系中的长度称为静长。如果两个事件相对于某一参照系发生在同一地点，则两个事件相对于这个参照系的时间间隔称为原时。

6-7　一个光子在一个惯性系中的速度为 c，在另一个以速度 v 相对上述惯性系运动的惯性系中，这个光子的速度是多少？能否找到一个惯性系，光子在其中是静止的？

答：光子在另一个惯性系中的速度仍为 c。不能找到一个惯性系，光子在其中是静止的，因为按狭义相对论的假想，在真空中传播的光在任何惯性系中的速度均为 c。

6-8　相对论中高速和低速的区分是相对什么而言的？通常提到的高速列车达到正常行驶速度时，其质量的变化是否显著？为什么？

答：相对论中的高速和低速的区分是相对光速而言的，接近光速的速度为高速，远小于光速的速度为低速。在相对论中质量与速度的关系为 $m = \dfrac{m_0}{\sqrt{1-(v/c)^2}}$，其中 m_0 为静止质量，m 是物体相对参照系以速度 v 运动时的质量，c 为光速。高速列车的行驶速度远小于光速，由上式可计算出高速列车达到正常行驶速度时，其质量没有显著的变化。

6-9　什么是静止质量？一个物体的质量在两个相互做匀速直线运动的惯性系中是否相同，为什么？在哪一个惯性系中这个物体的质量最小？

答：物体在相对物体静止的惯性系中的质量称为静止质量。不同，因为物体相对于这两个惯性系的速度不同，而质量是与速度有关的。物体在相对于它静止的惯性系中质量最小。

6-10　光子的静止质量为多少？光子的能量、动量、质量之间的关系如何？

答：光子的静止质量为零。光子的能量与动量间的关系为 $E = pc$，能量与质量间的关系为 $E = mc^2$。

习　　题

一、选择题

6-1　在狭义相对论中，有下列四种说法：

① 一切运动物体相对于观察者的速度都不能大于真空中的光速。

② 质量、长度、时间的测量结果都是随物体与观察者的相对运动状态而改变的。

③ 在某一惯性系中发生于同一时刻、不同地点的两个事件，在其他一切惯性系中也是同时发生的。

④ 在某一惯性系中的观察者，观察一个相对于他做匀速直线运动的时钟时，会看到这个时钟比与他相对静止的相同的时钟走得慢些。

上述说法正确的是(　　)。

(A)①②④　　(B)①③④

(C)①②③　　(D)①②③④

【分析与解答】 第3句不对。同时不同地事件在另一参照系中一定不同时不同地，选A。

6-2　在某地有两事件发生，静止于该地的甲测得这两事件的时间间隔为4 s。乙相对甲做匀速直线运动，而乙测得的时间间隔为5 s。若真空中的光速为c，则乙相对甲的运动速度是(　　)。

(A) $\frac{4}{5}c$　　(B) $\frac{3}{5}c$　　(C) $\frac{2}{5}c$　　(D) $\frac{1}{5}c$

【分析与解答】 $t=\frac{t_0}{\sqrt{1-(v/c)^2}}\Rightarrow 5=\frac{4}{\sqrt{1-(v/c)^2}}\Rightarrow v=0.6c$，选B。

6-3　有一宇宙飞船，相对于地球以$0.8c$(c为真空中的光速)的速度飞行。在飞船上的观察者测得飞船长90 m，且在飞船上有一光脉冲从船尾传到船首。则在地球上的观察者测得光脉冲从船尾发出和到达船首这两个事件的空间间隔为(　　)。

(A)54 m　　(B)90 m　　(C)150 m　　(D)270 m

【分析与解答】 $\Delta x'=90\ \text{m}, u=0.8c, \Delta t'=\frac{\Delta x'}{c}, \Delta x=\frac{\Delta x'+u\Delta t'}{\sqrt{1-\beta^2}}=270\ \text{m}$，选D。

6-4　有一微观粒子，它的总能量是其静止能量的n倍，若真空中的光速为c，则该粒子的运动速度大小为(　　)。

(A) $\frac{c}{n-1}$　　(B) $\frac{c}{n}\sqrt{1-n^2}$　　(C) $\frac{c}{n}\sqrt{n^2-1}$　　(D) $\frac{\sqrt{n(n+2)}c}{n+1}$

【分析与解答】 $E=mc^2=nm_0c^2, n=\frac{1}{\sqrt{1-\beta^2}}, \beta c=\frac{c}{n}\sqrt{n^2-1}$，选C。

6-5　已知电子的静能$E_0=m_0c^2=0.51\ \text{MeV}$，真空中的光速为$c$。根据相对论力学，动能为0.25 MeV的电子，其运动速度接近于(　　)。

(A)0.25c　　(B)0.50c　　(C)0.75c　　(D)0.90c

【分析与解答】 $0.51+0.25=\dfrac{0.51}{\sqrt{1-\left(\dfrac{v}{c}\right)^2}}$，选 C。

二、填空题

6-6　两个惯性系中的观察者 S 和 S'，它们以 $0.6c$（c 为真空中的光速）的相对速度互相接近。现 S 测得它们两者的初始距离是 200 m，则 S' 测得两者经过时间 $\Delta t=$________ s 后，将会相遇。

【分析与解答】 $\Delta x=200\ \text{m}, v=0.6c, \Delta t=\dfrac{200}{0.6c}, \Delta t'=\dfrac{\Delta t-\dfrac{v\Delta x}{c^2}}{\sqrt{1-\beta^2}}; E_k=\dfrac{m_0c^2}{\sqrt{1-\left(\dfrac{v}{c}\right)^2}}-m_0c^2$，解得 $\Delta t=8.89\times10^{-7}$ s。

6-7　π^+ 介子的固有平均寿命是 2.60×10^{-8} s，若它相对于实验室以 $0.8c$（c 为真空中的光速）的速度运动。则在实验室坐标系中测得的 π^+ 介子的寿命是________ s。

【分析与解答】 $t=\dfrac{t_0}{\sqrt{1-(v/c)^2}}=\dfrac{2.60\times10^{-8}}{\sqrt{1-(0.8c/c)^2}}=4.33\times10^{-8}\ \text{s}$。

6-8　设电子的静止质量为 m_0，若将一个电子从静止加速到速率为 $0.8c$，外界必须对电子做功________。

【分析与解答】 $E_k=mc^2-m_0c^2=\dfrac{m_0}{\sqrt{1-(v/c)^2}}c^2-m_0c^2=\dfrac{m_0}{\sqrt{1-(0.8c/c)^2}}c^2-m_0c^2=\dfrac{2}{3}m_0c^2$。

6-9　一静止质量为 m_0 的粒子，其固有寿命为实验室中测得的寿命的 $\dfrac{1}{K}$，则此粒子的动能是________。

【分析与解答】 $t=\dfrac{t_0}{\sqrt{1-(v/c)^2}}=Kt_0, E_k=\dfrac{m_0c^2}{\sqrt{1-\left(\dfrac{v}{c}\right)^2}}-m_0c^2=Km_0c^2-m_0c^2=m_0c^2(K-1)$。

6-10　有一列火车以速度 u 驶过车站，在站台上有一静止的观察者，他观察到固定在站台上相距为 1 m 的两只机械手在车厢上同时划出两条刻痕，则在火车上的观察者测得这两条刻痕之间的距离为________。

【分析与解答】 $\Delta t=0,\Delta t'\neq 0,\Delta x=1m,\Delta x'=\dfrac{\Delta x-v\Delta t}{\sqrt{1-\left(\dfrac{v}{c}\right)^2}}$。

三、计算题

6-11　设固有长度 $l_0=2.50\ \text{m}$ 的汽车，以 $v=30.0\ \text{m/s}$ 的速度沿直线行驶，问站在路旁的观察者按相对论计算该汽车长度缩短了多少？

【分析与解答】 $l=l_0\sqrt{1-\dfrac{v^2}{c^2}}$，由泰勒展开，可知 $\sqrt{1-x^2}=1-\dfrac{1}{2}x^2+\cdots$

所以 $\sqrt{1-\dfrac{v^2}{c^2}}\approx 1-\dfrac{1}{2}\dfrac{v^2}{c^2}$，$\Delta l=l_0-l=l_0\times\dfrac{1}{2}\dfrac{v^2}{c^2}=1.25\times 10^{-14}\ \text{m}$。

6-12　长度 $l_0=1\ \text{m}$ 的米尺静止于 S' 系中，与 x' 轴的夹角 $\theta'=30°$，S' 系相对 S 系沿 x 轴运动，在 S 系中观测者测得米尺与 x 轴的夹角 $\theta=45°$。试求：(1) S' 系和 S 系的相对运动速度；(2) S 系中测得的米尺长度。

【分析与解答】 (1) 米尺相对 S' 静止，它在 x'、y' 轴上的投影分别为 $L'_x=L_0\cos\theta'=0.866\ \text{m}$，$L'_y=L_0\sin\theta'=0.5\ \text{m}$。

米尺相对 S 系沿 x 方向运动，设速度为 v，对 S 系中的观察者测得米尺在 x 方向收缩，而 y 方向的长度不变，即 $L_x=L'_x\sqrt{1-\dfrac{v^2}{c^2}}$，$L_y=L'_y$，故 $\tan\theta=\dfrac{L_y}{L_x}=\dfrac{L'_y}{L_x}=\dfrac{L'_y}{L'_x\sqrt{1-\dfrac{v^2}{c^2}}}$，把 $\theta=45°$ 及 L'，L'_y 代入，则得 $\sqrt{1-\dfrac{v^2}{c^2}}=\dfrac{0.5}{0.866}$，故 $v=0.816c$。

(2) 在 S 系中测得米尺长度 $L=\dfrac{L_y}{\sin 45°}=0.707\ \text{m}$。

6-13　一宇航员要到离地球为5光年的星球去旅行。如果宇航员希望把这个路程缩短为3光年，则他所乘的火箭相对于地球的速度是多少？

【分析与解答】 $l'=l_0\sqrt{1-\beta^2}\Rightarrow 3=5\sqrt{1-\beta^2}\Rightarrow\dfrac{3}{5}=\sqrt{1-\beta^2}$，所以

$$v=\sqrt{1-\frac{9}{25}}c=\frac{4}{5}c$$

6-14　从 S 系观察到有一粒子在 $t_1=0$ 时由 $x_1=100\ \text{m}$ 处以速度 $v_x=0.98c$ 沿 x 方向运动，10 s 后到达 x_2 点，如在 S' 系（相对 S 系以速度 $v=0.96c$ 沿 x 方向运动）观察，粒子出发和到达的时空坐标 t'_1、x'_1、t'_2、x'_2 各为多少？（$t=t'=0$ 时，S' 与 S 的原点重合），并算出粒子相对 S' 系的速度。

【分析与解答】 利用洛仑兹变换有 $t'=\dfrac{t-\dfrac{v}{c^2}x}{\sqrt{1-\dfrac{v^2}{c^2}}}$，$x'=\dfrac{x-vt}{\sqrt{1-\dfrac{v^2}{c^2}}}$，考虑到

$\sqrt{1-\frac{v^2}{c^2}}=\sqrt{1-0.96^2}=0.28$，有

$$t'_1=\frac{t_1-\frac{v}{c^2}x_1}{\sqrt{1-\frac{v^2}{c^2}}}=\frac{0-\frac{0.96c}{c^2}\times 100}{\sqrt{1-\left(\frac{0.96c}{c}\right)^2}}=1.147\times 10^{-6}\ \text{s}$$

$$t'_2=\frac{t_2-\frac{v}{c^2}x_2}{\sqrt{1-\frac{v^2}{c^2}}}=\frac{10-\frac{0.96c}{c^2}\times 9.8c}{\sqrt{1-\left(\frac{0.96c}{c}\right)^2}}=2.11\ \text{s}$$

$$x'_1=\frac{x_1-vt_1}{\sqrt{1-\frac{v^2}{c^2}}}=\frac{100-0.96c\times 0}{\sqrt{1-\left(\frac{0.96c}{c}\right)^2}}=357.14\ \text{m}$$

$$x'_2=\frac{x_2-vt_2}{\sqrt{1-\frac{v^2}{c^2}}}=\frac{9.8c-0.96c\times 10}{\sqrt{1-\left(\frac{0.96c}{c}\right)^2}}=2.14\times 10^8\ \text{m}$$

$$u'_x=\frac{v_x-v}{1-\frac{v}{c^2}v_x}=\frac{0.98c-0.96c}{1-\frac{0.96c}{c^2}\times 0.98c}=1.014\times 10^8\ \text{m/s}$$

6-15　一个电子从静止开始加速到 $0.1c$，需对它做多少功？，若速度从 $0.9c$ 增加到 $0.99c$ 又要做多少功？

【分析与解答】　由相对论动能有 $E_k=mc^2-m_0c^2$。

$$(1)E_{k1}=m_0c^2\left(\frac{1}{\sqrt{1-\frac{v^2}{c^2}}}-1\right)=0.51\times 10^6\left(\frac{1}{\sqrt{1-0.1^2}}-1\right)=2.57\ \text{MeV}$$

$$(2)E_{k2}=m_0c^2\left(\frac{1}{\sqrt{1-\frac{v_2^2}{c^2}}}-\frac{1}{\sqrt{1-\frac{v_1^2}{c^2}}}\right)$$

$$=0.51\times 10^6\left(\frac{1}{\sqrt{1-0.99^2}}-\frac{1}{\sqrt{1-0.9^2}}\right)=2.44\ \text{MeV}$$

6-16　一静止电子（静止能量为 0.51 MeV）被 1.3 MeV 的电势差加速，然后以恒定速度运动。求：(1) 电子在达到最终速度后飞越 8.4 m 的距离需要多少时间？(2) 在电子的静止系中测量，此段距离是多少？

【分析与解答】　(1) 因为 $m_0c^2=0.51\ \text{MeV}$，$E_k=1.3\ \text{MeV}$，所以 $mc^2=m_0c^2+$

$E_k=1.81\ \mathrm{MeV}$,考虑到$m=\dfrac{m_0}{\sqrt{1-\dfrac{v^2}{c^2}}}$,得$\sqrt{1-\dfrac{v^2}{c^2}}=\dfrac{m_0c^2}{mc^2}$,可求得$v=0.96c=2.88\times 10^8\ \mathrm{m/s}$,那么,$t=\dfrac{l}{v}=\dfrac{8.4}{2.88\times10^8}=2.92\times10^{-8}(\mathrm{s})$

(2) 由$l'=l\sqrt{1-\dfrac{v^2}{c^2}}$,得$l'=8.4\times\sqrt{1-0.96^2}=2.37(\mathrm{m})$

6-17　有两个中子A和B,沿同一直线相向运动,在实验室中测得每个中子的速率为βc。试证明:相对中子A静止的参考系中测得中子B的总能量$E=\dfrac{1+\beta^2}{1-\beta^2}m_0c^2$,其中$m_0$为中子的静质量。

【分析与解答】　设中子A为S系,实验室为S'系,中子B相对于中子A速度为

$$u_x=\frac{u'_x+v}{1+\dfrac{v}{c^2}u'_x}=\frac{2\beta c}{1+\beta^2}$$

代入$E=mc^2$有

$$E=\frac{m_0c^2}{\sqrt{1-\dfrac{v_x^2}{c^2}}}=\frac{m_0c^2}{\sqrt{1-\left(\dfrac{2\beta}{1+\beta^2}\right)^2}}=\frac{1+\beta^2}{1-\beta^2}m_0c^2$$

6-18　一电子在电场中从静止开始加速,电子的静止质量为$9.11\times10^{-31}\ \mathrm{kg}$,问:
(1) 电子应通过多大的电势差才能使其质量增加0.4%?
(2) 此时电子的速率是多少?

【分析与解答】　(1) 由$E_k=mc^2-m_0c^2$,且$E_k=eU$,$\dfrac{m-m_0}{m_0}=0.004$,则

$$eU=mc^2-m_0c^2=0.004m_0c^2,\ U=\frac{0.004m_0c^2}{e}=2.05\times10^3\ \mathrm{V}$$

(2) 因为$m=1.004m_0$,所以$\sqrt{1-\dfrac{v^2}{c^2}}=\dfrac{m_0}{m}$,可求得:$v=2.7\times10^7\ \mathrm{m/s}$。

6-19　已知一粒子的动能等于其静止能量的n倍,求:(1) 粒子的速率;(2) 粒子的动量。

【分析与解答】　(1) 依题意知$E_k=nm_0c^2$,又因为$E_k=mc^2-m_0c^2$,

$$\frac{m_0c^2}{\sqrt{1-\dfrac{v^2}{c^2}}}-m_0c^2=nm_0c^2$$

有 $1-\frac{v^2}{c^2}=\frac{1}{(n+1)^2}$，整理得 $v=\frac{c\sqrt{n(n+2)}}{n+1}$。

(2) 由 $E^2=P^2c^2+m_0^2c^4$，$E=(n+1)m_0c^2$，得 $P=m_0c\sqrt{n(n+2)}$。

6-20　太阳的辐射能来源于内部一系列核反应，其中之一是氢核($_1^1H$) 和氘核($_1^2H$) 聚变为氦核($_2^3He$)，同时放出 γ 光子，反应方程为

$$_1^1H+_1^2H\rightarrow _2^3He+\gamma$$

已知氢、氘和氦的原子质量依次为 1.007825 u、2.014102 u 和 3.016029 u。原子质量单位 1 u＝1.66×10^{-27} kg。试估算 γ 光子的能量。

【分析与解答】 $\Delta m=1.007825\ u+2.014102\ u-3.016029\ u=0.005898\ u=0.979\times10^{-29}\ kg$

根据质能方程有 $\Delta E=\Delta mc^2=\frac{0.979\times10^{-29}\times(3\times10^8)^2}{1.6\times10^{-19}}=5.5(MeV)$。

第二篇 热学

第七章 气体动理论

思考题

7-1 解释气体为什么容易压缩，却又不能无限地压缩。

答：因为气体分子之间间隙比较大，平均是分子线度的10倍左右。不能无限制压缩是因为分子有大小。

7-2 什么是平衡态？为什么说平衡态又称热动平衡？

答：处在没有外界影响条件下的系统，经过一段时间，它的各种性质不随时间改变的状态叫作平衡态。系统处于平衡态时，宏观上看状态参量不变，但微观分子的无规则运动并没有停止，是微观上的动态平衡，所以又称为热动平衡。

7-3 用温度计测量物体的温度是什么原理？

答：根据热力学第零定律，如果两个系统都与温度计的同一个状态处于热平衡，那么这两个系统也处于热平衡。

7-4 从分子运动论的观点来看，理想气体内能的实质是什么？

答：理想气体分子是刚性的弹性球分子，分子间的作用力（除碰撞的瞬间）忽略不计，所以内能只包含分子所有的运动动能。

7-5 盛有理想气体的密封容器相对地面运动时，容器内的分子速度相对地面增加了，因此气体的温度升高了，这句话对吗？

答：不对。气体的温度反映了分子无规则运动的剧烈程度，是微观上分子的平均平动动能大小的反映，而不是作为气体集合整体的宏观运动动能。

习 题

一、选择题

7-1 置于容器内的气体，如果气体内各处压强相等，或气体内各处温度相同，则这两种情况下气体的状态(　　)。

(A) 一定都是平衡态

(B) 不一定都是平衡态

(C) 前者一定是平衡态，后者一定不是平衡态

(D) 后者一定是平衡态，前者一定不是平衡态

【分析与解答】　平衡态时系统在不受外界影响的条件下保持状态参量不变，选 B。

7-2　两种理想气体，温度相等，则(　　)。

(A) 内能必然相等　　(B) 分子的平均平动动能必然相等

(C) 分子的平均总动能必然相等　　(D) 分子的平均能量必然相等

【分析与解答】　气体的温度是微观上分子的平均平动动能大小的反映，选 B。

7-3　在温度 t 时，单原子分子理想气体的内能为气体分子的(　　)。

(A) 部分势能与部分动能之和　　(B) 全部平动动能

(C) 全部势能　　(D) 全部振动能量

【分析与解答】　理想气体分子是刚性的弹性球分子，分子间的作用力(除碰撞的瞬间)忽略不计，所以内能只包含分子所有的运动动能，选 B。

7-4　在一密闭容器中，储有 A、B、C 三种理想气体，处于平衡状态。A 种气体的分子数密度为 n_1，它产生的压强为 p_1，B 种气体的分子数密度为 $2n_1$，C 种气体的分子数密度为 $3n_1$，则混合气体的压强 p 为(　　)。

(A) $3p_1$　　(B) $4p_1$　　(C) $5p_1$　　(D) $6p_1$

【分析与解答】　由公式 $p=nkT$ 可知，温度相同时，压强与分子数密度成正比，选 D。

7-5　有一截面均匀的封闭圆筒，中间被一光滑的活塞分隔成两边，如果其中的一边装有 0.1 kg 某一温度的氢气，为了使活塞停留在圆筒的正中央，则另一边应装入同一温度的氧气的质量为(　　)。

(A) (1/16) kg　　(B) 0.8 kg　　(C) 1.6 kg　　(D) 3.2 kg

【分析与解答】　由公式 $p=nkT$ 可知，温度相同时，要使压强相等，则分子数密度也相等，选 C。

7-6　若理想气体的体积为 V，压强为 p，温度为 T，一个分子的质量为 m_0，k 为玻耳兹曼常量，R 为摩尔气体常量，则该理想气体的分子数为(　　)。

(A) pV/m_0　　(B) $pV/(kT)$

(C) $pV/(RT)$　　(D) $pV/(m_0 T)$

【分析与解答】　由公式 $p=nkT$ 判断，分子数密度为 $n=\frac{p}{kT}$，而气体的分子数

为 $N=nV$，选 B。

7-7 根据气体动理论，单原子理想气体的温度正比于(　　)。

(A) 气体的体积　　(B) 气体分子的平均自由程

(C) 气体分子的平均动量　　(D) 气体分子的平均平动动能

【分析与解答】 由温度公式$\overline{\varepsilon_t}=\frac{3}{2}kT$ 可知，选 D。

7-8 关于理想气体分子的最概然速率、平均速率和方均根速率，下列哪种说法是正确的？(　　)

(A) 与温度有关且成正比

(B) 与分子质量有关且成正比

(C) 与摩尔质量有关且成正比

(D) 与热力学温度和分子质量之比的平方根有关且成正比

【分析与解答】 由三个统计速率公式可知，选 D。

7-9 一摩尔氮气，在平衡态时，设其温度为 T，则氮气分子(视为刚性分子)的平均总动能$\overline{\varepsilon_k}$ 和氮气的内能 E 分别为(　　)。

(A) $\overline{\varepsilon_k}=\frac{3}{2}kT,E=\frac{3}{2}RT$　　(B) $\overline{\varepsilon_k}=\frac{5}{2}kT,E=\frac{3}{2}RT$

(C) $\overline{\varepsilon_k}=\frac{5}{2}kT,E=\frac{5}{2}RT$　　(D) $\overline{\varepsilon_k}=3kT,E=\frac{1}{2}RT$

【分析与解答】 因为氮气为双原子分子 $i=5$，所以$\overline{\varepsilon_k}=\frac{5}{2}kT$；内能公式 $E=\frac{m}{M}\cdot\frac{i}{2}RT=\frac{5}{2}RT$ 可知，选 C。

7-10 在一定速率 v 附近麦克斯韦速率分布函数 $f(v)$ 的物理意义是：一定量的气体在给定温度下处于平衡态时的(　　)。

(A) 速率为 v 的分子数

(B) 分子数随速率 v 的变化

(C) 速率为 v 的分子数占总分子数的百分比

(D) 速率在 v 附近单位速率区间内的分子数占总分子数的百分比

【分析与解答】 $f(v)$ 的物理意义是：在速率 v 附近单位速率区间内的分子数占分子总数的百分比，选 D。

7-11 设 $f(v)$ 为麦克斯韦速率分布函数，则气体处于速率 $v_1\sim v_2$ 区间内的分子数所占的比例为(　　)。

(A) $\int_{v_1}^{v_2}Nf(v)\mathrm{d}v$　　(B) $Nf(v)(v_2-v_1)$

(C) $\int_{v_1}^{v_2}f(v)\mathrm{d}v$　　(D) 1

【分析与解答】　由 $f(v)=\dfrac{\mathrm{d}N}{N\mathrm{d}v}$ 可知，选 C。

7－12　处于平衡状态的一瓶氦气和一瓶氮气的分子数密度相同，分子的平均平动动能也相同，则它们(　　)。

(A) 温度、压强均不相同

(B) 温度相同，但氦气的压强大于氮气的压强

(C) 温度、压强都相同

(D) 温度相同，但氦气的压强小于氮气的压强

【分析与解答】　分子的平均平动动能 $\overline{\varepsilon_k}=3kT/2$，仅与气体的温度有关，所以两瓶气体温度相同；又由公式 $p=nkT$，n 为气体的分子数密度，可知两瓶气体的压强也相同，选 C。

7－13　容器中储有一定量的处于平衡状态的理想气体，温度为 T，分子质量为 m_0，则分子速度在 x 方向的分量平均值为(根据理想气体分子模型和统计假设讨论)(　　)。

(A) $\bar{v}_x=\dfrac{1}{3}\sqrt{\dfrac{8kT}{\pi m_0}}$　(B) $\bar{v}_x=\sqrt{\dfrac{8kT}{3\pi m_0}}$　(C) $\bar{v}_x=\sqrt{\dfrac{3kT}{2m_0}}$　(D) $\bar{v}_x=0$

【分析与解答】　大量分子在做无规则的热运动，某一分子的速度有任一可能的大小和方向，但对于大量分子在某一方向的平均值应为 0，选 D。

7－14　三个容器 A、B、C 中装有同种理想气体，其分子数密度 n 相同，而方均根速率之比为 $\sqrt{\overline{v_A^2}}:\sqrt{\overline{v_B^2}}:\sqrt{\overline{v_C^2}}=1:2:4$，则其压强之比 $p_A:p_B:p_C$ 为(　　)。

(A) 1 : 2 : 4　(B) 1 : 4 : 8　(C) 1 : 4 : 16　(D) 4 : 2 : 1

【分析与解答】　由 $\sqrt{\overline{v^2}}=\sqrt{\dfrac{3RT}{M}}$，知 $\sqrt{\overline{v_A^2}}:\sqrt{\overline{v_B^2}}:\sqrt{\overline{v_C^2}}=\sqrt{T_A}:\sqrt{T_B}:\sqrt{T_C}$，又由公式 $p=nkT$，有 $p_A:p_B:p_C=T_A:T_B:T_C$，所以 $p_A:p_B:p_C=1:4:16$，选 C。

7－15　已知氢气和氧气的温度相同，物质的量也相同，则(　　)。

(A) 氧分子的质量比氢分子大，所以氧气的压强一定大于氢气的压强

(B) 氧分子的质量比氢分子大，所以氧气的数密度一定大于氢气的数密度

(C) 氧分子的质量比氢分子大，所以氢分子的速率一定大于氧分子的速率

(D) 氧分子的质量比氢分子大，所以氢分子的方均根速率一定大于氧分子的方均根速率

【分析与解答】　由公式 $pV=\dfrac{m}{M}RT$ 可知，当 T 和摩尔数相同时，pV 乘积相同，但不能确定 p 与 n 的关系，故 A、B 错。某一分子的速率可能有任一方向和任一大

小,只能比较统计值;氢气和氧气不同的是摩尔质量,$M_{O_2} > M_{H_2}$,由公式$\sqrt{\overline{v^2}} = \sqrt{\frac{3RT}{M}}$知$\sqrt{\overline{v_{O_2}^2}} < \sqrt{\overline{v_{H_2}^2}}$,选 D。

7-16　如果在一固定容器内,理想气体分子平均速率都提高为原来的二倍,那么(　　)。

(A) 温度和压强都升高为原来的二倍

(B) 温度升高为原来的两倍,压强升高为原来的四倍

(C) 温度升高为原来的四倍,压强升高为原来的二倍

(D) 温度与压强都升高为原来的四倍

【分析与解答】　由平均速率公式 $\bar{v} = \sqrt{\frac{8RT}{\pi M}}$,当 $\bar{v}$ 变为原来的二倍,T 变为原来的四倍,又因为 $p = nkT$ 所以压强也变为原来的四倍,选 D。

二、填空题

7-17　质量为 m、摩尔质量为 M、分子数密度为 n 的理想气体,处于平衡态时,物态方程为________,物态方程的另一形式为________,其中 k 称为________常量。

【分析与解答】　答案依次为 $pV = \frac{m}{M}RT$,$p = nkT$,玻尔兹曼。

7-18　两种不同种类的理想气体,其分子的平均平动动能相等,但分子数密度不同,则它们的温度________,压强________。如果它们的温度、压强相同,但体积不同,则它们的分子数密度________,单位体积的气体质量________,单位体积的分子平动动能________。(填"相同"或"不同")。

【分析与解答】　由 $p = nkT$ 判断。答案依次为相同、不同、相同、不同、相同。

7-19　容器内储有氧气,其压强为 $p = 2.026 \times 10^5$ Pa,温度为 17 ℃,则单位体积内的分子数为________ m^{-3};每个分子的质量为________ kg。

【分析与解答】　由 $p = nkT \Rightarrow n = \frac{p}{kT} = \frac{2.026 \times 10^5}{1.38 \times 10^{-23} \times (273 + 17)} = 5.06 \times 10^{25}\,(m^{-3})$ 由 $M = m_0 N_0 \Rightarrow m_0 = \frac{M}{N_0} = \frac{3.2 \times 10^{-2}}{6.02 \times 10^{23}} = 5.32 \times 10^{-26}\,(kg)$。答案依次为 5.06×10^{25},5.32×10^{-26}。

7-20　决定一个物体在空间的________所需要的________,称为该物体的自由度数。

【分析与解答】　答案依次为位置、独立坐标数目。

7-21　理想气体处于热平衡状态时,其分子沿任何方向运动的机会________。

【分析与解答】 从宏观的统计平均结果来看，机会均等。

7-22　在 7 ℃ 时，一封闭的刚性容器内空气的压强为 4.0×10^5 Pa，温度变化到 37 ℃ 时，该容器内空气的压强为________。

【分析与解答】 由 $\frac{p_1}{T_1}=\frac{p_2}{T_2}$ 知 $p_2=\frac{p_1}{T_1}T_2=\frac{4\times10^5}{273+7}(273+37)=4.43\times10^5$ Pa。

7-23　某刚性双原子分子理想气体，处于温度为 T 的平衡态，则其分子的平均平动动能为________，平均转动动能为________，平均总能量为________，1mol 气体的内能为________。

【分析与解答】 因为双原子分子的平动自由度是 3，转动自由度是 2，总的自由度是 5，所以答案依次为 $\overline{\varepsilon_t}=\frac{3}{2}kT$，$\overline{\varepsilon_r}=kT$，$\frac{5}{2}kT$，$E=\frac{5}{2}RT$

7-24　有 1 mol 氧气和 2 mol 氮气组成混合气体，在标准状态下，氧分子的内能为________，氮分子的内能为________；氧气与氮气的内能之比为________。

【分析与解答】 氧气和氮气均为双原子分子，内能为 $E=\frac{m}{M}\cdot\frac{i}{2}RT$，标准状态下的温度取 273 K。答案依次为 5.67×10^3 J，1.13×10^4 J，1∶2。

7-25　1 mol 氧气（视为刚性双原子分子的理想气体）贮于一氧气瓶中，温度为 27 ℃，这瓶氧气的内能为________J；分子的平均平动动能为________J；分子的平均总动能为________J。[普适气体常量 $R=8.31$ J/(mol·K)，玻尔兹曼常量 $k=1.38\times10^{-23}$ J/K]

【分析与解答】 双原子分子的平动自由度是 3，总的自由度是 5，由 $\overline{\varepsilon_t}=\frac{3}{2}kT$，$E=\frac{m}{M}\cdot\frac{i}{2}RT$ 可得答案依次为 6.23×10^3，6.21×10^{-21}，1.035×10^{-21}。

7-26　有一瓶质量为 M 的氢气（视作刚性双原子分子的理想气体），温度为 T，则氢分子的平均平动动能为________，氢分子的平均动能为________，该瓶氢气的内能为________。

【分析与解答】 双原子分子的平动自由度是 3，总的自由度是 5，由 $\overline{\varepsilon_t}=\frac{3}{2}kT$，平均动能公式 $\overline{\varepsilon_k}=\frac{i}{2}kT$ 和内能公式 $E=\frac{M}{M_{mol}}\times\frac{i}{2}RT=\frac{M}{M_{mol}}\frac{5}{2}RT=\frac{M}{2\times10^{-3}}\times\frac{5}{2}RT=1250MRT$，可得答案依次为 $\frac{3}{2}kT$，$\frac{5}{2}kT$，$1250MRT$。

7-27　一定量氢气（视为刚性分子的理想气体），若温度每升高 1 K，其内能增加 41.6 J，则该氢气的质量为________。[普适气体常量 $R=8.31$ J/(mol·K)]

【分析与解答】 双原子分子总的自由度是5,再由内能公式 $\Delta E=\dfrac{m}{M}\dfrac{5}{2}R\Delta T\Rightarrow$ $m=\dfrac{2\Delta EM}{5R\Delta T}=\dfrac{2\times 41.6\times 2\times 10^{-3}}{5\times 8.31\times 1}=4\times 10^{-3}(\mathrm{kg})$,可得 4.0×10^{-3} kg。

7-28 图示曲线为处于同一温度 T 时氦(原子量4)、氖(原子量20)和氩(原子量40)三种气体分子的速率分布曲线。其中曲线 a 是________气分子的速率分布曲线;曲线 c 是________气分子的速率分布曲线。

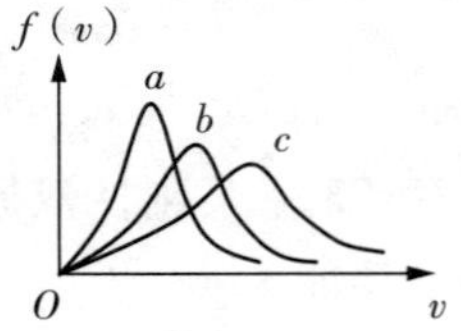

习题 7-28 图

【分析与解答】 由最概然速率公式可知,同一温度下,摩尔质量越大,最概然速率越小。答案依次为氩、氦。

7-29 温度相同的氢气和氧气,若氢气分子的平均平动动能为 6.21×10^{-21} J,那么,氧气分子的平均平动动能为________,温度为________;氧气分子的最概然速率 $v_{\mathrm{p}}=$________。

【分析与解答】 由 $\overline{\varepsilon_{\mathrm{t}}}=\dfrac{3}{2}kT$ 可知,氧气分子的平均平动动能也为 6.21×10^{-21} J;$T=\dfrac{2\,\overline{\varepsilon_{\mathrm{t}}}}{3k}=\dfrac{2\times 6.21\times 10^{-21}}{3\times 1.38\times 10^{-23}}=300(\mathrm{K})$;最概然速率公式为 $v_{\mathrm{p}}=\sqrt{\dfrac{2RT}{M}}$,有 $v_{\mathrm{p}}=\sqrt{\dfrac{2\times 8.31\times 300}{32\times 10^{-3}}}=3.95\times 10^{2}(\mathrm{m/s})$。

三、判断题

7-30 温度计是根据热力学第零定律制成的。( )

【分析与解答】 √,由热力学第零定律可知,互为热平衡的系统具有相等的态函数,这个态函数定义为温度,温度计就是根据这个设计的。

7-31 在相同体积的两个容器中,分别盛有温度相同的1 g氢气和16 g氧气,它们的压强应该相同。( )

【分析与解答】 √,由于1 g氢气和16 g氧气都是0.5 mol气体,分子数相同,又因为它们有相同的体积,故单位体积的分子数相同。再因为温度相同,由 $p=nkT$ 可知,压强 p 必然相同。

7-32 理想气体温度越高,则内能越大。( )

【分析与解答】 ×,理想气体的内能 $E=\dfrac{m}{M}\cdot\dfrac{i}{2}RT$ 不仅与质量 m 和温度 T 有关,而且与摩尔质量 M 和分子的自由度 i 有关。

7-33 单个分子的速率越大,温度就越高。( )

【分析与解答】 ×,温度是统计平均值,对单个分子没有意义。

7-34 理想气体的压强和温度都是统计平均值。( )

【分析与解答】 √,理想气体的压强和温度都是针对大量分子的,单独一个气体分子没有压强和温度概念。

7-35 理想气体的内能只包含气体分子的无规则运动的动能。( )

【分析与解答】 √,理想气体分子是刚性的弹性球分子,分子间的作用力(除碰撞的瞬间)忽略不计,所以内能只包含分子所有的运动动能。

7-36 对于一定质量的某种理想气体来说,只要温度的变化相同,则它的内能的变化量一定相同。( )

【分析与解答】 √,一定质量的某种理想气体的内能的变化量 $\Delta E=\frac{m}{M}\cdot\frac{i}{2}R\Delta T$,只与温度的变化量 ΔT 有关。

7-37 两瓶不同的理想气体,它们的温度和压强相同,但体积不同,则单位体积内的分子数相同。( )

【分析与解答】 √,由 $p=nkT$ 可知。

7-38 对于一定量的气体来说,温度不变时,气体的压强随体积的减小而增大。( )

【分析与解答】 √,由理想气体状态方程可知。

四、计算题

7-39 假设开有小口的容器的容积为 V,其中充满着双原子分子气体,气体的温度为 T_1,压强为 p_0,在将气体加热到较高温度 T_2 的过程中,容器开口使气压恒定,试证:在 T_1 和 T_2 时,容器内气体的内能相等。

【分析与解答】 依题意 $p_0V=\frac{m_1}{M}RT_1=\frac{m_2}{M}RT_2\Rightarrow m_1T_1=m_2T_2$,

在 T_1 和 T_2 时,气体的内能分别为

$$E_1=\frac{m_1}{M}\frac{i}{2}RT_1,E_2=\frac{m_2}{M}\frac{i}{2}RT_2$$

所以,$E_1=E_2$。

7-40 容器中储有压强为 1.33 Pa,温度为 27 ℃ 的气体。试求:

(1) 气体分子的平均平动动能;

(2)1.0 cm^3 中分子具有的总的平均平动动能。

【分析与解答】 (1) $\frac{1}{2}m_0\overline{v^2}=\frac{3kT}{2}=\frac{3}{2}\times1.38\times10^{-23}\times300=6.21\times10^{-21}(\text{J})$

(2)$n=\frac{p}{kT}$

$$\sum\left(\frac{1}{2}m_0\overline{v^2}\right)=nV\left(\frac{1}{2}m_0\overline{v^2}\right)=\frac{pV}{kT}\left(\frac{1}{2}m_0\overline{v^2}\right)$$

$$=\frac{1.33\times1.0\times10^{-6}}{1.38\times10^{-23}\times300}\times6.21\times10^{-21}\approx2.0\times10^{-6}(\mathrm{J})$$

7-41 温度为 0 ℃ 和 100 ℃ 时理想气体分子的平均平动动能各为多少？欲使分子的平均平动动能等于 1 eV，气体的温度需多高？

【分析与解答】 平均平动动能公式为$\overline{\varepsilon_t}=\frac{3}{2}kT$。

(1) 当 $T_1=273$ K 时，$\overline{\varepsilon_{t1}}=\frac{3}{2}kT_1=\frac{3}{2}\times1.38\times10^{-23}\times273=5.65\times10^{-21}(\mathrm{J})$；

(2) 当 $T_2=373$ K 时，$\overline{\varepsilon_{t2}}=\frac{3}{2}kT_2=\frac{3}{2}\times1.38\times10^{-23}\times373=7.72\times10^{-21}(\mathrm{J})$；

(3) 若 $\varepsilon_{t3}=1\ \mathrm{eV}=1.6\times10^{-19}$ J 时，$T_3=\frac{2\varepsilon_{t3}}{3k}=\frac{2\times1.6\times10^{-19}}{3\times1.38\times10^{-23}}=7.73\times10^{3}(\mathrm{K})$。

7-42 某些恒星的温度可达到约 1.0×10^{8} K，这是发生聚变反应(也称热核反应)所需的温度。通常在此温度下恒星可视为由质子组成。求：(1) 质子的平均平动动能是多少？(2) 质子的方均根速率为多大？

【分析与解答】 平均平动动能公式为 $\overline{\varepsilon_t}=\frac{3}{2}kT$；方均根速率公式为$\sqrt{\overline{v^2}}=\sqrt{\frac{3RT}{M}}$。

(1) 当 $T=1.0\times10^{8}$ K 时，$\overline{\varepsilon_t}=\frac{3}{2}kT=\frac{3}{2}\times1.38\times10^{-23}\times10^{8}=2.07\times10^{-15}(\mathrm{J})$；

(2) 由 $\sqrt{\overline{v^2}}=\sqrt{\frac{3RT}{M}}$，有 $\sqrt{\overline{v^2}}=\sqrt{\frac{3\times8.31\times10^{8}}{10^{-3}}}=\sqrt{2.493\times10^{12}}=1.58\times10^{6}(\mathrm{m/s})$。

7-43 在容积为 $2.0\times10^{-3}\ \mathrm{m^3}$ 的容器中，有内能为 675 J 的刚性双原子分子的理想气体。(1) 求气体的压强；(2) 若容器中分子总数为 5.4×10^{22} 个，求气体的温度及分子平均平动动能。

【分析与解答】 内能公式为 $E=\frac{m}{M}\cdot\frac{i}{2}RT$，理想气体满足方程 $pV=\frac{m}{M}RT$。刚性双原子分子 $i=5$。

(1) $E=\frac{i}{2}pV$，有 $p=\frac{2E}{5V}=\frac{2\times675}{5\times2\times10^{-3}}=1.35\times10^{5}(\mathrm{Pa})$；

(2) 由 $p=nkT$、$n=\frac{N}{V}$ 知，$T=\frac{pV}{Nk}=\frac{(1.35\times10^{5})\times(2.0\times10^{-3})}{(5.4\times10^{22})\times(1.38\times10^{-23})}=362(\mathrm{K})$，

再由$\overline{\varepsilon_t}=\frac{3}{2}kT$ 有$\overline{\varepsilon_t}=\frac{3}{2}\times1.38\times10^{-23}\times362=7.49\times10^{-21}(\mathrm{J})$。

第八章　热力学基础

思考题

8-1　内能和热量的概念有何不同？下面两种说法是否正确？

(1) 物体的温度越高，则热量越多；

(2) 同一物体的温度越高，则内能越大。

答：内能是组成物体的所有分子的动能与势能的总和。热量是热传递过程中所传递的能量的量度。内能是状态量，只与状态有关而与过程无关，热量是过程量，与一定过程相对应。

(1) 错。热量是过程量，单一状态的热量无意义；

(2) 对。物体的内能与温度有关。

8-2　做功和传热是改变系统内能的两种不同方式，它们在本质上的区别是什么？

答：做功是通过系统在外力的作用下产生宏观位移来改变系统内能的，而传热则是通过分子之间的相互作用来实现系统内能的改变。

8-3　简述为什么在绝热膨胀过程中降低的压强比等温膨胀过程中降低的压强多。

答：因为在等温膨胀过程中压强的降低仅由气体分子数密度的减小而引起；而在绝热膨胀过程中压强的降低，是由气体分子数密度减小和温度降低这两个因素导致的。

8-4　两个卡诺循环，它们的循环面积相等，试问：

(1) 它们吸热和放热的差值是否相同？

(2) 对外做的净功是否相等？

(3) 效率是否相同？

答：由于卡诺循环曲线所包围的面积相等，系统对外所做的净功相等，也就是吸热和放热的差值相等。但吸热和放热的多少不一定相等，所以效率也就不一定相同。

8-5　$p-V$ 图上封闭曲线所包围的面积表示什么？如果该面积越大，是否效率越高？

答：封闭曲线所包围的面积表示循环过程中所做的净功。由 $\eta=\frac{A_{净}}{Q_1}$，$A_{净}$ 面积大，效率不一定高，因为 η 还与吸热 Q_1 有关。

8-6　下列过程是可逆过程还是不可逆过程？说明理由。

(1) 恒温加热使水蒸发；

(2) 由外界做功使水在恒温下蒸发；

(3) 在体积不变的情况下，用温度为 T_2 的炉子加热容器中的空气，使它的温度由 T_1 升到 T_2；

(4) 高速行驶的卡车突然刹车停止。

答：(1) 不可逆。因为加热使外界发生了变化；

(2) 不可逆。因为做功使外界发生了变化；

(3) 不可逆。因为加热使外界发生了变化；

(4) 不可逆。因为刹车有耗散力做功。

8-7　评论下述说法正确与否：

(1) 功可以完全变成热，但热不能完全变成功；

(2) 热量只能从高温物体传到低温物体，不能从低温物体传到高温物体；

(3) 可逆过程就是能沿反方向进行的过程，不可逆过程就是不能沿反方向进行的过程。

答：(1) 不正确。有外界的帮助热能够完全变成功；功可以完全变成热，但热不能自动地完全变成功；

(2) 不正确。热量能自动地从高温物体传到低温物体，不能自动地由低温物体传到高温物体。但在外界的帮助下，热量能从低温物体传到高温物体。

(3) 不正确。一个系统由某一状态出发，经历某一过程达到另一状态，如果存在另一过程，它能消除原过程对外界的一切影响而使系统和外界同时都能回到原来的状态，这样的过程就是可逆过程。用任何方法都不能使系统和外界同时恢复原状态的过程就是不可逆过程。有些过程虽能沿反方向进行，系统能回到原来的状态，但外界没有同时恢复原状态，还是不可逆过程。

8-8　在一个房间里，有一台电冰箱正工作着。如果打开冰箱的门，会不会使房间降温？会使房间升温吗？用一台热泵为什么能使房间降温？

答：不会使房间降温，反而会使房间升温。因为冰箱打开以后，两个热库都在房间里，通过做功加上从低温热源吸收的热量都放给了高温热源，所以会升温。用热泵的话，一个热源在房间，一个热源在室外，可以使房间降温。

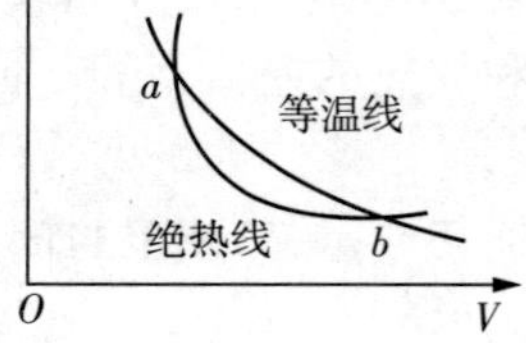

思考题 8-9 图

8-9　用热力学第一定律和第二定律分别证明，在 $p-V$ 图上一绝热线与一等温线不能有两个交点。

答:(1) 由热力学第一定律有

$$Q=\Delta E+A$$

若有两个交点 a 和 b,则

经等温 $a\rightarrow b$ 过程有

$$\Delta E_1=Q_1-A_1=0$$

经绝热 $a\rightarrow b$ 过程有

$$\Delta E_2+A_1=0$$

$$\Delta E_2=-A_2<0$$

从而得出 $\Delta E_1\neq\Delta E_2$,这与 a、b 两点的内能变化相互矛盾。

(2) 若两条曲线有两个交点,则组成闭合曲线而构成了一循环过程,这个循环过程只有吸热,无放热,且对外做正功,热机效率为 100%,违背了热力学第二定律。

8-10　热力学系统从初平衡态 A 经历过程 P 到末平衡态 B。如果 P 为可逆过程,其熵变为 $S_B-S_A=\int_A^B\frac{\mathrm{d}Q_{可逆}}{T}$,如果 P 为不可逆过程,其熵变为 $S_B-S_A=\int_A^B\frac{\mathrm{d}Q_{不可逆}}{T}$,你说对吗?哪一个表述要修改,如何修改?

答:不对。熵是状态函数,熵变只与初末状态有关,如果过程 P 为可逆过程,其熵变为 $S_B-S_A=\int_A^B\frac{\mathrm{d}Q_{可逆}}{T}$;如果过程 P 为不可逆过程,其熵变为 $S_B-S_A>\int_A^B\frac{\mathrm{d}Q_{不可逆}}{T}$。

习　　题

一、选择题

8-1　对于物体的热力学过程,下列说法中正确的是(　　)。

(A) 内能的改变只取决于初、末两个状态,与所经历的过程无关

(B) 摩尔热容量的大小与所经历的过程无关

(C) 在物体内,若单位体积内所含热量越多,其温度越高

(D) 以上说法都不对

【分析与解答】　内能是状态量,变化量只与初末状态有关。热容只与自由度有关。热量是过程量,与状态无关,选 A。

8-2　在下面节约与开拓能源的几个设想中,理论上可行的是(　　)。

(A) 在现有循环热机中进行技术改进,使热机的循环效率达 100%

(B) 利用海面与海面下的海水温差进行热机循环做功

(C) 从一个热源吸热,不断做等温膨胀,对外做功

(D) 从一个热源吸热,不断做绝热膨胀,对外做功

【分析与解答】 根据热力学第二定律,必须要有两个热源,选 B。

8-3 一定量的理想气体经历了下列哪一个变化后,内能是增加的?( )

(A) 等温压缩 (B) 等体降压 (C) 等压压缩 (D) 等压膨胀

【分析与解答】 由理想气体状态方程可知,压强不变,体积增加,温度就会增加,所以内能增加,选 D。

8-4 一定量的理想气体从状态 1 变化到状态 2,分别经历等压、等体和绝热过程,在上述三个过程中,气体的( )。

(A) 温度变化相同,吸热相同 (B) 温度变化相同,吸热不同

(C) 温度变化不同,吸热相同 (D) 温度变化不同,吸热也不同

【分析与解答】 状态变化相同,温度变化相同,吸热是过程量,不同,选 B。

8-5 质量一定的理想气体,从相同状态出发,分别经历不同的过程,使其体积增加一倍,然后又回到初态,则( )。

(A) 内能最大 (B) 内能最小 (C) 内能不变 (D) 无法确定

【分析与解答】 内能的改变只取决于初、末两个状态,与所经历的过程无关,选 C。

8-6 将温度为 300 K,压强为 10^5 Pa 的氮气分别进行绝热压缩与等温压缩,使其容积变为原来的 1/5。则绝热压缩与等温压缩后的压强和温度的关系分别为( )。

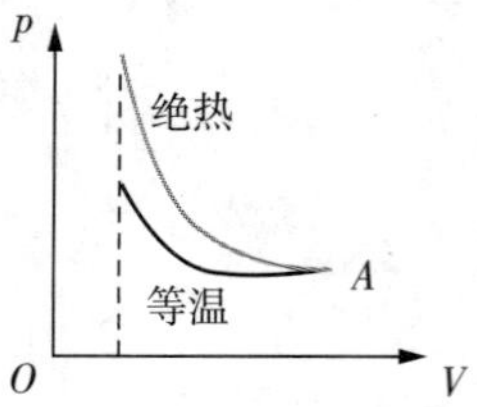

习题 8-6 图

(A) $p_{绝热} > p_{等温}, T_{绝热} > T_{等温}$

(B) $p_{绝热} < p_{等温}, T_{绝热} > T_{等温}$

(C) $p_{绝热} > p_{等温}, T_{绝热} < T_{等温}$

(D) $p_{绝热} < p_{等温}, T_{绝热} < T_{等温}$

【分析与解答】 因为绝热线比等温线更陡,所以从 A 点出发经两个过程到体积减小相同的值应如图所示。由图可看到压强和温度的变化关系,选 A。

8-7 一定量的理想气体从某一状态经过压缩后,体积减小为原来的一半,这个过程可以是绝热、等温或等压过程。如果要使外界所做的机械功最大,这个过程是( )。

(A) 绝热过程 (B) 等温过程

(C) 等压过程 (D) 绝热过程或等温过程均可

【分析与解答】　画图可知 AB 绝热过程对应面积最大，选 A。

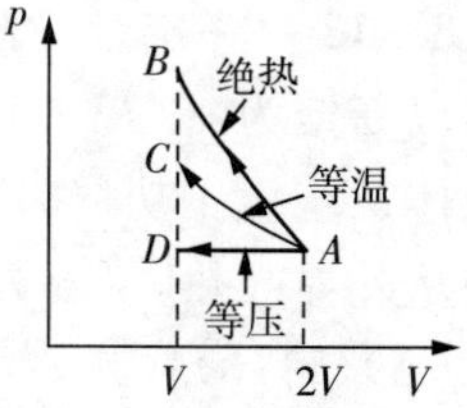

习题 8-7 图

8-8　两个相同的容器，一个盛氢气，一个盛氦气（均视为刚性分子理想气体），开始时它们的压强和温度都相等，现将 6 J 热量传给氦气，使之升高到一定温度。若使氢气也升高同样温度，则应向氢气传递热量（　　）。

(A)12 J　(B)10 J　(C)6 J　(D)5 J

【分析与解答】　等体过程，吸收的热量全部转化为对外做功。根据公式，升高相同的温度，吸收热量与自由度成正比，选 B。

8-9　压强为 p、体积为 V 的氢气（视为刚性分子理想气体）的内能为（　　）。

(A) $\frac{5}{2}pV$　(B) $\frac{3}{2}pV$　(C) pV　(D) $\frac{1}{2}pV$

【分析与解答】　由内能公式 $E=\frac{i}{2}\cdot\frac{m}{M}RT$ 和 $pV=\frac{m}{M}RT$ 可知，选 A。

8-10　两种不同的理想气体，若它们的最概然速率相等，则它们的（　　）。

(A) 平均速率相等，方均根速率相等

(B) 平均速率相等，方均根速率不相等

(C) 平均速率不相等，方均根速率相等

(D) 平均速率不相等，方均根速率不相等

【分析与解答】　三种统计速率都只与温度和气体种类有关，选 A。

8-11　假定氧气的热力学温度提高一倍，氧分子全部离解为氧原子，则这些氧原子的平均速率是原来氧分子平均速率的（　　）。

(A)4 倍　(B)2 倍　(C) $\sqrt{2}$ 倍　(D) $\frac{1}{\sqrt{2}}$ 倍

【分析与解答】　氧分子离解为氧原子，质量减为原来的一半，由平均速率公式可知，选 B。

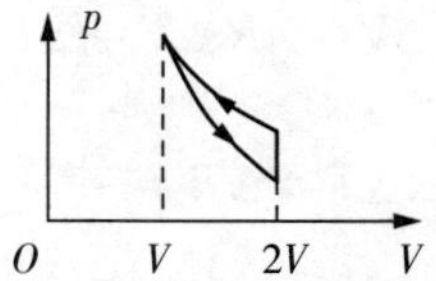

习题 8-12 图

8-12　一定量的理想气体从初态 (V,T) 开始，先绝热膨胀到体积为 $2V$，然后经等容过程使温度恢复到 T，最后经等温压缩到体积为 V，如图所示。在这个循环中，气体必然（　　）。

(A) 内能增加　(B) 内能减少

(C) 向外界放热　(D) 对外界做功

【分析与解答】　循环过程内能不变，外界对系统做功，所以系统放热，选 C。

8－13　一定量的理想气体，经历某一过程后，温度升高了。则根据热力学定律可以断定为：(1) 该理想气体系统在此过程中吸热；(2) 在此过程中外界对该理想气体系统做正功；(3) 该理想气体系统的内能增加了；(4) 在此过程中理想气体系统从外界吸热，又对外做正功。以上说法正确的是(　　)。

(A)(1)(3)　　(B)(2)(3)　　(C)(3)　　(D)(3)(4)

【分析与解答】　吸热和做功与过程有关。内能变化只与状态有关，选 C。

8－14　如图所示，一定量理想气体从体积 V_1 膨胀到体积 V_2 分别经历的过程是：$A \to B$ 等压过程，$A \to C$ 等温过程，$A \to D$ 绝热过程，其中吸热量最多的过程(　　)。

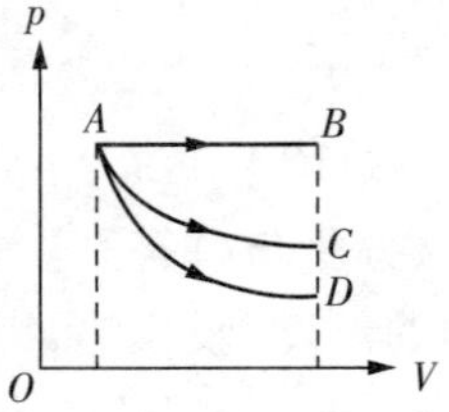

习题 8－14 图

(A) 是 $A \to B$

(B) 是 $A \to C$

(C) 是 $A \to D$

(D) 既是 $A \to B$，也是 $A \to C$，两过程吸热一样多

【分析与解答】　等温过程吸收的热量全部用来做功，就是曲线下包围的面积。绝热过程不吸热不放热。等压过程吸收的热量一部分用于对外做功，另一部分用于内能增加，而图中等压过程做的功已大于等温过程做的功，所以等压吸热最多，选 A。

8－15　质量一定的理想气体，从相同状态出发，分别经历等温过程、等压过程和绝热过程，使其体积增加一倍，那么气体温度的改变(绝对值) 在(　　)。

(A) 绝热过程中最大，等压过程中最小

(B) 绝热过程中最大，等温过程中最小

(C) 等压过程中最大，绝热过程中最小

(D) 等压过程中最大，等温过程中最小

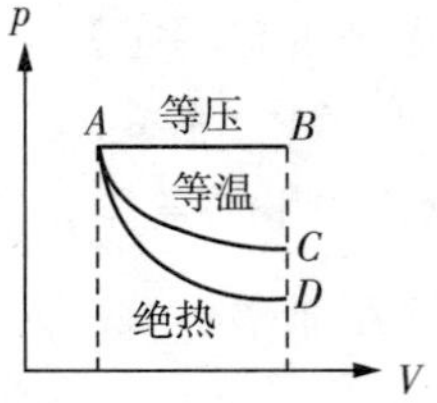

习题 8－15 图

【分析与解答】　等温过程 $\Delta T = 0$ 为最小，等压过程 $p\Delta V = \nu R\Delta T \Rightarrow \Delta T = \dfrac{p\Delta T}{\nu R} = \dfrac{A_{等压}}{\nu R}$，绝热过程 $\Delta E = \nu \dfrac{i}{2} R\Delta T \Rightarrow \Delta T = \dfrac{A_{绝热}}{\nu \dfrac{i}{2} R}$，其中 $A_{等压} > A_{绝热}$，$\dfrac{i}{2}$ 大于 1 所以等压过程 ΔT 最大，选 D。

8－16　理想气体向真空做绝热膨胀(　　)。

(A) 膨胀后，温度不变，压强减小　　(B) 膨胀后，温度降低，压强减小

(C) 膨胀后，温度升高，压强减小　　(D) 膨胀后，温度不变，压强不变

【分析与解答】　真空膨胀，因此不做功。因为绝热，所以没有吸热放热。由热

力学第一定律，内能不变，所以温度不变，选 A。

8-17　对于理想气体系统来说，在下列过程中，哪个过程系统所吸收的热量、内能的增量和对外做的功三者均为负值(　　)。

(A) 等体降压过程　　(B) 等温膨胀过程

(C) 绝热膨胀过程　　(D) 等压压缩过程

【分析与解答】　由热力学第一定律和理想气体状态方程可知，选 D。

8-18　“理想气体和单一热源接触做等温膨胀时，吸收的热量全部用来对外做功。”对此说法，有如下几种评论，哪种是正确的？(　　)

(A) 不违反热力学第一定律，但违反热力学第二定律

(B) 不违反热力学第二定律，但违反热力学第一定律

(C) 不违反热力学第一定律，也不违反热力学第二定律

(D) 违反热力学第一定律，也违反热力学第二定律

【分析与解答】　等温膨胀不违反能量守恒，也不是循环过程，选 C。

8-19　系统分别经过等压过程和等容过程，如果两个过程中的温度增加值相等，那么(　　)。

(A) 等压过程吸收的热量大于等容过程吸收的热量

(B) 等压过程吸收的热量小于等容过程吸收的热量

(C) 等压过程吸收的热量等于等容过程吸收的热量

(D) 无法计算

【分析与解答】　等压过程吸收的热量一部分做功，一部分使内能增加，选 A。

8-20　下列四图是某人设想的理想气体的四个循环过程，理论上可能实现的是哪一个？(　　)

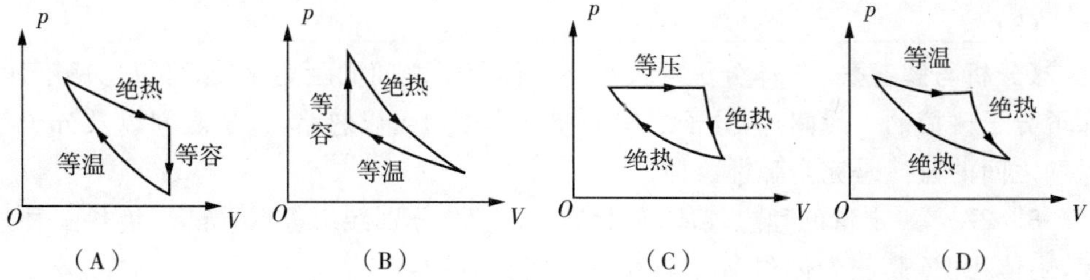

习题 8-20 图

【分析与解答】　由绝热线比等温线陡排除 A，由两条绝热线不能相交排除 C、D，选 B。

8-21　某一热力学系统经历一个过程后，吸收了 400 J 的热量，并对环境做功 300 J，则系统的内能(　　)。

(A) 减少了 100 J (B) 增加了 100 J

(C) 减少了 700 J (D) 增加了 700 J

【分析与解答】 由热力学第一定律 $Q=\Delta E+A\Rightarrow 400=\Delta E+300\Rightarrow \Delta E=100$ J 可得,选 B。

二、填空题

8-22 系统从外界所获取的热量,一部分用来________,另一部分用来对外界做功。

【分析与解答】 由热力学第一定律分析 $Q=A+\Delta E$,答案为内能增加。

8-23 理想气体的摩尔热容比γ仅与分子的自由度有关。对单原子分子气体 $\gamma=$________,对刚性双原子分子 $\gamma=$________,对刚性多原子分子 $\gamma=$________。

【分析与解答】 由 $\gamma=\frac{i+2}{i}$ 可得。答案依次为$\frac{5}{3}$、$\frac{7}{5}$、$\frac{4}{3}$。

8-24 内能是由系统状态决定的量,是状态函数;而热量和功不仅取决于________,而且与过程有关,即反映了过程的特征,是过程量。

【分析与解答】 热力学第一定律的三个量中,内能是状态量,其变化仅与起始、末了状态有关,热量和功是过程量,不仅与起始、末了状态有关,还与过程有关。

8-25 理想气体的摩尔热容比 γ 仅与________有关。

【分析与解答】 由 $\gamma=\frac{i+2}{i}$ 可知,其仅与自由度有关。

8-26 理想气体微观模型(分子模型)的主要内容是:

(1) ____;

(2) ____;

(3) ____。

【分析与解答】 气体分子的大小与气体分子之间的距离比较,可以忽略不计;除了分子碰撞的一瞬间外,分子之间的相互作用力可以忽略;分子之间以及分子与器壁之间的碰撞是完全弹性碰撞。

8-27 一定量的理想气体,从状态 A 出发,分别经历等压、等温、绝热三种过程,由体积 V_1 膨胀到体积 V_2。在上述三种过程中:

(1) 气体的内能增加的是________过程;

(2) 气体的内能减少的是________过程。

【分析与解答】 等温过程温度不变,内能不变。绝热过程对外做功靠内能减小来实现。等压过程吸热,对外做功,同时内能增加。答案依次为等压、绝热。

8-28 一定量理想气体,从同一状态开始使其体积由 V_1 膨胀到 $2V_1$,分别经历以下三种过程:(1) 等压过程;(2) 等温过程;(3) 绝热过程。其中:________过程气体对外做功最多；________过程气体内能增加最多；________过程气体吸收的热量最多。

【分析与解答】　参考习题 8－14，答案依次为等压、等玉、等压。

8－29　刚性双原子分子的理想气体在等压下膨胀所做的功为 A，则传递给气体的热量为________。

【分析与解答】　由 $Q=A+\Delta E=\frac{m}{M}R\Delta T+\frac{m}{M}\cdot\frac{i}{2}R\Delta T$ 可知两者关系。答案为 $\frac{7}{2}A$。

8－30　2 mol 单原子分子理想气体，从平衡态 1 经一等体过程后达到平衡态 2，温度从 200 K 上升到 500 K，气体吸收的热量为________。

【分析与解答】　因为是等体过程，吸收的热量等于内能的增加，所以利用内能公式有 $Q=\Delta E=\frac{m}{M}\frac{i}{2}R\Delta T$，将数字代入得 7.48×10^3 J。

8－31　气体经历如图所示的一个循环过程，在这个循环中，外界传给气体的净热量是________。

【分析与解答】　净热量就是循环包围的面积，答案为 90 J。

8－32　如图，温度为 T_0、$2T_0$、$3T_0$ 三条等温线与两条绝热线围成三个卡诺循环：(1)$abcda$，(2)$dcefd$，(3)$abefa$，其效率分别为 $\eta_1=$________，$\eta_2=$________，$\eta_3=$________。

【分析与解答】　根据卡诺循环效率公式计算，答案依次为 33.3%、50%、66.7%。

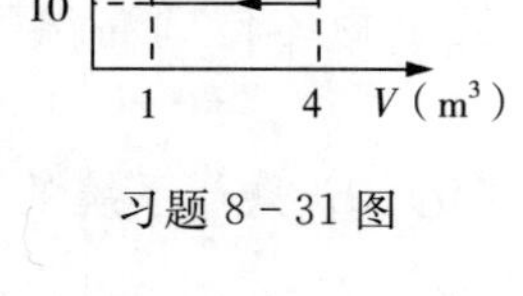

习题 8－31 图

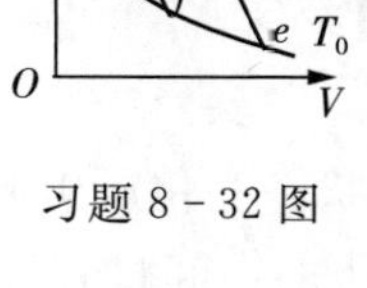

习题 8－32 图

8－33　在相同的高温热源和低温热源之间的一切不可逆热机的效率都________可逆热机的效率。

【分析与解答】　可逆热机效率最大，所以答案为小于。

8－34　可逆卡诺热机可以逆向运转。逆向循环时，从低温热源吸热，向高温热源放热，而且吸收的热量和放出的热量等于它正循环时向低温热源放出的热量和从高温热源吸收的热量。设高温热源的温度为 $T_1=450\ \text{K}$，低温热源的温度为 $T_2=300\ \text{K}$，卡诺热机逆向循环时从低温热源吸热 $Q_2=400\ \text{J}$，则该卡诺热机逆向循环一次外界必须做功 $A=$________。

【分析与解答】 由制冷系数 $\omega_C=\dfrac{Q_2}{A}=\dfrac{T_2}{T_1-T_2}$ 求得 A 为 200 J。

8-35 一卡诺热机，低温热源的温度为 27 ℃，热机效率为 40%，其高温热源温度为________ K。今欲将该热机效率提高到 50%，若低温热源保持不变，则高温热源的温度应增加________ K。

【分析与解答】 由卡诺循环效率 $\eta_C=1-\dfrac{T_2}{T_1}$ 可知，答案依次为 500、100。

8-36 不可能从单一热源吸取热量并将它________而不产生其他影响。

【分析与解答】 热力学第二定律。答案为全部转化为有用功。

8-37 热机以理想气体为工作物质，它只与两个不同温度的恒温热源交换能量，即没有散热、漏气等因素存在，这种热机称为________。

【分析与解答】 答案为卡诺热机。

8-38 一个孤立系统或绝热系统的熵永远不会减小：对于可逆过程，熵________；对于不可逆过程，熵总是________。

【分析与解答】 答案依次为不变、增加。

三、判断题

8-39 在等温膨胀过程中，理想气体吸收的热量全部用于对外做功。（　　）

【分析与解答】 √，等温过程的特点是在状态变化时系统的温度不变，因而内能也不变，即 $\mathrm{d}E=0$。由热力学第一定律可知 $\mathrm{d}Q=\mathrm{d}A$。

所以，在等温膨胀过程中，理想气体吸收的热量全部用于对外做功。

8-40 对物体加热，其温度一定增加。（　　）

【分析与解答】 ×，不一定增加，有可能全部转化为对外做功。

8-41 不可能将热量从低温物体传到高温物体。（　　）

【分析与解答】 ×，不可能将热量从低温物体传到高温物体而不产生其他影响。

8-42 系统状态变化所引起的内能变化 ΔE，只与系统的初始状态和末状态有关，与系统所经历的中间过程无关。（　　）

【分析与解答】 √，热力学系统所具有的并由系统内部状态所决定的能量，称为系统的内能。热力学系统的内能与系统的状态相联系，是系统状态的单值函数。

8-43 在等压过程和等容过程中，当系统温度的增加量相等时，等压过程吸收的热量要比等容过程吸收的热量多。（　　）

【分析与解答】 √，因为在等压过程中，理想气体在内能增加的同时，还要对外界做功。

8-44　在绝热膨胀过程中系统对外界做功要以减小内能为代价。(　　)

【分析与解答】 √，根据热力学第一定律，当 $dQ=0$ 时 $dA=-dE$。

8-45　由热力学第一定律知第一类永动机不能实现。(　　)

【分析与解答】 √，热力学第一定律的描述即第一类永动机是制造不出来的。

8-46　在相同的高温热源和低温热源之间的一切不可逆热机的效率都不可能大于并实际上小于可逆热机的效率。(　　)

【分析与解答】 √，这是由卡诺循环所得到的结论之一。

8-47　第二类永动机违反了热力学第一定律。(　　)

【分析与解答】 ×，违反了热力学第二定律。

8-48　理想气体的热容与气体种类有关。(　　)

【分析与解答】 ×，理想气体的热容与自由度有关。

8-49　热机工作 p-V 图中表示循环过程的曲线所包围的面积相同，说明两个热机所做的净功相同，效率也相同。(　　)

【分析与解答】 ×，封闭曲线所包围的面积表示循环过程中所做的净功。面积相同，净功相同，由于 $\eta=\frac{A_{净}}{Q_1}$，$A_{净}$ 面积相同，效率不一定相同，因为 η 还与吸热 Q_1 有关。

8-50　对于一个孤立系统或绝热系统的熵永远不会减小；对于可逆过程，熵保持不变；对于不可逆过程，熵总是增加的。(　　)

【分析与解答】 √，对于一个孤立系统或绝热系统，因为它与外界不进行热量交换，所以无论经历什么过程，总有 $Q=0$，根据式 $\Delta S>\int_c^b \frac{dQ}{T}$，必定有 $\Delta S\geqslant 0$。

8-51　系统经历从初态 a 到末态 b 的过程，其熵的变化完全由 a、b 两个状态所决定，而与从初态到末态经历怎样的过程无关。(　　)

【分析与解答】 √，因为熵是状态函数，所以熵的变化完全由状态所决定。

四、计算题

8-52　如图所示，一系统由状态 a 沿 acb 到达状态 b 的过程中，有 350 J 热量传入系统，而系统做功 126 J。

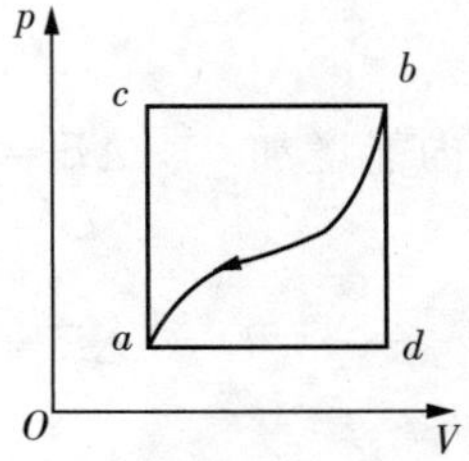

习题 8-52 图

(1) 若沿 adb 时，系统做功 42 J，问有多少热量传入系统？

(2) 若系统由状态 b 沿曲线 ba 返回状态 a 时，外界对系统做功为 84 J，试问系统是吸热还是放热？热量传递是多少？

【分析与解答】 由 acb 过程可求出 b 态和 a 态的内能之差

$$Q=\Delta E+A$$

$$\Delta E=Q-A=350-126=224(\mathrm{J})$$

adb 过程，系统做功 $A=42\ \mathrm{J}$，

$$Q=\Delta E+A=224+42=266(\mathrm{J})\quad 系统吸收热量$$

ba 过程，外界对系统做功 $A=-84\ \mathrm{J}$，

$$Q=\Delta E+A=-224-84=-308(\mathrm{J})\quad 系统放热$$

8-53 1 mol 单原子理想气体从 300 K 加热到 350 K，问在下列两过程中吸收了多少热量？增加了多少内能？对外做了多少功？

(1) 体积保持不变；

(2) 压力保持不变。

【分析与解答】 (1) 等体过程

由热力学第一定律得 $Q=\Delta E$

吸热 $$Q=\Delta E=\frac{m}{M}C_V(T_2-T_1)=\frac{m}{M}\cdot\frac{i}{2}R(T_2-T_1)$$

$$Q=\Delta E=\frac{3}{2}\times 8.31\times(350-300)=623.25(\mathrm{J})$$

对外做功 $$A=0$$

(2) 等压过程

吸热 $$Q=\frac{m}{M}C_p(T_2-T_1)=\frac{m}{M}\cdot\frac{i+2}{2}R(T_2-T_1)$$

$$Q=\frac{5}{2}\times 8.31\times(350-300)=1038.75(\mathrm{J})$$

内能增加 $$\Delta E=\frac{m}{M}C_V(T_2-T_1)$$

$$\Delta E=\frac{3}{2}\times 8.31\times(350-300)=623.25(\mathrm{J})$$

对外做功 $$A=Q-\Delta E=1038.75-623.5=415.5(\mathrm{J})$$

8-54 1 mol 双原子分子理想气体从状态 $A(p_1,V_1)$ 沿 $p-V$ 图所示直线变化到状态 $B(p_2,V_2)$，试求：(1) 气体的内能增量；(2) 气体对外界所做的功；(3) 气体吸收的热量；(4) 此过程的摩尔热容。

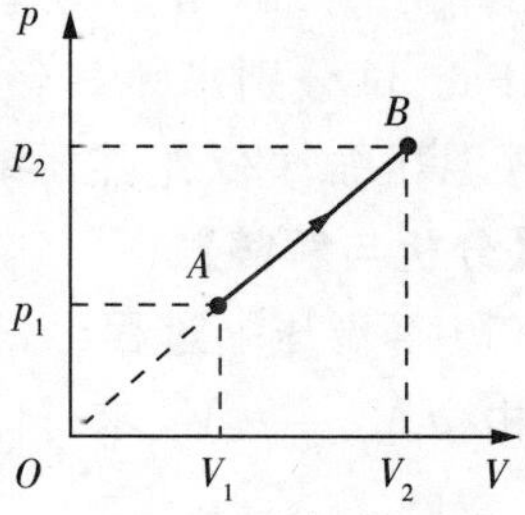

习题 8-54 图

【分析与解答】

(1)$\Delta E = C_V(T_2 - T_1) = \frac{5}{2}(p_2V_2 - p_1V_1)$。

(2)$A = \frac{1}{2}(p_1 + p_2)(V_2 - V_1)$，

A 为梯形面积，根据相似三角形有 $p_1V_2 = p_2V_1$，则

$$A = \frac{1}{2}(p_2V_2 - p_1V_1)$$

(3)$Q = \Delta E + A = 3(p_2V_2 - p_1V_1)$。

(4) 以上计算对于 $A \to B$ 过程中任一微小状态变化均成立，故过程中

$$\Delta Q = 3\Delta(pV)$$

由状态方程得

$$\Delta(pV) = R\Delta T$$

故

$$\Delta Q = 3R\Delta T$$

摩尔热容

$$C = \frac{\Delta Q}{\Delta T} = 3R$$

8-55 某单原子分子理想气体在等压过程中吸热 $Q_p = 200\ \mathrm{J}$。求在此过程中气体对外做的功 A。

【分析与解答】 气体在等压过程中吸热 $Q_p = \frac{m}{M}C_p(T_2 - T_1) = \frac{m}{M} \cdot \frac{i+2}{2}R(T_2 - T_1)$，内能变化为 $\Delta E = \frac{m}{M}C_V(T_2 - T_1) = \frac{m}{M} \cdot \frac{i}{2}R(T_2 - T_1)$。

由热力学第一定律 $Q_p = \Delta E + A$，那么 $A = \frac{m}{M} \cdot R(T_2 - T_1)$，有 $A/Q_p = \frac{2}{i+2}$。

对于单原子理想气体 $i = 3$，有 $A = \frac{2}{5}Q_p = \frac{2}{5} \times 200 = 80(\mathrm{J})$。

8-56 0.01 m^3 氮气在温度为 300 K 时，由 0.1 MPa(即 1 atm) 压缩到 10 MPa。试分别求氮气经以下两个不同过程后的体积、温度和对外所做的功。(1) 等温压缩；(2) 绝热压缩。

【分析与解答】

(1) 等温压缩过程：

由 $p_1V_1=p_2V_2$ 求得体积

$$V_2=\frac{p_1V_1}{p_2}=\frac{1}{10}\times 0.01=1\times 10^{-3}(\mathrm{m^3})$$

温度满足 $T_2=T_1=300\ \mathrm{K}$

做功满足

$$A=\frac{m}{M}RT\ln\frac{p_1}{p_2}=p_1V_1\ln\frac{p_1}{p_2}=1\times 10^5\times 0.01\times \ln 0.01=-4.61\times 10^3(\mathrm{J})$$

(2) 绝热压缩过程：已知氮气为双原子分子 $C_V=\frac{5}{2}R, C_\mathrm{p}=\frac{7}{2}R, \gamma=\frac{7}{5}$

由绝热方程 $p_1V_1^\gamma=p_2V_2^\gamma, V_2=\left(\frac{p_1V_1^\gamma}{p_2}\right)^{\frac{1}{\gamma}}$ 求体积

$$V_2=\left(\frac{p_1V_1^\gamma}{p_2}\right)^{\frac{1}{\gamma}}=\left(\frac{p_1}{p_2}\right)^{\frac{1}{\gamma}}V_1$$

$$=\left(\frac{1}{10}\right)^{\frac{5}{7}}\times 0.01=1.93\times 10^{-3}(\mathrm{m^3})$$

由绝热方程 $T_1^{-\gamma}p_1^{\gamma-1}=T_2^{-\gamma}p_2^{\gamma-1}$ 求温度

$$T_2^\gamma=\frac{T_1^\gamma p_2^{\gamma-1}}{p_1^{\gamma-1}}\Rightarrow T_2=\left(\frac{T_1^\gamma p_2^{\gamma-1}}{p_1^{\gamma-1}}\right)^{\frac{1}{\gamma}}=[300^{1.4}\times(10)^{0.4}]^{\frac{5}{7}}\Rightarrow T_2=579\ \mathrm{K}$$

绝热压缩过程对外做功 $A=-\frac{m}{M}C_V(T_2-T_1)$

又 $$pV=\frac{m}{M}RT$$

所以 $$A=-\frac{p_1V_1}{RT_1}\frac{5}{2}R(T_2-T_1)=-\frac{p_1V_1}{T_1}\frac{5}{2}(T_2-T_1)$$

$$A=-\frac{1.013\times 10^5\times 0.01}{300}\times\frac{5}{2}\times(579-300)=-2.36\times 10^3(\mathrm{J})$$

8-57 温度为 25 ℃、压强为 1 atm 的 1 mol 刚性双原子分子理想气体，经等温

过程体积膨胀至原来的 3 倍。

(1) 计算该过程中气体对外所做的功；

(2) 假设气体经绝热过程体积膨胀至原来的 3 倍，那么气体对外所做的功又是多少？

【分析与解答】

(1) 在等温过程中气体对外做功为

$$A = RT\ln\frac{V_2}{V_1} = 8.31 \times (273+25)\ln 3 = 8.31 \times 298 \times 1.1 = 2.72 \times 10^3 (\text{J})$$

(2) 在绝热过程中气体对外做功为

$$A = -\Delta E = -C_V \Delta T = -\frac{i}{2}R(T_2 - T_1) = -\frac{5}{2}R(T_2 - T_1)$$

由绝热过程中温度和体积的关系 $V^{\gamma-1}T = C$，考虑到 $\gamma = \frac{7}{5} = 1.4$，可得温度 T_2 为

$$T_2 = \frac{T_1 V_1^{\gamma-1}}{V_2^{\gamma-1}} \Rightarrow T_2 = \frac{T_1}{3^{\gamma-1}} \Rightarrow T_2 = 3^{-0.4} \times T_1 = 0.6444 T_1$$

代入上式得

$$A = -\frac{5}{2}R(T_2 - T_1) = -\frac{5}{2} \times 8.31 \times (-0.3556) \times 298 = 2.20 \times 10^3 (\text{J})。$$

8-58 一定量的某单原子分子理想气体装在封闭的汽缸里。此汽缸有可活动的活塞(活塞与气缸壁之间无摩擦且无漏气)。已知气体的初压强 $p_1 = 0.1$ MPa，体积 $V_1 = 1$ L，现将该气体在等压下加热直到体积为原来的两倍，然后在等体积下加热直到压强为原来的两倍，最后做绝热膨胀，直到温度下降到初温为止($1\ \text{atm} = 1.013 \times 10^5$ Pa)。

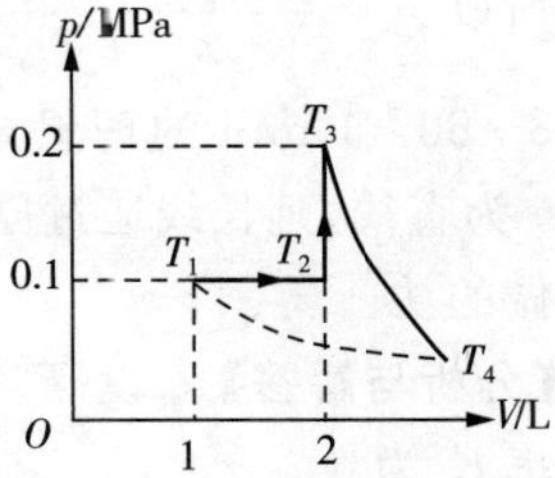

习题 8-58 图

(1) 在 $p-V$ 图上将整个过程表示出来；

(2) 试求在整个过程中气体内能的改变；

(3) 试求在整个过程中气体所吸收的热量；

(4) 试求在整个过程中气体所做的功。

【分析与解答】

(1) $p-V$ 图如图所示；

(2) $T_4 = T_1$，$\Delta E = 0$；

(3)$Q=\frac{m}{M}C_p(T_2-T_1)+\frac{m}{M}C_V(T_3-T_2)=\frac{5}{2}p_1(2V_1-V_1)+\frac{3}{2}[2V_1(2p_1-p_1)]=\frac{11}{2}p_1V_1=5.6\times10^2\ \mathrm{J}$；

(4)$A=Q=5.6\times10^2\ \mathrm{J}$。

8-59 理想气体由初状态(p_1,V_1)经绝热膨胀至末状态(p_2,V_2)。试证过程中气体所做的功为 $A=\frac{p_1V_1-p_2V_2}{\gamma-1}$,式中 γ 为气体的比热容比。

【分析与解答】 证明:由绝热方程

$$pV^\gamma=p_1V_1^\gamma=p_2V_2^\gamma=C$$

得

$$p=p_1V_1^\gamma\frac{1}{V^\gamma}$$

$$A=\int_{V_1}^{V_2}p\mathrm{d}V$$

$$A=\int_{V_1}^{V_2}p_1V_1^\gamma\frac{\mathrm{d}V}{V^r}=-\frac{p_1V_1^\gamma}{\gamma-1}\left(\frac{1}{V_2^{\gamma-1}}-\frac{1}{V_1^{\gamma-1}}\right)$$

$$=-\frac{p_1V_1^\gamma}{\gamma-1}(V_2^{-\gamma+1}-V_1^{-\gamma+1})=\frac{p_1V_1^\gamma V_1^{-\gamma+1}-p_2V_2^\gamma V_2^{-\gamma+1}}{\gamma-1}$$

所以 $A=\frac{p_1V_1-p_2V_2}{\gamma-1}$

8-60 1 mol 的理想气体的 $T-V$ 图如图所示,ab 为直线,延长线通过原点 O。求 ab 过程气体对外做的功。

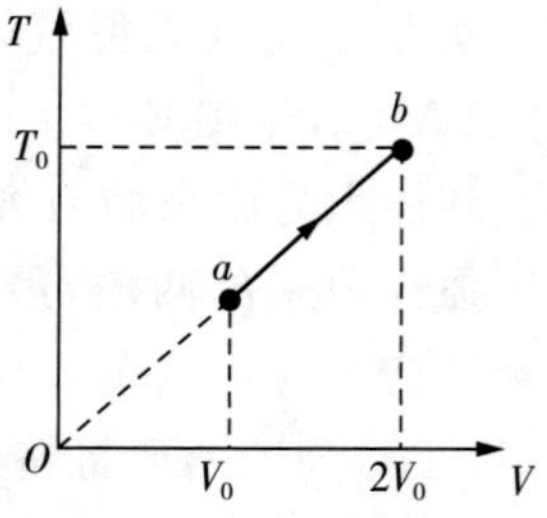

习题 8-60 图

【分析与解答】 设 $T=KV$ 由图可求得直线的斜率 K 为

$$K=\frac{T_0}{2V_0}$$

得过程方程

$$T=\frac{T_0}{2V_0}V$$

由状态方程

$$pV=\frac{m}{M}RT$$

得

$$p=\frac{m}{M}\frac{RT}{V}$$

ab 过程气体对外做功

$$A=\int_{V_0}^{2V_0}p\mathrm{d}V=\int_{V_0}^{2V_0}\frac{RT}{V}\mathrm{d}V=\int_{V_0}^{2V_0}\frac{R}{V}\frac{T_0}{2V_0}V\mathrm{d}V=\int_{V_0}^{2V_0}\frac{RT_0}{2V_0}\mathrm{d}V=\frac{RT_0}{2}$$

8-61 某理想气体的过程方程为 $Vp^{1/2}=a$，a 为常数，气体从 V_1 膨胀到 V_2。求其所做的功。

【分析与解答】 气体做功

$$A=\int_{V_1}^{V_2}p\mathrm{d}V=\int_{V_1}^{V_2}\frac{a^2}{V^2}\mathrm{d}V=-\frac{a^2}{V}\Bigg|_{V_1}^{V_2}=a^2\left(\frac{1}{V_1}-\frac{1}{V_2}\right)$$

8-62 设有一以理想气体为工质的热机循环，如图所示。试证其循环效率为

$$\eta=1-\gamma\frac{\dfrac{V_1}{V_2}-1}{\dfrac{p_1}{p_2}-1}$$

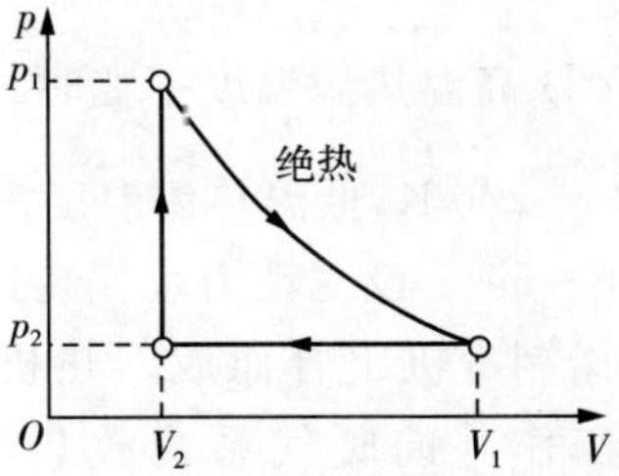

习题 8-62 图

【分析与解答】 证明：等体过程

吸热 $Q'_1=\dfrac{m}{M}C_V(T_2-T_1)$

$$Q_1=Q'_1=C_V\left(\frac{p_1V_2}{R}-\frac{p_2V_1}{R}\right)$$

绝热过程 $Q'_3=0$

等压压缩过程

放热 $Q'_2=\dfrac{m}{M}C_p(T_2-T_1)$

$$Q_2=|Q'_2|=-\nu C_p(T_2-T_1)=C_p\left(\frac{p_2V_1}{R}-\frac{p_2V_2}{R}\right)$$

循环效率 $\eta=1-\dfrac{Q_2}{Q_1}$

$$\eta=1-\frac{Q_2}{Q_1}=1-\frac{C_p(p_2V_1-p_2V_2)}{C_V(p_1V_2-p_2V_2)}$$

$$\eta=1-\gamma\frac{(V_1/V_2-1)}{(p_1/p_2-1)}$$

8-63　一卡诺热机在 1000 K 和 300 K 的两个热源之间工作，试计算：

(1) 热机效率；

(2) 若低温热源不变，要使热机效率提高到 80%，则高温热源温度需提高多少？

(3) 若高温热源不变，要使热机效率提高到 80%，则低温热源温度需降低多少？

【分析与解答】 (1) 卡诺热机效率 $\eta=1-\frac{T_2}{T_1}=1-\frac{300}{1000}=70\%$。

(2) 低温热源温度不变时：$\eta=1-\frac{300}{T_1}=80\%$，要求 $T_1=1500$ K，高温热源温度需提高 500 K。

(3) 高温热源温度不变时：$\eta=1-\frac{T_2}{1000}=80\%$，要求 $T_2=200$ K，低温热源温度需降低 100 K。

8-64　设一动力暖气装置由一台卡诺热机和一台卡诺制冷机组合而成。热机靠燃料燃烧时释放的热量工作并向暖气系统放热，同时，热机带动制冷机。制冷机从天然蓄水池中吸热，也向暖气系统放热。假定热机锅炉的温度为 $t_1=210$ ℃，天然蓄水池中水的温度为 $t_2=15$ ℃，暖气系统的温度为 $t_3=60$ ℃，热机从燃料燃烧时获得热量 $Q_1=2.1\times10^7$ J，计算暖气系统所得热量。

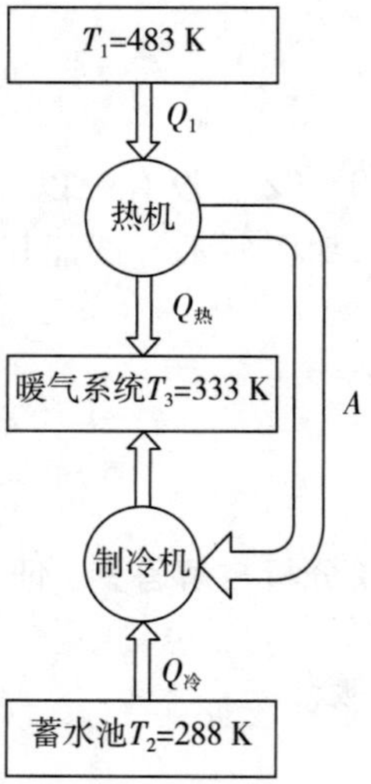

习题 8-64 图

【分析与解答】

由题中知已知条件：$T_1=483$ K，$T_2=288$ K，$T_3=333$ K，$Q_1=2.1\times10^7$ J。

那么，由卡诺热机效率 $\eta=1-\frac{T_3}{T_1}=1-\frac{Q_热}{Q_1}$，其中 $Q_热$ 表示热机对暖气系统的放热。

有
$$1-\frac{333}{483}=1-\frac{Q_热}{2.1\times10^7}$$

得
$$Q_热=1.45\times10^7\ \text{J}$$

而卡诺制冷机的制冷系数　$\omega=\frac{T_2}{T_3-T_2}$，有 $\frac{Q_冷}{A}=\frac{T_2}{T_3-T_2}$，

其中 $Q_冷$ 表示制冷机从蓄水池中的吸热。

考虑到 $A=Q_1-Q_{热}=2.1\times10^7-1.45\times10^7=0.65\times10^7(\mathrm{J})$

则
$$\frac{Q_{冷}}{0.65\times10^7}=\frac{288}{333-288}\Rightarrow Q_{冷}=4.16\times10^7\ \mathrm{J}$$

所以从总能量守恒分析可知，暖气系统所得热量为

$$Q=Q_1+Q_{冷}=(2.1+4.16)\times10^7\ \mathrm{J}=6.26\times10^7\ \mathrm{J}$$

8-65　单原子理想气体作题图所示的 $abcda$ 的循环，并已求得如表中所填的三个数据，试根据热力学定律和循环过程的特点完成下表。

过程	Q	A	ΔE
a—b 等压	250 J		
b—c 绝热		75 J	
c—d 等容			
d—a 等温		−125 J	
循环效率 $\eta=$			

【分析与解答】　根据热力学第一定律 $Q=\Delta E+A$ 以及循环过程的特点：

a—b 等压过程：已知 $Q_p=\nu\frac{5}{2}R(T_b-T_a)=\frac{5}{2}p(V_b-V_a)=250\ \mathrm{J}$，

则 $A_p=p(V_b-V_a)=100$，$\Delta E_{a\to b}=150\ \mathrm{J}$。

b—c 绝热过程：$Q=0$，已知 $A_{bc}=75\ \mathrm{J}$，所以 $\Delta E_{b\to c}=-A_{bc}=-75\ \mathrm{J}$。

c—d 等容过程：$A_{cd}=0$，因为 $a\to d$ 过程中内能变化量之和为零，所以$\Delta E_{c\to d}=-75\ \mathrm{J}$。

d—a 等温过程：$\Delta E_{d\to a}=0$，已知 $A_{da}=-125\ \mathrm{J}$，所以 $Q_{de}=A_{da}=-125\ \mathrm{J}$。

循环是正循环，热机效率为 $\eta=\frac{A}{Q_1}$，有 $\eta=\frac{100+75-125}{250}=0.2=20\%$。

完成填表如下：

过程	Q	A	ΔE
a—b 等压	250 J	100 J	150 J
b—c 绝热	0	75 J	−75 J
c—d 等容	−75 J	0	−75 J
d—a 等温	−125 J	−125 J	0
循环效率 $\eta=20\%$			

第三篇　振动和波动

第九章　机械振动

思　考　题

9-1　分析下列表述是否正确，为什么？

(1) 若物体受到一个总是指向平衡位置的合力，则物体必然做振动，但不一定是简谐振动。

(2) 简谐运动过程是能量守恒的过程，因此，凡是能量守恒的过程就是简谐运动。

答：(1) 正确，当物体受到的合力总是指向平衡位置时物体就可以在平衡位置附近做往复运动，只有当该合力的大小总是与位移的大小成正比时，物体才能做简谐运动。

(2) 不正确。物体做无阻尼自由振动时，振动能量总是守恒的。对机械振动而言，“无阻尼”表示不计外部的阻力（如空气阻力等）和内部的耗散力（如内部的摩擦），“自由”表示振动过程除受到回复力外，没有外界驱动力做功，于是只有内部的保守力在起作用，因而机械能守恒。这个结论不仅对简谐运动的情况（如弹簧振子）是正确的，对非简谐运动的情况，如单摆的大幅度摆动也是对的。所以，即使振动系统的机械能守恒，物体的运动也不一定是简谐运动。

9-2　两个机械振动系统做阻尼振动，问下列哪种情况下位移振幅衰减较快？(1) 物体质量 m 不变，而阻尼系数 β 增大；(2) 阻尼系数 β 相同，而质量 m 增大。

答：由振幅衰减的关系式

$$A(t)=A_0\mathrm{e}^{-\beta t}$$

与振动物体的质量无关。(1) 物体质量 m 不变，而阻尼系数 β 增大时，位移振幅衰减得快；(2) 阻尼系数 β 相同，而质量增大，位移振幅衰减情况不变。

9-3　产生共振的条件是什么？在共振时，物体做什么性质的运动？

答:共振是受迫振动系统在特定条件下发生的现象。有位移共振和速度共振之分。位移共振时，驱动力频率必须满足下面的关系

$$\omega_d = \sqrt{\omega_0^2 - 2\beta^2}$$

速度共振时，其驱动力频率必须满足

$$\omega_d = \omega_0$$

物体在共振时，其运动为稳态受迫振动。

9-4　弹簧振子的无阻尼自由振动是简谐运动，同一弹簧振子在简谐驱动力持续作用下的稳态受迫振动也是简谐振动，这两种简谐振动有什么不同？

答:无阻尼自由振动和稳态受迫振动的运动表达式都是 $x = A\cos(\omega t + \varphi_0)$，虽然这两种振动的表达式都是简谐运动，但它们却有很多本质上的不同。

(1) 频率。无阻尼自由振动的频率(固有频率)取决于振动系统本身的性质，而稳态受迫振动的频率等于驱动力的频率，与振动系统本身的性质无关。

(2) 振幅。无阻尼自由振动的振幅取决于振动系统的初始条件，即 $t=0$ 时的初始位移 x_0 和初始速度 v_0，或初始能量 E_0，其值为

$$A = \sqrt{x_0^2 + \frac{v^2}{\omega_0^2}} \text{ 或 } A = \sqrt{\frac{2E_0}{k}}$$

稳态受迫振动的振幅由系统参量(k, m)、阻尼系数 β、驱动力的有关因素(F_0, ω_d)共同决定，与初始条件无关，即

$$A = \frac{F_0/m}{\sqrt{(\omega_0^2 - \omega_d^2) + 4\beta^2\omega_d^2}}$$

(3) 初相无阻尼自由振动的初相取决于初始条件

$$\varphi_0 = \arctan\left(-\frac{v_0}{\omega_0 x_0}\right)$$

稳态受迫振动的初相由系统的参量(k, m)、阻尼系数 β 和驱动力的频率(ω_d)共同决定，与初始条件无关，即

$$\varphi_0 = \arctan\left(-\frac{2\beta\omega_d}{\omega_0^2 - \omega_d^2}\right)$$

9-5　什么是拍现象？产生的条件是什么？如果两振动的振幅不等，即 $A_1 \neq A_2$，是否也有拍现象？

答:频率相近的两个同方向的简谐运动合成后，合振动为振幅随时间做缓慢周

期性的变化简谐运动，这一现象称为拍。合振幅变化的频率称为拍频，等于两简谐运动频率之差 $\nu_{拍}=|\nu_2-\nu_1|$。产生拍的条件是两简谐运动的频率都较大，而两者相差却很小。当两振幅不等时，也有拍现象，此时合振幅仍有时大时小的变化，但不会达到零。

9-6 两个相互垂直的同频率简谐运动合成的运动是否还是简谐运动？

答：一般情况都不是。只有当振动的相位差满足 $\varphi_{20}-\varphi_{10}=0$ 或 $\varphi_{20}-\varphi_{10}=\pi$ 时，其合运动才是简谐运动。除此以外，其合运动是不同形状的椭圆运动或圆运动（相位差为 $\pm\dfrac{\pi}{2}$ 且振幅相等）。

习　　题

一、选择题

9-1 一质量为 m 的物体挂在劲度系数为 k 的轻弹簧下面，振动角频率为 ω。若把此弹簧分割成二等份，将物体 m 挂在分割后的一根弹簧上，则振动角频率是（　　）。

(A) 2ω　　(B) $\sqrt{2}\,\omega$　　(C) $\omega/\sqrt{2}$　　(D) $\omega/2$

【分析与解答】 弹簧分割成二等份后，单根弹簧的劲度系数为 $2k$，根据弹簧振子振动角频率公式 $\omega=\sqrt{k/m}$，有分割后弹簧 $\omega'=\sqrt{2k/m}=\sqrt{2}\,\omega$，选 B。

9-2 一个弹簧振子和一个单摆（只考虑小幅度摆动）在地面上的固有振动周期分别为 T_1 和 T_2。将它们拿到月球上去，相应的周期分别为 T'_1 和 T'_2。则有（　　）。

(A) $T'_1>T_1$ 且 $T'_2>T_2$　　(B) $T'_1<T_1$ 且 $T'_2<T_2$

(C) $T'_1=T_1$ 且 $T'_2=T_2$　　(D) $T'_1=T_1$ 且 $T'_2>T_2$

【分析与解答】 根据弹簧振子周期公式 $T=2\pi\sqrt{\dfrac{m}{k}}$，单摆周期公式 $T=2\pi\sqrt{\dfrac{L}{g}}$，在月球上由于重力加速度变小，所以单摆的周期变大，选 D。

9-3 一弹簧振子，重物的质量为 m，弹簧的劲度系数为 k，该振子做振幅为 A 的简谐振动，当重物通过平衡位置且向规定的正方向运动时，开始计时。则其振动方程为（　　）。

(A) $x=A\cos\left(\sqrt{k/m}\,t+\dfrac{\pi}{2}\right)$　　(B) $x=A\cos\left(\sqrt{k/m}\,t-\dfrac{\pi}{2}\right)$

(C) $x=A\cos\left(\sqrt{m/k}\,t+\dfrac{\pi}{2}\right)$　　(D) $x=A\cos\left(\sqrt{m/k}\,t-\dfrac{\pi}{2}\right)$

【分析与解答】 根据弹簧振子周期公式 $T=2\pi\sqrt{\dfrac{m}{k}}$，$\omega=\dfrac{2\pi}{T}=\sqrt{\dfrac{k}{m}}$，简谐振动

$x=A\cos(\omega t+\varphi_0)$，$v=-A\omega\sin(\omega t+\varphi_0)$，当重物通过平衡位置且向规定的正方向运动时，开始计时，即 $t=0$ 时，$x=0$，$v>0$，所以 $\varphi_0=-\pi/2$，选 B。

9-4　一质点做简谐振动，周期为 T。质点由平衡位置向 x 轴正方向运动时，由平衡位置到二分之一最大位移这段路程所需要的时间为(　　)。

(A) $T/4$　　(B) $T/6$　　(C) $T/8$　　(D) $T/12$

【分析与解答】　根据旋转矢量法可得，由平衡位置到二分之一最大位移这段路程所需要的时间为 $T/12$，选 D。

9-5　一弹簧振子做简谐振动，总能量为 E_1，如果简谐振动振幅增加为原来的两倍，重物的质量增加为原来的四倍，则它的总能量 E_2 变为(　　)。

(A) $E_1/4$　　(B) $E_1/2$　　(C) $2E_1$　　(D) $4E_1$

【分析与解答】　弹簧振子简谐振动的能量公式为 $E=kA^2/2$，简谐振动振幅增加为原来的两倍，弹簧的劲度系数是弹簧的固有属性不变，所以 $E_2=4E_1$，选 D。

9-6　一物体做简谐振动，振动方程为 $x=A\cos(\omega t+\frac{\pi}{2})$。则该物体在 $t=0$ 时刻的动能与 $t=T/8$（T 为振动周期）时刻的动能之比为(　　)。

(A) 1∶4　　(B) 1∶2　　(C) 1∶1　　(D) 2∶1

【分析与解答】　通过振动方程求其对时间的导数得到物体的速度方程，$v=-A\omega\sin(\omega t+\frac{\pi}{2})$，代入动能公式 $E_k=\frac{1}{2}mv^2$ 得物体的动能为 $E_k=\frac{1}{2}mA^2\omega^2\sin^2(\omega t+\frac{\pi}{2})$，将 $t=0$，$t=T/8$ 分别代入方程得两时刻的动能比为 2∶1，选 D。

二、填空题

9-7　一弹簧振子做简谐振动，振幅为 A，周期为 T，其运动方程用余弦函数表示。若 $t=0$ 时：(1) 振子在负的最大位移处，则初相为________；(2) 振子在平衡位置向正方向运动，则初相为________；(3) 振子在位移为 $A/2$ 处，且向负方向运动，则初相为________。

【分析与解答】　根据简谐振动 $x=A\cos(\omega t+\varphi_0)$，$v=-A\omega\sin(\omega t+\varphi_0)$，(1) $t=0$ 时，$x=-A$，所以 $\varphi_0=\pi$；(2) $t=0$ 时，$x=0$，$v>0$，所以 $\varphi_0=-\pi/2$；(3) $t=0$ 时，$x=A/2$，$v<0$，所以 $\varphi_0=\pi/3$。

9-8　一质点沿 x 轴以 $x=0$ 为平衡位置做简谐振动，频率为 0.25 Hz。$t=0$ 时，$x=-0.37$ cm 而速度等于零，则振幅是________，振动表达式为________。

【分析与解答】　根据简谐振动 $x=A\cos(\omega t+\varphi_0)$，$v=-A\omega\sin(\omega t+\varphi_0)$，由 $x=-0.37$ cm 而速度等于零可得 $A=0.37$ cm，$\varphi_0=\pm\pi$，由 $\nu=0.25$ Hz 可得 $\omega=2\pi\nu=\pi/2$，振动的数值表达式为 $x=0.37\times10^{-2}\cos\left(\frac{1}{2}\pi t\pm\pi\right)$。

9-9　一简谐振动的表达式为 $x=A\cos(3t+\varphi)$，已知 $t=0$ 时的初位移为 0.04 m，初速度为 0.09 m/s，则振幅 $A=$________，初相 $=$________。

【分析与解答】　根据简谐振动的振幅公式 $A=\sqrt{x_0^2+\left(-\dfrac{v_0}{\omega}\right)^2}=0.05\ \text{m}$，初相 $\varphi_0=\text{artan}\left(-\dfrac{v_0}{\omega x_0}\right)$，解得 $\varphi_0=-0.205\pi$ 或 $\varphi_0=0.795\pi$，由于 $x_0>0$，所以 $\varphi_0=-0.205\pi$。

9-10　两个弹簧振子的周期都是 0.4 s，设开始时第一个振子从平衡位置向负方向运动，经过 0.5 s 后，第二个振子才从正方向的端点开始运动，则这两振动的相位差为________。

【分析与解答】　第一个振子开始从平衡位置向负方向运动，因其周期为 0.4 s，经过 0.3 s 后，弹簧振子到达正方向的端点，也就是说第一个振子比第二个振子超前振动 0.2 s，即半个周期，所以相位差为 π。

9-11　将质量为 0.2 kg 的物体，系于劲度系数 $k=19$ N/m 的竖直悬挂的弹簧的下端。假定在弹簧不变形的位置将物体由静止释放，然后物体做简谐振动，则振动频率为________，振幅为________。

【分析与解答】　弹簧振子的振动周期 $T=2\pi\sqrt{m/k}=0.644$ s，振动频率 $\nu=\dfrac{1}{T}=1.55$ Hz，振幅为起点到平衡位置的距离 $A=mg/k=0.103$ m。

9-12　一物块悬挂在弹簧下方做简谐振动，当这物块的位移等于振幅的一半时，其动能是总能量的________（设平衡位置处势能为零）。当这物块在平衡位置时，弹簧的长度比原长长 Δl，这一振动系统的周期为________。

【分析与解答】　简谐振动能量公式 $E=\dfrac{1}{2}kA^2$，$x=A/2$ 时，势能 $E_p=\dfrac{1}{2}kx^2=\dfrac{1}{8}kA^2=\dfrac{E}{4}$，动能 $E_k=E-E_p=\dfrac{3}{4}E$，当物体平衡时 $k\Delta l=mg$，系统振动周期 $T=2\pi\sqrt{m/k}=2\pi\sqrt{\Delta l/g}$。

9-13　一弹簧振子系统具有 1.0 J 的振动能量，0.10 m 的振幅和 1.0 m/s 的最大速率，则弹簧的劲度系数为________，振子的振动频率为________。

【分析与解答】　简谐振动能量公式 $E=\dfrac{1}{2}kA^2$，$A=0.1$ m，$E=1.0$ J，得 $k=200$ N/m，由 $E=\dfrac{1}{2}mv_{\max}^2$，$v_{\max}=1$ m/s，得 $m=2$ kg，所以振子的周期为 $T=2\pi\sqrt{m/k}=\pi/5$ s，振子的频率为 $1/T=1.6$ Hz。

9-14　两个同方向的简谐振动，周期相同，振幅分别为 $A_1=0.05$ m 和 $A_2=$

0.07 m,它们合成一个振幅为 $A=0.09$ m 的简谐振动。则这两个分振动的相位差为________ rad。

【分析与解答】 由合振动的振幅 $A=\sqrt{A_1^2+A_2^2+2A_1A_2\cos(\varphi_2-\varphi_1)}$,可得两个分振动的相位差为 1.47 rad。

9-15　两个同方向同频率的简谐振动,其合振动的振幅为 20 cm,合振动位相与第一个简谐振动的相位差为 $\varphi-\varphi_1=\pi/6$。若第一个简谐振动的振幅为17.3 cm,则第二个简谐振动的振幅为________ cm,第一、二两个简谐振动的相位差 $\varphi_1-\varphi_2$ 为________。

【分析与解答】 合振动的相位与第一个简谐振动的相位差为 $\varphi-\varphi_1=\pi/6$,第一个简谐振动的振幅为 17.3 cm,合振动的振幅为 20 cm,根据余弦定理 $A_2^2=A^2+A_1^2-2AA_1\cos(\varphi-\varphi_1)$,可得第二个简谐振动的振幅为 10 cm;第一、二两个简谐振动的相位差 $\varphi_1-\varphi_2$ 为 $-\pi/2$。

三、计算题

9-16　一质量为 50 g 的物体悬挂在弹簧(服从胡克定律)底端,若再增重 20 g,发现弹簧伸长了 7.0 cm,求:(1) 弹簧的劲度系数;(2) 拿掉 20 g 物体后弹簧的运动周期。

【分析与解答】 (1) $k=\dfrac{\Delta F}{\Delta x}=\dfrac{0.02\times 9.8}{0.07}=2.8(\text{N/m})$

$$T=2\pi\sqrt{\frac{m}{k}}=2\pi\sqrt{\frac{0.05}{2.8}}\approx 0.84(\text{s})$$

9-17　现将重为 27 N 的物体悬挂在弹簧上,此弹簧在 9 N 力的作用下伸长 0.05 m,让挂上重物的弹簧振动,求振动周期。

【分析与解答】 弹簧的劲度系数 $k=\dfrac{9}{0.05}=180(\text{N/m})$

$$\text{周期 } T=2\pi\sqrt{\frac{m}{k}}=2\pi\sqrt{\frac{27/9.8}{180}}\approx 0.78(\text{s})$$

9-18　一物体沿 x 轴做简谐振动,振幅为 8 cm,周期为 2.0 s,在 $t=0$ 时,坐标为 4.0 cm,且向 x 轴负方向运动,试写出用正弦函数表示的振动方程表达式,并求出 $t=1.0$ s 时的位移。

【分析与解答】 简谐运动振动方程的一般表达式

$$x=A\sin(\omega t+\varphi)$$

由题得 $A=0.08$ m,$\omega=2\pi f=\pi$ rad/s,所以 $x=0.08\sin(\pi t+\varphi)$,将 $t=0$ 时,$x=0.04$ m 代得入 $0.04=0.08\sin\varphi$,解得初相 $\varphi=\dfrac{\pi}{6}$ 或 $\varphi=\dfrac{5\pi}{6}$。

在 $t=0$ 时，速度方向沿 x 轴负方向，所以取 $\varphi=\frac{5}{6}\pi$，所求的振动方程为 $x=0.08\sin(\pi t+\frac{5}{6}\pi)$。

当 $t=1$ s时，代入上述表达式得 $x=-0.04$ m，即 $t=1$ s时振动物体的位移大小为 0.04 m，方向为 x 轴负方向。

9-19 一物块在水平面上做简谐振动，振幅为 10 cm，当物块离开平衡位置 6 cm 时，速度为 24 cm/s，问：(1) 周期是多少？(2) 速度为 ±12 cm/s 时的位移是多少？

【分析与解答】 设 $x=A\cos(\omega_0 t+\varphi)$，已知 $A=10$ cm，故 $x=10\cos(\omega_0 t+\varphi)$，$v=-10\omega_0\sin(\omega_0 t+\varphi)$，可得

$$\frac{x^2}{100}+\frac{v^2}{100\omega_0^2}=1$$

当 $x=6$ cm，$v=24$ cm/s 时，

$$\omega_0=\sqrt{\frac{v^2}{100-x^2}}=\sqrt{\frac{24^2}{100-6^2}}=3(\text{rad/s})$$

$$T=\frac{2\pi}{\omega_0}\approx\frac{2\times3.14}{3}=2.09(\text{s})$$

当 $v=\pm12$ cm/s 时，

$$x=\pm\sqrt{100-\frac{v^2}{\omega_0^2}}=\pm\sqrt{100-\frac{12^2}{3^2}}=\pm9.16(\text{cm})$$

9-20 某物体固定于一根在桌面上做简谐运动的弹簧上，忽略物体与桌面间的摩擦力，振动频率为 ν，将一稍小的物块放在此物体顶部，两物块间静摩擦因数为 μ_s。要使两物体之间无相对滑动，求振动的最大振幅。

【分析与解答】 若振幅为 A，则最大加速度为 $\omega^2 A=4\pi^2\nu^2 A$。为使两者保持共同运动状态，摩擦力所能提供的加速度应大于此加速度，静摩擦力的最大加速度为 $\mu_s g$，因必须有 $4\pi^2\nu^2 A\leqslant\mu_s g$，所以最大振幅 $A_{\max}=\mu_s g/4\pi^2\nu^2$

9-21 质量为 2 kg 的物体悬挂在劲度系数为 $k=800$ N/m 的弹簧上，将物体拉离平衡位置 20 cm 后释放。(1) 求振幅、角频率、运动周期；(2) 求物体偏离平衡位置 12 cm 时的速度和加速度。

【分析与解答】 (1) 因为物体从 20 cm 处释放，则 $A=20$ cm，角频率 $\omega=\sqrt{\frac{k}{m}}=\sqrt{\frac{800}{2}}=20(\text{rad/s})$。周期 $T=\frac{2\pi}{\omega}=\frac{\pi}{10}$ s。

(2)$a=-\omega^2 y$ 位于平衡位置下 $y=12$ cm 时，$a=-4800\ \mathrm{cm/s^2}$，方向向下；位于平面位置上 $y=-12$ cm 时，$a=4800\ \mathrm{cm/s^2}$，求速度用 $v=\pm\omega\sqrt{A^2-y^2}$，对于两个不同的位置，均有两个速度 $v=\pm 320$ cm/s，方向一个向上 一个向下。

9-22　质量为 36 g 的物体做振幅为 13 cm，周期 $T=12$ s 的简谐运动。在 $t=0$ 时，位移 $x=+13$ cm。求：(1)$x=5$ cm 处，物体的速度；(2)$t=2$ s 时物体所受的力。

【分析与解答】 (1)$v=\pm\omega\sqrt{A^2-x^2}$，其中 $A=13$ cm，$x=5$ cm，$\omega=\frac{2\pi}{T}=\frac{\pi}{6}$ rad/s。可以求得 $v=\pm 2\pi\approx\pm 6.28$(cm/s)。

(2)$t=0$ 时，$x=A$，所以 $x=A\cos\omega t$；$t=2$ s 时，$x=13\ \mathrm{cm}\times\cos\left(\frac{\pi}{3}\right)=6.5$ cm。因为 $F=ma$，$a=-\omega^2 x$，求得 $F=-36\times\left(\frac{\pi}{6}\right)^2\times 6.5=-6.4\times 10^{-4}$(N)。

9-23　有一单摆，绳长 $l=1.0$ m，摆球的质量 $m=100$ g，最大摆角为 5°，求：(1) 单摆的角频率和周期；(2) 设开始时摆角最大，试写出此单摆的振动表达式；(3) 当摆角为 3° 时的角速度和摆球的线速度各为多少？

【分析与解答】

(1) 单摆的角频率和周期分别为

$$\omega=\sqrt{\frac{g}{l}}=\sqrt{\frac{9.8}{1.0}}=3.13(\mathrm{s^{-1}})$$

$$T=\frac{2\pi}{\omega}=2\pi\sqrt{\frac{l}{g}}=2\pi\sqrt{\frac{l}{9.8}}=2.01\ \mathrm{s}$$

(2) 开始时摆角最大，则初相位 $\varphi_0=0$，$A=l\sin 5^\circ=1\times\frac{5^\circ\pi}{180^\circ}=\frac{\pi}{36}$ rad

单摆的振动表达式为

$$\theta=\frac{\pi}{36}\cos(3.13t)$$

(3) 单摆的振动角速度为

$$\Omega=-\theta_0\omega\sin\omega t=-\frac{\pi}{36}\times 3.13\sin 3.13t$$

当 $\theta=3^\circ$ 时，$\frac{\pi}{60}=\frac{\pi}{36}\times\cos(3.13t)$，$\cos(3.13t)=\frac{3}{5}$，于是，有

$$\sin(3.13t)=\frac{4}{5}$$

$$\Omega = -\frac{\pi}{36} \times 3.13 \times \frac{4}{5} \approx -0.218(\mathrm{rad/s})$$

摆球的线速度为

$$v = \Omega l = -0.218 \times 1 = -0.218(\mathrm{m/s})$$

9-24　某一振动遵从等式 $y=1.60\sin(1.30t-0.75)$ cm。其中 t 以 s 为单位，角度以弧度为单位，求：(1) $t=0$ 时，位移、速度和加速度的值；(2) $t=0.60$ s 时，位移、速度和加速度的值。

【分析与解答】　速度 $v=\frac{\mathrm{d}y}{\mathrm{d}t}=1.60\times 1.30\cos(1.30t-0.75)$

$$a=\frac{\mathrm{d}v}{\mathrm{d}t}=-1.60\times 1.30^2\times\sin(1.30t-0.75)=-(1.30)^2 y$$

(1) $t=0$ 时，

$$y=1.60\sin(-0.75)=-1.09(\mathrm{cm})$$

$$v=2.08\cos(-0.75)=1.52(\mathrm{cm/s})$$

$$a=-(1.30)^2\times(-1.09)=1.84(\mathrm{cm/s^2})$$

(2) $t=0.60$ s 时，

$$y=1.60\sin 0.03=1.60\times 0.03=0.048(\mathrm{cm})$$

$$v=2.08\cos 0.03=2.08(\mathrm{cm/s})$$

$$a=-(1.30)^2\times 0.048=-0.081(\mathrm{cm/s^2})$$

9-25　一物体做简谐运动，振幅为 2.00 cm，频率为 3.0 Hz。在 $t=0$ 时，位移 $x(0)=0$ cm，速度 $v(0)$ 为正值。(1) 求出位移表达式 $x(t)$，速度表达式 $v(t)$，加速度表达式 $a(t)$；(2) 计算 $t=50$ ms 时，位移、速度和加速度的值。

【分析与解答】　(1) 利用 $x(t)=A\cos(2\pi\nu t+\varphi_0)$ 得到

$$v(t)=-2\pi\nu A\sin(2\pi\nu t+\varphi_0)$$

因为 $x(0)=0$ 得到 $\varphi_0=\frac{\pi}{2}$ 或 $\varphi_0=\frac{3\pi}{2}$，又因为 $v(0)>0$，故 $\varphi_0=\frac{3\pi}{2}$，根据已知值 $A=2.00$ cm，$\nu=3.00$ Hz 得

$$x(t)=2.00\cos\left(6.00\pi t+\frac{3\pi}{2}\right)$$

$$v(t)=-12.0\pi\sin\left(6.00\pi t+\frac{3\pi}{2}\right)$$

$$a(t) = -72.0\pi^2\cos\left(6.00\pi t + \frac{3\pi}{2}\right)$$

(2) 在 $t = 0.050$ s 时，$6.00\pi t + \frac{3\pi}{2} = 1.80\pi \approx 5.65(\text{rad})$，

因此

$$x = 2.00\cos(1.80\pi) = 1.62 \text{ cm}$$

$$v = -12.0\pi\sin(1.80\pi) \approx 22.2(\text{cm/s})$$

$$a = -72.0\pi^2\cos(1.80\pi) \approx -575(\text{cm/s}^2)$$

9-26　质量为0.2 kg的物体悬挂在弹簧上并做简谐运动，周期 $T=3$ s，振幅 A 为 10 cm，在 $t=0$ 时，物体向上经过平衡位置。(1) 求弹簧的劲度系数 k；(2) 求 $t=1$ s 时，位移、速度和加速度的值。

【分析与解答】　(1) $4\pi^2\nu^2 = \frac{k}{m}$，$k = 4\pi^2\nu^2 m = \frac{4\pi^2}{9} \times 0.2 \approx 0.88(\text{N/m})$。

(2) 选取向上为正方向，$t=0$，$v>0$，所以 $y = A\sin 2\pi\nu t$，

当 $t=1$ s 时，

$$y = A\sin 2\pi\nu t = 0.1\sin 120° = 0.0866(\text{m})$$

$$v = 2\pi\nu A\cos 2\pi\nu t = \frac{2\pi}{3} \times 0.1\cos 120° \approx -0.105(\text{m/s})$$

$$a = -4\pi^2\nu^2 A\sin 2\pi\nu t = -\frac{4\pi^2}{9} \times 0.10\sin 120° \approx -0.38(\text{m/s}^2)$$

9-27　弹簧A和弹簧B的劲度系数分别为2000 N/m和1000 N/m，弹簧A挂在水平硬质杆上，另一端与弹簧B连接，然后用复合弹簧吊起质量为50 kg的物体，求此系统做简谐运动的周期。

【分析与解答】　弹簧自重忽略不计，在拉力 F 作用下，复合弹簧的伸长 $x = x_A + x_B$，其中 $x_A = F/k_A$，$x_B = F/k_B$ 因此 $x = \frac{F}{k_A} + \frac{F}{k_B} = F\left(\frac{k_A + k_B}{k_A k_B}\right) = \frac{F}{k_{\text{eff}}}$，若等效于一根弹簧，此弹簧劲度系数为 $k_{\text{eff}} = \frac{k_A k_B}{k_A + k_B}$。

振动周期 $T = 2\pi\sqrt{m/k_{\text{eff}}}$，根据已知值得 $k_{\text{eff}} = \frac{2000 \times 1000}{3000} = \frac{2000}{3}(\text{N/m})$，因此吊起 50 kg 物体的振动周期 $T = 2\pi\sqrt{\frac{50 \times 3}{2000}} = 2\pi\sqrt{0.075} \approx 1.72(\text{s})$。

9-28　两谐振动，振动方程为 $x_1 = 0.05\cos\left(10t + \frac{3}{4}\pi\right)$ cm 和 $x_2 =$

$0.06\cos\left(10t+\frac{1}{4}\pi\right)$ cm，试求其合成运动的振幅及初相。

【分析与解答】 合振动的振幅为 $A=\sqrt{A_1^2+A_2^2+2A_1A_2\cos(\varphi_2-\varphi_1)}=7.81\times10^{-2}$ cm。

合振动的相位为 $\tan\varphi_0=\dfrac{A_1\sin\varphi_1+A_2\sin\varphi_2}{A_1\cos\varphi_1+A_2\cos\varphi_2}=11$，

$$\varphi_0=\arctan\frac{A_1\sin\varphi_1+A_2\sin\varphi_2}{A_1\cos\varphi_1+A_2\cos\varphi_2}=1.48\ \text{rad}$$

所求合振动方程为

$$x=7.81\times10^{-2}\cos(10t+1.48)\ \text{cm}$$

9-29 一物块悬于弹簧下端，并做简谐振动，当物块位移为振幅的一半时，这个振动系统的动能占总能量的多少？势能占多少？当位移多大时，动能、势能各占总能量的一半？

【分析与解答】 当物块位移大小为振幅的一半时，简谐振动的总能量 $E=\frac{1}{2}m\omega^2A^2=\frac{1}{2}kA^2$，

其中势能 $E_p=\frac{1}{2}kx^2=\frac{1}{2}k\left(\frac{A}{2}\right)^2=\frac{E}{4}$，动能 $E_k=E-E_p=\frac{3}{4}E$，

因此势能占总能量的 25%，动能占总能量的 75%。

设物体在 x 处动能和势能相等，$E_p=E_k$，$E_p=E-E_p\rightarrow E_p=\frac{1}{2}E$，

$$\frac{1}{2}kx^2=\frac{1}{2}\left(\frac{1}{2}kA^2\right)\rightarrow x=\pm\frac{A}{\sqrt{2}}$$

9-30 火箭发射器的反冲能量被质量 $m=4536$ kg 的反冲弹簧吸收，装上一个撞击垫后，发射器在反冲后能无振动地返回点火位置（临界阻尼），若发射器以 10 m/s 的初速度反冲了 3 m，求反冲弹簧的劲度系数和撞击垫的临界阻尼系数（$b=2\sqrt{mk}$）。

【分析与解答】 已知 $m=4536$ kg，$v_0=10$ m/s，$A=3$ m。反冲时，发射架动能转换成弹簧弹性势能 $\frac{1}{2}mv_0^2=\frac{1}{2}kA^2$，得 $\sqrt{\frac{k}{m}}=\frac{v_0}{A}=\frac{10}{3}=\omega_0$

求得

$$k=m\frac{v_0^2}{A^2}=50400\ \text{N/s}$$

临界阻尼系数

$$b=2\sqrt{mk}=2\sqrt{m\cdot m\frac{v_0^2}{A^2}}=2m\frac{v_0}{A}=\frac{2\times4536\times10}{3}=30240(\text{kg/s})$$

第十章　机械波

思　考　题

10-1　什么叫波动？波动与振动有什么区别？有什么联系？具备哪些条件才能形成机械波？

答:波动是质点群联合起来表现出的周而复始的运动现象。其成因是介质中质点受到相邻质点的扰动而随之运动,并以振动形式由远及近传播开来,各质点间存在相互作用的弹力。波动与振动的联系:① 振动是波动的原因,波动是振动的结果;有波动必然有振动,有振动不一定有波动。② 波动的性质、频率和振幅与振源相同。波动与振动的区别:① 研究对象不同。振动是单个质点在平衡位置附近的往复运动;波动是介质中大量质点依次的集体振动。② 力的来源不同。产生振动的回复力,可以由作用在物体上的各种性质的力提供;而引起波动的力,则总是联系介质中各质点的弹力。③ 运动性质不同。各质点的振动是变加速运动;而波动是匀速直线运动,传播距离与时间成正比。形成机械波的条件:一是存在波源,二是存在传播振动的介质。

10-2　什么叫波面？波面和波前有何不同？波面和波线之间有何联系？

答:波面是波源发出的振动在介质中传播经相同时间所到达的各点组成的面。同一波阵面上各点的振动位相相同。我们把波动过程中介质振动相位相同的点连成的面称为波阵面,简称波面,把波面中走在最前面的那个波面称为波前。由于波面上各点的相位相同,所以波面是同相面,波前属于波面。在各项同性介质中,波线与波面相互垂直。在各向异性介质中,波线与波面可以不垂直。

10-3　试判断下列几种关于波长的说法是否正确:

(1) 在波的传播方向上相邻两个位移相同点的距离;

(2) 在波的传播方向上相邻两个运动速度相同点的距离;

(3) 在波的传播方向上相邻两个振动相位相同点的距离。

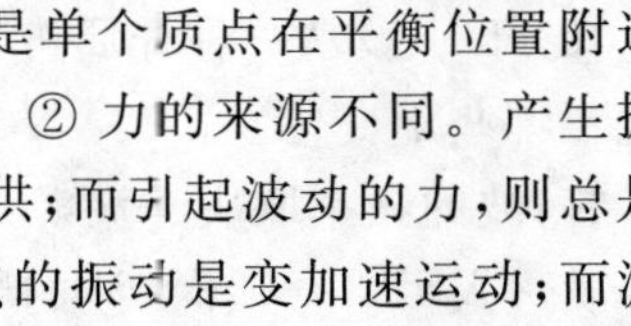

思考题 10-3 图

答:(1) 不正确。如图中对应的 A 点和 E 点,位移为零。B 点和 D 点,它们的位移相同，但运动方向不同，它们的振动状态并不完全相同，所以在波线上相邻两个位移相同质点之间的距离并不代表一个波长。

(2) 不正确。如图中 C 点和 G 点速度均为零。B 点和 H 点运动速度大小相同，方向也相同，但它们相应的位移并不相同，B 点为正值，H 点为负值，所以波线上相邻的两个运动速度相同质点间的距离不是一个波长。

(3) 正确。相位相同表示不仅位移相同，速度也相同，即振动状态完全相同。这样，波线上相邻两个相位相同两点间距离才是一个波长，如图中 A 和 I 两点的距离、B 和 J 两点间的距离等都表示一个波长。

10-4 平面简谐波的波函数 $y=A\cos\left[\omega\left(t-\frac{x}{u}\right)+\varphi_0\right]$ 中，x/u 表示什么？φ_0 表示什么？如写成 $y=A\cos\left(\omega t-\frac{\omega}{u}x+\varphi_0\right)$，$\frac{\omega}{u}x$ 又表示什么？

答： x/u 表示波以 u 的速度传播了 x 的距离所用的时间，φ_0 表示初相位，$\frac{\omega}{u}x$ 表示波以 u 的速度传播 x 距离后产生的相位差。

10-5 波从一种介质进入另一种介质，波长、频率、波速各物理量，哪些发生变化？哪些不变化？

答： 波的频率取决于波源的振动频率，与波的传播介质无关。所以，当波从一种介质进入另一介质时，波的频率不变，而波速与介质有关，因而波在不同介质中传播不同。由 $u=\lambda\nu$ 可知，波在不同介质中传播时，波长是不同的。当波从一种介质透射到另一介质时，在它们的界面，有波的反射，即有部分能量反射，频率一定时，波的能量正比于振幅的平方，所以透射波的振幅小于入射波的振幅。

10-6 (1) 在波的传播过程中，每个质元的能量随时间而变，这是否违反能量守恒定律？

(2) 在波的传播过程中，动能密度与势能密度相等的结论，对非简谐波是否成立？为什么？

答： (1) 在简谐波的传播过程中，介质的每个质元的动能和势能都随时间做同相位的周期性变化，这说明每个质元的机械能并不守恒，但是介质中任一质元都在不断地从前一质元接收能量，又向后一质元传递能量，不断地进行能量交换。所以，波的传播过程就是能量的传播过程，所以并不违反机械能守恒定律。

(2) 对于简谐波，动能体密度正比于速度的平方 $(\partial y/\partial t)^2$，势能体密度正比于相对形变量的平方 $(\partial y/\partial x)^2$。非简谐波可以看成是由多个频率不同、振幅不同的简谐波叠加之和，它们的 $(\partial y/\partial t)^2$ 和 $(\partial y/\partial x)^2$ 都可能是非线性的，所以，对非简谐波，介质的动能体密度和势能体密度不再相等。

10-7 一平面简谐波在弹性介质中传播，若介质中某质点正处于位移最大处，则此时其动能为零，势能最大，这种说法正确吗？

答：不正确，任一时刻，介质中质元的动能和势能都相等，同时达到最大值，同时达到最小值，即同相。质元的总能量随时间做周期性变化，不是一个恒量。当质元从平衡位置向最大位移处运动过程中速度变慢，动能减少，势能也减少，两者均为零。

10－8　两波能产生干涉现象的条件是什么？若两波源发出振动方向相同、频率相同的波，它们在空间相遇时，是否一定能产生干涉？为什么？

答：波的干涉条件是频率相同、振动方向相同和相位差恒定。两波源发出振动方向相同、频率相同的波，它们在空间相遇时，不一定能产生干涉现象。原因有：① 两列波在相遇点引起的振动的相位差不能保持恒定时，相遇区域没有稳定的强弱分布，不发生干涉现象；② 若两列波振幅差别很大，相遇区域强弱分布不显著，也观察不到干涉现象。

10－9　驻波形成以后，介质中各质点的振动相位有什么关系？为什么说驻波中相位没有传播？

答：驻波中，相邻两波节之间各点的振动相位相同，而每一波节两边质点的振动相位相反。由于驻波波节振幅为零，始终处于静止状态，故驻波中没有相位传播。

10－10　什么叫多普勒效应？

答：多普勒效应是物体辐射的波长因为波源和观测者的相对运动而产生变化的现象。在运动的波源前面，波被压缩，波长变得较短，频率变得较高；在运动的波源后面时，会产生相反的效应，波长变得较长，频率变得较低；波源的速度越大，所产生的效应越明显。

习　题

一、选择题

10－1　已知一平面简谐波的表达式为 $y=A\cos(at-bx)$（a，b 为正值常量），则（　　）。

(A) 波的频率为 a　　(B) 波的传播速度为 b/a

(C) 波长为 π/b　　(D) 波的周期为 $2\pi/a$

【分析与解答】　沿 x 轴正方向传播的平面简谐波表达式 $y=A\cos\left[\omega\left(t-\dfrac{x}{u}\right)+\varphi_0\right]$，比较公式可得 $\omega=a$，$\omega/u=b$，得 $u=\omega/b$，$T=2\pi/\omega=2\pi/a$，选 D。

10－2　一平面简谐波沿 x 轴负方向传播。已知 $x=b$ 处质点的振动方程为 $y=A\cos(\omega t+\varphi_0)$，波速为 u，则波的表达式为（　　）。

(A) $y=A\cos\left(\omega t+\frac{b+x}{u}+\varphi_0\right)$ (B) $y=A\cos\left(\omega t-\frac{b+x}{u}+\varphi_0\right)$

(C) $y=A\cos\left[\omega\left(t+\frac{x-b}{u}\right)+\varphi_0\right]$ (D) $y=A\cos\left[\omega\left(t+\frac{b-x}{u}\right)+\varphi_0\right]$

【分析与解答】 沿 x 轴负方向传播的平面简谐波表达式 $y=A\cos\left[\omega\left(t+\frac{x}{u}\right)+\varphi\right]$，将 $x=b$ 代入方程得 $y=A\cos\left[\omega\left(t+\frac{b}{u}\right)+\varphi\right]$，比较方程 $y=A\cos(\omega t+\varphi_0)$ 可得 $\varphi=\varphi_0-\omega\frac{b}{u}$，所以 $y=A\cos\left[\omega\left(t+\frac{x-b}{u}\right)+\varphi_0\right]$，选 C。

10-3 一平面简谐波在弹性媒质中传播，在媒质质元从最大位移处回到平衡位置的过程中（ ）。

(A) 它的势能转换成动能

(B) 它的动能转换成势能

(C) 它从相邻的一段媒质质元获得能量，其能量逐渐增加

(D) 它把自己的能量传给相邻的一段媒质质元，其能量逐渐减小

【分析与解答】 波的能量变化和振动不一样，在波传播过程中，媒质质元在平衡位置时，动能、势能和总机械能均最大。媒质质元在位移最大处时，三者均为零。媒质质元从最大位移处回到平衡位置的过程，波的每个体积元都是不断从相邻的一段媒质质元获得能量，然后传给下一个质点，选 C。

10-4 当一平面简谐机械波在弹性媒质中传播时，下述各结论正确的是（ ）。

(A) 媒质质元的振动动能增大时，其弹性势能减小，总机械能守恒

(B) 媒质质元的振动动能和弹性势能都做周期性变化，但二者的相位不相同

(C) 媒质质元的振动动能和弹性势能的相位在任一时刻都相同，但二者的数值不相等

(D) 媒质质元在其平衡位置处弹性势能最大

【分析与解答】 在波动中媒质质元动能和势能的变化是同相位的，它们同时达到最大值，又同时达到最小值，且媒质质元的振动动能和弹性势能数值相等，对任意质元来说，它的机械能是不守恒的，选 D。

10-5 在驻波中，两个相邻波节间各质点的振动（ ）。

(A) 振幅相同，相位相同 (B) 振幅不同，相位相同

(C) 振幅相同，相位不同 (D) 振幅不同，相位不同

【分析与解答】 驻波的特点，选 B。

10-6 沿着相反方向传播的两列相干波，其表达式为 $y_1=A\cos2\pi(\nu t-x/\lambda)$ 和 $y_2=A\cos2\pi(\nu t+x/\lambda)$。在叠加后形成的驻波中，各处简谐振动的振幅

是(　　)。

(1)A　　(B)$2A$　　(C)$2A\cos(2\pi x/\lambda)$　　(D)$|2A\cos(2\pi x/\lambda)|$

【分析与解答】 将两列波叠加 $y=y_1+y_2=A\cos 2\pi(\nu t-x/\lambda)+A\cos 2\pi(\nu t+x/\lambda)=2A\cos(2\pi\nu t)\cos(2\pi x/\lambda)$，故得振动的振幅为 $|2A\cos(2\pi x/\lambda)|$，选 D。

二、填空题

10-7　一平面简谐波，波速为 6.0 m/s，振动周期为 0.1 s，则波长为________。在波的传播方向上，有两质点(其间距离小于波长)的振动相位差为 $5\pi/6$，则此两质点相距________。

【分析与解答】 $\lambda=uT$，$\frac{\Delta t}{\Delta\varphi}=\frac{T}{2\pi}$，$\Delta t=\Delta\varphi\frac{T}{2\pi}$，$\Delta l=u\Delta t=u\Delta\varphi\frac{T}{2\pi}=0.25\ \text{m}$，则答案依次为 0.6 m，0.25 m。

10-8　已知波源的振动周期为 4.00×10^{-2} s，波的传播速度为 300 m/s，波沿 x 轴正方向传播，则位于 $x_1=10.0$ m 和 $x_2=16.0$ m 的两质点振动相位差为________。

【分析与解答】 $\frac{\Delta\varphi}{\Delta t}=\frac{2\pi}{T}$，$\Delta\varphi=\frac{2\pi}{T}\Delta t=\frac{2\pi}{T}\frac{x_2-x_1}{u}=\pi$。

10-9　一平面简谐波沿 x 轴负方向传播。已知 $x=-1$ m 处质点的振动方程为 $x=A\cos(\omega t+\varphi)$，若波速为 u，则此波的表达式为________。

【分析与解答】 $x=-1$ m 处质点的振动方程为 $x=A\cos\left[\omega\left(t-\frac{1}{u}\right)+\varphi_0\right]$，根据题意 $x=A\cos(\omega t+\varphi)$，所以 $\varphi_0=\varphi+\frac{\omega}{u}$，$y=A\cos\left[\omega\left(t+\frac{x}{u}\right)+\varphi+\frac{\omega}{u}\right]$，整理得 $y=A\cos\{\omega[t+(1+x)/u]+\varphi\}$。

10-10　一平面余弦波沿 ox 轴正方向传播，波动表达式为 $y=A\cos\left[2\pi\left(\frac{t}{T}-\frac{x}{\lambda}\right)+\varphi\right]$，则 $x=-\lambda$ 处质点的振动方程是________；若以 $x=\lambda$ 处为新的坐标轴原点，且此坐标轴指向与波的传播方向相反，则对此新的坐标轴，该波的波动表达式是________。

【分析与解答】 将 $x=-\lambda$ 代入波动表达式得 $y_1=A\cos\left[2\pi\left(\frac{t}{T}\right)+\varphi\right]$，坐标轴指向与波的传播方向相反 $y_2=A\cos\left[2\pi\left(\frac{t}{T}+\frac{x-l}{\lambda}\right)+\varphi\right]$，其中 $\lambda=l$，代入得 $y_2=A\cos\left[2\pi\left(\frac{t}{T}+\frac{x}{\lambda}\right)+\varphi\right]$。

答案为 $y_1=A\cos\left[2\pi\left(\frac{t}{T}\right)+\varphi\right]$，$y_2=A\cos\left[2\pi\left(\frac{t}{T}+\frac{x}{\lambda}\right)+\varphi\right]$。

10-11　在截面积为 S 的圆管中，有一列平面简谐波在传播，其波的表达式为

$x=A\cos[\omega t-2\pi(x/\lambda)]$,管中波的平均能量密度是$\overline{w}$,则通过截面积$S$的平均能流是________。

【分析与解答】 平均能流密度 $I=\overline{w}u$,平均能流 $P=IS=\overline{w}uS=\overline{w}\ \dfrac{\lambda}{2\pi/\omega}S=\dfrac{\omega\lambda}{2\pi}S\overline{w}$。

10-12　两相干波源 S_1 和 S_2 的振动方程分别是 $y_1=A\cos(\omega t+\varphi_1)$ 和 $y_2=A\cos(\omega t+\varphi_2)$,$S_1$ 距 P 点 3 个波长,S_2 距 P 点 4.5 个波长。设波传播过程中振幅不变,则两波同时传到 P 点时的合振幅是________。

【分析与解答】 S_1 距 P 点 3 个波长,S_2 距 P 点 4.5 个波长。可知两列波同时到达 P 点所引起的振动反相,又因两列波的振幅相等,所以两波同时传到 P 点时的合振幅是 0。

10-13　一驻波表达式为 $y=2A\cos(2\pi x/\lambda)\cos(\omega t)$,则 $x=-\lambda/2$ 处质点的振动方程是________;该质点的振动速度表达式是________。

【分析与解答】 将 $x=-\lambda/2$ 代入驻波表达式得 $y_1=-2A\cos\omega t$,对振动方程求时间导数得 $v=2A\omega\sin(\omega t)$。

10-14　在弦线上有一驻波,其表达式为 $y=2A\cos(2\pi x/\lambda)\cos(2\pi\nu t)$,两个相邻波节之间的距离是________。

【分析与解答】 波节位置 $2A\cos(2\pi x/\lambda)=0$,$2\pi x/\lambda=k\pi+\dfrac{\pi}{2}$,$x=(2k+1)\ \dfrac{\lambda}{4}$,有 $\Delta x=x_{k+1}-x_k=\lambda/2$。

三、计算题

10-15　人类能听到的声波的频率范围为 20 Hz 到 20000 Hz,若声速为 340 m/s,求相应的波长范围。

【分析与解答】 根据波长、频率、速度之间的关系

$$\lambda f=u$$

得

$$\lambda_1=\frac{u}{f}=\frac{340}{20}=17(\mathrm{m}),\lambda_2=\frac{u}{f}=\frac{340}{20000}=1.7(\mathrm{cm})$$

10-16　用 120 Hz 的振动器振动一根绳子,此时在绳上传播的横波波长为 31 cm。(1) 求此横波的速度;(2) 若绳上拉力为 1.20 N,求 50 cm 长的这种绳子的质量。

【分析与解答】 (1)$u=\lambda f=0.31\times120=37(\mathrm{m/s})$,$u=\sqrt{\dfrac{S}{\mu}}$,其中 S 为张力,则

$$\mu = S/u^2 = 1.20/37^2 = 8.76 \times 10^{-4}(\text{kg/m})$$

$$M = \mu L = 8.76 \times 10^{-4} \times 0.50 = 4.38 \times 10^{-4}(\text{kg})$$

10-17　直径为 2.4 mm，长 3 m 的铜丝一端悬挂一个质量为 2 kg 的物体，一端固定在梁上，用铅笔轻轻敲打铜丝，产生的横向扰动沿铜丝传播，求此扰动传播的速度，已知铜的密度为 8920 kg/m^3。

【分析与解答】　在线上传播的横波速度 $u=\sqrt{\dfrac{S}{\mu}}$。$S=2\times 9.8=19.6(\text{N})$，$\mu=\rho A$，其中 A 为铜丝的横截面积，$\mu=8920\times 3.14\times(1.2\times 10^{-3})^2=0.0403(\text{kg/m})$。

所以，$u=\sqrt{19.6/0.0403}=22(\text{m/s})$。

10-18　一列沿绳子传播的波的表达式为 $y=0.02\sin(30t-4.0x)$，单位为 m，求它的振幅、频率、速度和波长。

【分析与解答】　与标准形式 $y=A\sin 2\pi\nu(t-x/u)$ 相比，得到 $A=0.02$ m，$\nu=4.78$ Hz，$u=7.5$ m/s，$\lambda=u/\nu=1.57$ cm。

10-19　对于 $y=5\sin 30\pi[t-(x/240)]$ 的波，其中 x 和 y 的单位都取 cm，t 的单位取 s，求：(1) $t=0$，$x=2$ cm 时的位移；(2) 波长；(3) 波速；(4) 波的频率。

【分析与解答】　(1) $t=0$，$x=2$ cm 时的位移

$$y=5\sin 30\pi[0-(2/240)]=-3.535(\text{cm})$$

(2) 波长，根据波的标准表达式 $y=A\sin 2\pi\nu(t-x/u)$ 比较有

$$30\pi=2\pi\nu,\nu=15\ \text{Hz},u=240\ \text{cm/s},\lambda=\frac{u}{\nu}=16\ \text{cm}$$

(3) 波速为 $u=240$ cm/s。

(4) 波的频率为 $\nu=15$ Hz。

10-20　波源的振动方程为 $y=6.0\times 10^{-2}\cos\dfrac{\pi}{5}t$，单位为 m，它所激起的波以 2.0 m/s的速度在一直线上传播，求：(1) 距波源 6.0 m 处一点的振动方程；(2) 该点与波源的相位差。

【分析与解答】　(1) 设波源在坐标原点，依已知条件，可知波函数为 $y=6.0\times 10^{-2}\cos\dfrac{\pi}{5}\left(t-\dfrac{x}{2.0}\right)$。把 $x=6.0$ m 代入波函数可得相应的振动方程为 $y=6.0\times 10^{-2}\cos\dfrac{\pi}{5}(t-3)$。

(2) 两点间的相位差为 $\Delta\varphi=\dfrac{\pi}{5}(t-3.0)-\dfrac{\pi}{5}t=-\dfrac{3\pi}{5}$(即该点比波源的相位滞

后$\frac{3\pi}{5}$)。

10-21　一横波沿绳子传播时的波函数为$y=0.05\cos(10\pi t-4\pi x)$,式中$x$、$y$以m计,$t$以s计。(1) 求此波的波长和波速;(2) 求$x=0.2$ m处的质点,在$t=1$ s时的相位,它是原点处质点在哪一时刻的相位?

【分析与解答】 (1) 由 $y=0.05\cos(10\pi t-4\pi x)$ 得

$$u=2.5\ \text{m/s},\omega=10\pi,\nu=5\ \text{Hz},\lambda=0.5\ \text{m}$$

(2)$x=0.2$ m 处的质点,在 $t=1$ s 时的相位为

$$10\pi t-4\pi x=10\pi\times 1-4\pi\times 0.2=9.2\pi$$

$$10\pi t=9.2\pi,t=0.92\ \text{s}$$

10-22　已知一平面简谐波沿x轴正方向传播,周期$T=0.5$ s,波长$\lambda=10$ m,振幅$A=0.1$ m,当$t=0$时,波源振动的位移恰好为正的最大值,若波源取作坐标原点,求:(1) 沿波传播方向距离波源为$\frac{\lambda}{2}$处质点的振动方程;(2) 当$t=\frac{T}{2}$时,$x=\frac{\lambda}{4}$处质点的振动速度。

【分析与解答】 (1) 由题意,当$t=0$时,波源振动的位移恰好为正的最大值,且波源处为原点知波动方程为 $y=A\cos\left[2\pi\left(\frac{t}{T}-\frac{x}{\lambda}\right)\right]=0.1\cos[2\pi(2t-0.1x)]$,则 $x=\frac{\lambda}{2}=5$ m 处的质点振动方程为 $y=0.1\cos(4\pi t-\pi)$。

(2)$x=\frac{\lambda}{4}=2.5$ m处的振动方程为$y=0.1\cos(4\pi t-\frac{\pi}{2})=0.1\sin(4\pi t)$,振动速度为 $v=\frac{dy}{dt}=0.1\times 4\pi\cos(4\pi t)=0.4\pi\cos(4\pi t)$。

$t=\frac{T}{2}=0.25$ s时,振动速度$v=0.4\pi\cos(4\pi\times 0.25)=-0.4\pi=-1.26$ m/s。

10-23　一沿x负方向传播的平面余弦波,已知$t=\frac{1}{3}$ s时的波形如图所示,其频率为0.5 Hz。(1) 写出原点O质元的振动表达式;(2) 写出该波的波动表达式;(3) 写出A点处质元的振动表达式;(4) 求A点离原点的距离。

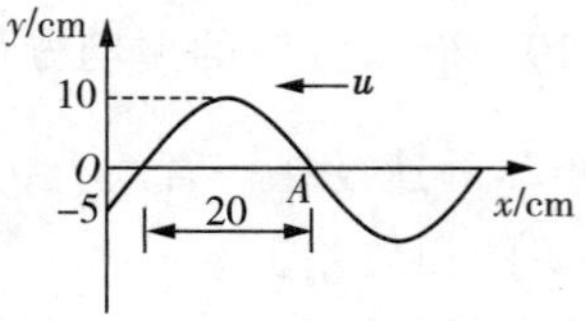

习题 10-23 图

【分析与解答】 由波形曲线可得

$$A=10\ \text{cm}=0.1\ \text{m},\lambda=40\ \text{cm}=0.4\ \text{m}$$

并且，有

$$u=\frac{\lambda}{T}=0.2\ \mathrm{m/s},\omega=\frac{2\pi}{T}=\pi\ \mathrm{rad/s}$$

(1) 设波动表达式为 $y=A\cos\left[\omega\left(t+\frac{x}{u}\right)+\varphi_0\right]$，由 $t=\frac{1}{3}$ s时 O 点的振动状态为 $y_{ot}=-\frac{A}{2}$，$v_{ot}>0$，利用旋转矢量图可得，该时刻 O 点的振动相位为 $-\frac{2\pi}{3}$，即

$$[\omega t+\varphi_0]|_{t=\frac{1}{3}}=\frac{\pi}{3}+\varphi_0=-\frac{2\pi}{3}$$

由此可得 O 点的振动初相为 $\varphi_0=-\pi$。

将 $x=0$，$\varphi_0=-\pi$ 代入波动表达式，即得 O 点的振动表达式，为

$$y=0.1\cos(\pi t-\pi)$$

(2) 根据 O 点的振动表达式和波的传播方向，可得波动表达式为

$$y=A\cos\left[\omega\left(t+\frac{x}{u}\right)+\varphi_0\right]=0.1\cos[\pi(t+5x)-\pi]$$

(3) 由 $t=\frac{1}{3}$ s时 A 点的振动状态为 $y_{at}=0$，$v_{at}<0$，利用旋转矢量图可得，该时刻 A 点的振动相位为 $\frac{\pi}{2}$ 即

$$[\omega t+\varphi_0]|_{t=\frac{1}{3}}=\frac{\pi}{3}+\frac{\pi x_A}{0.2}-\pi=\frac{\pi}{2}$$

由此可得

$$x_A=0.233\ \mathrm{m}$$

将 $x_A=0.233$ m，$\varphi_0=-\pi$ 代入波动表达式，即得 A 点的振动表达式，为

$$y=0.1\cos\left(\pi t+\frac{\pi}{6}\right)$$

(4) A 离 O 点的距离为 $x_A=0.233$ m。

10-24　一平面简谐波在介质中以速率 $u=20$m/s 自左向右传播，已知在传播路径上的某点 A 振动方程为 $y=3\times10^{-2}\cos(4\pi t-\pi)$，$D$ 点在 A 点的右方 9 m 处。(1) 若取 x 轴方向向左，并以 A 点为坐标原点，如图(a) 所示，试写出此波的波函数，并求出 D 的振动方程；(2) 若取 x 轴方向向右，以 A 点左方 5 m 处为坐标原点，如图(b) 所示，重新写出波函数及 D 点的振动方程。

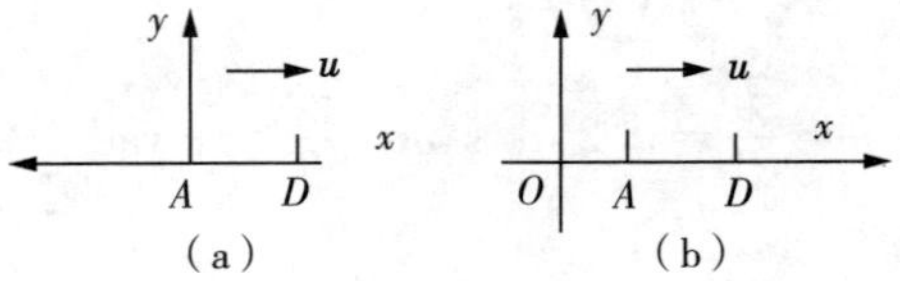

习题 10－24 图

【分析与解答】 该波波速 $u=20\ \mathrm{m/s}$，角频率 $\omega=4\pi$，则

$$k=2\pi/\lambda=\omega/u=\pi/5$$

(1) 任意取一点 P，可得波的表达式为

$$y=0.03\cos(4\pi t-\pi+kx)$$

$$y=0.03\cos(4\pi t-\pi+\pi x/5)$$

以 $x_D=-9\ \mathrm{m}$，代入上式有

$$y=0.03\cos(4\pi t-\pi-9\pi/5)=0.03\cos(4\pi t-14\pi/5)$$

(2) 任意取一点 P，可得波的表达式为

$$y=0.03\cos[4\pi t-\pi-\pi(x-l)/5]$$

以 $l=5\ \mathrm{m}$ 代入有

$$y=0.03\cos(4\pi t-\pi x/5)$$

以 $x_D=14\ \mathrm{m}$，代入上式有

$$y=0.03\cos(4\pi t-14\pi/5)$$

10－25 一列沿 x 正向传播的简谐波，在 $t_1=0$ 和 $t_2=0.25\ \mathrm{s}$ 时刻的波形如图所示。(1) 求 P 点的振动表达式；(2) 求波动表达式；(3) 画出 O 点的振动曲线。

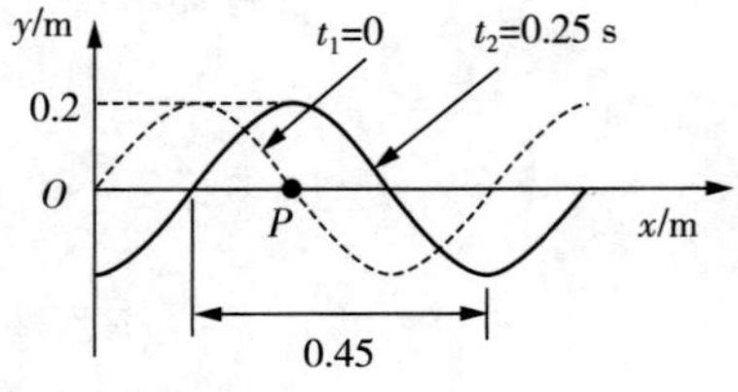

习题 10－25 图

【分析与解答】 根据相距为 $\Delta x=0.45\ \mathrm{m}$ 两质点的相位差为 $\Delta\varphi=\dfrac{3\pi}{2}$ 可得波长为

$$\lambda=\frac{2\pi}{\Delta\varphi}|\Delta x|=0.6\ \mathrm{m}$$

根据波形曲线平移 $\lambda/4$ 的时间间隔为 $\Delta t=0.25\ \mathrm{s}$，可得振动周期和振动频率为

$$T=\frac{\Delta t}{|\Delta x|}\lambda=1\ \mathrm{s},\nu=\frac{1}{T}=1\ \mathrm{Hz}$$

波的传播速度为

$$u=\lambda\nu=0.6\ \mathrm{m/s}$$

(1)$t=0$时，P点的振动状态为$y_P=0$，$v_P>0$，利用旋转矢量图可得$\varphi_{P0}=-\frac{\pi}{2}$，代入波动表达式，所以$P$点的振动表达式，为

$$y_P=0.2\cos\left(\pi t-\frac{\pi}{2}\right)$$

(2)$t=0$时，O点的振动状态为$y_O=0$，$v_O<0$，利用旋转矢量图可得$\varphi_{O0}=\frac{\pi}{2}$，代入波动表达式，所以$O$点的振动表达式，为

$$y_O=0.2\cos(\pi t+\frac{\pi}{2})$$

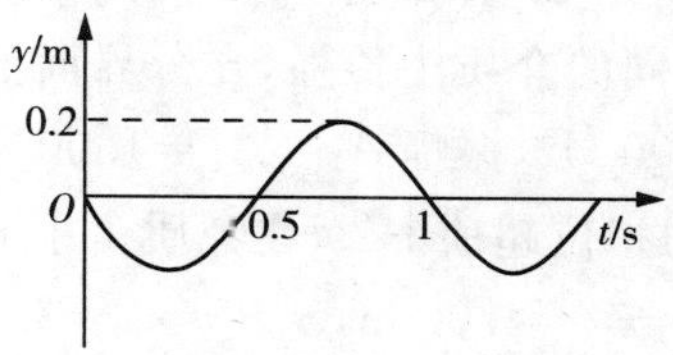

习题 10－25 图

波动表达式为

$$y=0.2\cos\left[\pi\left(t-\frac{x}{0.6}\right)+\frac{\pi}{2}\right]$$

(3)O点的振动曲线如图所示。

10－26　在同一种介质中有两等幅的相干波源A和B，如图所示，若其频率为100 Hz，A和B相距30 m，波速400 m/s，B较A的相位超前π。求AB连线上因干涉而静止各点的位置。

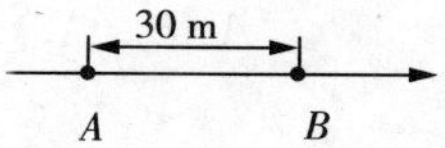

习题 10－26 图

【分析与解答】　(1) 波长$\lambda=u/\nu$，根据已知条件得$\lambda=400/100=4.0$(m)。以点A为原点，位于A左侧的部分，两波相遇时的相位差为

$$\Delta\varphi=\varphi_B-\varphi_A-2\pi(r_B-r_A)/\lambda=-14\pi$$

因$\Delta\varphi$为2π的整数倍，所以干涉后该区域质点的振动处处加强，没有静止点。

(2) 位于B右侧的部分，两波相遇时的相位差为

$$\Delta\varphi=\varphi_B-\varphi_A-2\pi(r_B-r_A)/\lambda=16\pi$$

因$\Delta\varphi$为2π的整数倍，所以干涉后该区域质点的振动处处加强，没有静止点。

(3) 在A、B点之间的任意一点P，设P点到原点A的距离为x，则P点到B点的距离为$r_B=30-x$，所以两波相遇时的相位差为

$$\Delta\varphi=\varphi_B-\varphi_A-2\pi(r_B-r_A)/\lambda=(x-14)\pi$$

干涉静止的点满足方程

$$x\pi=(2n+1)\pi$$

故

$$x=(2n+1),n=0,\pm1,\pm2,\cdots$$

因$|x|\leqslant 30$，所以 $x=1,3,5,7,9,11,13,15,17,19,21,23,25,27,29$，即在$A$和$B$点之间的连线上共有15个静止的点。

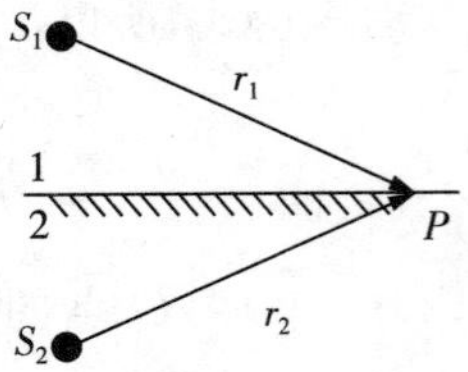

习题 10－27 图

10－27　如图所示，两列平面简谐相干横波，在两种不同的介质中传播，在分界面上的P点相遇，频率为$\nu=100$ Hz，振幅$A_1=A_2=1.00\times10^{-3}$ m，S_1的相位比S_2的相位超前$\pi/2$，在介质1中波速$u_1=400$ m/s，在介质2中波速$u_2=500$ m/s，$S_1P=r_1=4.00$ m，$S_2P=r_2=3.75$ m，求P点的合振幅。

【分析与解答】　$\varphi_2=\varphi_{20}-2\pi\nu\dfrac{r_2}{u_2}$，$\varphi_1=\varphi_{10}-2\pi\nu\dfrac{r_1}{u_1}$，则

$$\varphi_2-\varphi_1=(\varphi_{20}-2\pi\nu\frac{r_2}{u_2})-(\varphi_{10}-2\pi\nu\frac{r_1}{u_1})=0$$

$$A=\sqrt{A_1^2+A_2^2+2A_1A_2\cos\left[(\varphi_{20}-\varphi_{10})-\frac{2\pi}{\lambda}(r_2-r_1)\right]}$$

$$A=A_1+A_2=2.00\times10^{-3}\text{ m}$$

10－28　一正弦式空气波，沿直径为14 cm的圆柱形管传播，波的平均强度为9×10^{-3} W/m^2，频率为300 Hz，波速为300 m/s，问波中的平均能量密度和最大能量密度各是多少？每两个相邻同相面间有多少能量？

【分析与解答】　(1) 平均能量密度 $\overline{w}=\dfrac{I}{u}=\dfrac{9\times10^{-3}}{300}=3\times10^{-5}$(J·m^3)

(2) 最大能量密度 $w_{max}=2\overline{w}=2\times3\times10^{-5}=6\times10^{-5}$(J·m^3)

(3) 每两个相邻同相面间能量为$w=\overline{w}\pi\left(\dfrac{D}{2}\right)^2\lambda=\overline{w}\pi\left(\dfrac{D}{2}\right)^2\left(\dfrac{u}{\nu}\right)=4.62\times10^{-7}$ J。

10－29　一波源以35000 W的功率向空间均匀发射球面波。在某处测得波的平均能量密度为7.8×10^{-15} J/m^3。求该处离波源的距离(已知波的传播速度为3.0×10^8 m/s)。

【分析与解答】　每秒发出的能量为$\overline{w}u4\pi r^2$，则

$$r=\sqrt{\frac{35000}{4\pi\times 7.8\times 10^{-15}\times 3\times 10^{8}}}\approx 34.5(\mathrm{km})$$

10－30　一弦线的振动方程为 $y=2.0\cos 0.16x\cdot\cos 750t$，式中长度以 cm 计，时间以 s 计。试问：(1) 组成此振动的两列波的振幅及波速各为多大？(2) 相邻两节点间的距离为多长？(3) $t=2.0\times 10^{-3}$ s 时，位于 $x=5.0$ cm 处的质点的振动速度是多大？

【分析与解答】 (1) 与驻波的标准式比较

$$y=2A\cos\frac{2\pi}{\lambda}x\cos\frac{2\pi}{T}t$$

得到各行波的波腹、波长和周期分别为

$$A=\frac{0.02}{2}=0.01(\mathrm{m}),\lambda=\frac{2\pi}{0.16}\ \mathrm{cm},T=\frac{2\pi}{750}\ \mathrm{s}$$

所以波速

$$u=\frac{\lambda}{T}=47\ \mathrm{m/s}$$

(2) 波节的位置满足关系式

$$16x=\left(n+\frac{1}{2}\right)\pi$$

所以一波节间的距离为

$$\Delta x=\frac{\pi}{16}=0.2\ \mathrm{m}$$

(3) 质点的振动速度为

$$v=\frac{\mathrm{d}y}{\mathrm{d}t}=2\cos 0.16x\cdot(-750\sin 750t)=-1500\cos 0.16x\sin 750t$$

将 $x=5$ cm，$t=2.0\times 10^{-3}$ s 代入，得到

$$v=-10.4\ \mathrm{m/s}$$

10－31　在一根线密度 $\mu=10^{-3}$ kg/m 和张力 $T=10$ N 的弦线上，有一列沿 x 轴正方向传播的简谐横波，其频率为 $\nu=50$ Hz，振幅 $A=0.04$ m。已知弦线上离坐标原点 $x_1=0.5$ m 处的质元在 $t=0$ 时的位移为 $+\frac{A}{2}$，且沿 y 轴方向运动。当波传播到 $x_2=10$ m 处固定端时，被全部反射。

(1) 试写出入射波和反射波的波动表达式；

(2) 求入射波和反射波叠加的合成波在 $0 \leqslant x \leqslant 10$ m 区间内波腹和波节处各点的坐标。

【分析与解答】 (1) 由题意可得

$$u=\sqrt{\frac{T}{\mu}}=\sqrt{\frac{10}{10^{-3}}}=100(\mathrm{m/s})$$

波长为

$$\lambda=\frac{u}{\nu}=\frac{100}{50}=2(\mathrm{m})$$

在 $x_1=0.5$ m 处质元振动的初相为 $\varphi_1=\frac{\pi}{3}$。

设原点的初相为 φ_0，则 $\frac{\varphi_0-\varphi_1}{2\pi}=\frac{x_1}{\lambda}$，

$$\varphi_0=\varphi_1+2\pi\frac{x_1}{\lambda}=\frac{5\pi}{6}$$

所以，入射波的波动表达式为

$$y=A\cos\left[2\pi\nu\left(t-\frac{x}{u}\right)+\varphi_0\right]=0.04\cos\left[100\pi\left(t-\frac{x}{100}\right)+\frac{5\pi}{6}\right]\ \mathrm{m}$$

因为在 $x_2=10$m 处反射有半波损失，所以，反射波在 x_2 处的振动表达式为

$$y=0.04\cos\left[100\pi\left(t-\frac{x_2}{100}\right)+\frac{5\pi}{6}+\pi\right]=0.04\cos\left(100\pi t+\frac{11\pi}{6}\right)\ \mathrm{m}$$

反射波的波动表达式为

$$y=0.04\cos\left[100\pi\left(t+\frac{x-x_2}{100}\right)+\frac{11\pi}{6}\right]=0.04\cos\left[100\pi\left(t+\frac{x}{100}\right)+\frac{11\pi}{6}\right]\ \mathrm{m}$$

(2) 因波节间的间距为 $\frac{\lambda}{2}=1$ m，而 $x_2=0$ m 处为波节，所以波节点的坐标为 $x=0,1,2,\cdots,10$，单位为 m；波节与腹波间的间距为 $\frac{\lambda}{4}=0.5$ m，所以波腹节点的坐标为 $x=0.5,1.5,\cdots,9.5$，单位为 m。

10－32　设入射波的波函数为 $y_1=A\cos 2\pi\left(\frac{t}{T}+\frac{x}{\lambda}\right)$，在 $x=0$ 处发生反射，反

射点为一自由端。(1) 写出反射波的波函数；(2) 写出驻波的波函数；(3) 说明哪些点是波腹？哪些点是波节？

【分析与解答】 反射点为自由端，是波腹，无半波损失。

(1) 反射波的波函数为

$$y_2 = A\cos 2\pi\left(\frac{t}{T} - \frac{x}{\lambda}\right)$$

(2) 驻波的波函数为

$$y = y_1 + y_2 = 2A\cos\frac{2\pi}{\lambda}x\cos\frac{2\pi}{T}t$$

(3) 当 $\left|\cos\frac{2\pi}{\lambda}x\right| = 1$，即 $\frac{2\pi}{\lambda}x = k\pi$ 时，得波腹的位置为 $x = k\frac{\lambda}{2}$，$k = 0,1,2,\cdots$；当 $\cos\frac{2\pi}{\lambda}x = 0$，即 $\frac{2\pi}{\lambda}x = (2k+1)\frac{\pi}{2}$ 时，得波节的位置为 $x = (2k+1)\frac{\lambda}{4}$，$k = 0,1,2,\cdots$。

10-33　一汽笛发出频率为 1 kHz 的声波，汽笛以 10 m/s 的速率离开你而向着一悬崖运动，试问：(1) 你听到的直接从汽笛传来的声波的频率为多大？(2) 你听到的从悬崖反射回来的声波的频率为多大？设空气中的声速为 340 m/s。

【分析与解答】 设 v_S 为波源 S(汽笛) 相对于传播介质的运动速率，波源 S 的振动频率为 ν_S，接收器 R(悬崖) 接收到的频率为 ν_R，已知 $\nu_S = 1$ kHz，$u = 10$ m/s。

(1) 汽笛离开的运动，直接从汽笛传来的声波的频率为 $\nu_R = \frac{u}{u + v_S}\nu_S = \frac{340}{340+10}\times 1000 = 971.4(\text{Hz})$。

(2) 汽笛向悬崖运动，则悬崖处的频率为 $\nu_R = \frac{u}{u - v_S}\nu_S = \frac{340}{340-10}\times 1000 = 1030.3(\text{Hz})$，所以人能听到的频率为 1030.3 Hz。

10-34　一观察者站在铁路旁，听到迎面开来的火车汽笛声的频率为 440 Hz，当火车经过他身旁之后，他听到汽笛声的频率为 392 Hz，问火车行驶的速度为多大？已知空气中声速为 330 m/s。

【分析与解答】 设火车的速度为 v_0，声速为 u。

当火车靠近时，声波的波长被压缩为

$$\lambda' = uT - v_0 T = \frac{u - v_0}{\nu_0}$$

观察者听到的频率为

$$\nu_1 = \frac{u}{\lambda'} = \frac{u\nu_0}{u - v_0}，即\ 440 = \frac{330\nu_0}{330 - v_0}$$

同理当火车远离时，有

$$\nu_2 = \frac{u}{\lambda'} = \frac{u\nu_0}{u + v_0}，即\ 392 = \frac{330\nu_0}{330 + v_0}$$

联立上式解得 $v_0 = 19.0\ \mathrm{m/s}$，$\nu_0 = 415\ \mathrm{Hz}$

10-35 火车A行驶的速率为72.0 km/h，汽笛发出声波频率为800 Hz，相向而来的另一列火车B，行驶速率为90.0 km/h，问火车B的司机听到火车A汽笛声的频率是多少？设空气中的声速为340 m/s。

【分析与解答】 设 v_S 为波源 S（汽笛）相对于传播介质的运动速率，v_R 为接收器 R（火车B的司机）相对于传播介质的运动速率，波源 S 的振动频率为 ν_S，接收器 R 接收到的频率为 ν_R，已知

$$v_S = 72\ \mathrm{km/h} = 20\ \mathrm{m/s}$$

$$v_R = 90\ \mathrm{km/h} = 25\ \mathrm{m/s}$$

$$\nu_S = 800\ \mathrm{Hz}$$

$$u = 340\ \mathrm{m/s}$$

则

$$\nu_R = \frac{u + v_R}{u - v_S}\nu_S = \frac{340 + 25}{340 - 20} \times 800 = 912.5(\mathrm{Hz})$$

第四篇　　电磁学

第十一章　真空中的静电场

思　考　题

11-1　根据点电荷的场强公式 $\boldsymbol{E}=\dfrac{q}{4\pi\varepsilon_0 r^2}\boldsymbol{e}_r$，当所考察的点和点电荷的距离 $r\rightarrow 0$ 时，则场强 $E\rightarrow\infty$，这是没有意义的，对这一问题应如何解释？

答：当 $r\rightarrow 0$ 时，对于所考察点来说，q 已经不是点电荷了，点电荷的场强公式不再适用。

11-2　把一点电荷放在一电场中，如果除静电力外不受其他力的作用，把它由静止状态释放，问此电荷是否沿着电场线运动？

答：如果电场线是直线，则点电荷沿电场线运动；如果电场线是曲线，则不会沿电场线运动，因为电场线上各点的切线方向只表示点电荷在该点所得到的加速度的方向，并非速度方向。

11-3　能否直接从库仑定律导出高斯定理？如果库仑定律中 r 的指数不是恰好为 2，高斯定理是否仍能成立？

答：从库仑定律能直接导出高斯定理；如果库仑定律中 r 的指数不是恰好为 2，高斯定理不能成立。

11-4　Q 和 R 相同的均匀带电球面和非均匀带电球面，二者球内外的电场强度和电势分布是否相同？球心处的电势是否相同？（设无限远处的电势为零）

答：二者球内外的电场强度和电势分布均不相同，球心处的电势相同。非均匀带电球面上所有电荷到球心距离相等，电势是所有电荷叠加的结果，所以球心处电势相同。

11-5　有两个半径相同的导体球 A 和 B，都带负电，但 A 球比 B 球电势高，用细导线把两球连接起来后，电子怎样流动？

答：电子在电场中逆着电场线运动，所以从低电势处往高电势处运动，即从 B 球流向 A 球。

11-6　如果只知道电场中某点的场强，能否求出该点的电势？如果只知道电场中某点的电势，能否求出该点的场强？为什么？

答: 由电势的定义:$V_a=\int_a^{零点}\boldsymbol{E}\cdot \mathrm{d}\boldsymbol{l}$,式中 $\boldsymbol{E}$ 为所选场点到零势点的积分路径上各点的场强,所以如果只知道电场中某点的场强,而不知道路径上各点的场强表达式,不能求出该点的电势。

由场强与电势的关系 $\boldsymbol{E}=-\mathrm{grad}V=-\frac{\partial V}{\partial x}\boldsymbol{i}-\frac{\partial V}{\partial y}\boldsymbol{j}-\frac{\partial V}{\partial z}\boldsymbol{k}$,场中某点的电场强度是该点电势梯度的负值。如果只知道电场中某点的电势值,而不知道其表达式,就无法求出电势的空间变化率,也就不能求出该点的场强。

11-7　在真空中有 A、B 两平行板,相对距离为 d,板面积为 S,其带电量分别为 $+q$ 和 $-q$,则这两板之间有相互作用力 f,有人说 $f=\frac{q^2}{4\pi\varepsilon_0 d^2}$,又有人说,因为 $f=qE$,$E=\frac{q}{\varepsilon_0 S}$,所以 $f=\frac{q^2}{\varepsilon_0 S}$。试问这两种说法正确吗?为什么?$f$ 应该等于多少?

答: 题中的两种说法均不正确。第一种说法中把两带电板视为点电荷是不正确的,第二种说法把合场强 $E=\frac{q}{\varepsilon_0 S}$ 看成是一个带电板在另一带电板处的场强也是不正确的。正确解答应为一个板的电场为 $E=\frac{q}{2\varepsilon_0 S}$,另一板受它的作用力,则有 $f=q\frac{q}{2\varepsilon_0 S}=\frac{q^2}{2\varepsilon_0 S}$,这是两板间相互作用的电场力。

习　　题

一、选择题

11-1　电荷面密度均为 $+\sigma$ 的两块"无限大"均匀带电的平行平板如左图放置,其周围空间各点电场强度 $\boldsymbol{E}$(设电场强度方向向右为正、向左为负)随位置坐标 x 变化的关系曲线为右图中的(　　)。

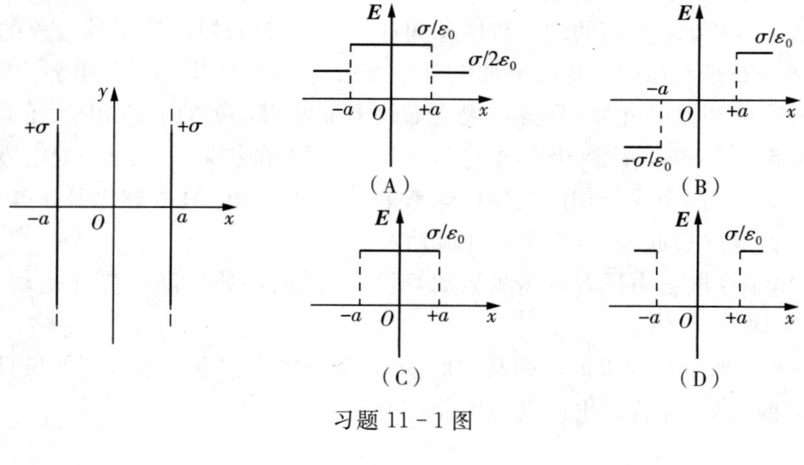

习题 11-1 图

【分析与解答】“无限大”均匀带电平板激发的电场强度为$\frac{\sigma}{2\varepsilon_0}$,方向沿带电平板法向向外,依照电场叠加原理可以求得各区域电场强度的大小和方向,选B。

11-2　下列说法正确的是(　　)。

(A) 闭合曲面上各点电场强度都为零时,曲面内一定没有电荷

(B) 闭合曲面上各点电场强度都为零时,曲面内电荷的代数和必定为零

(C) 闭合曲面的电通量为零时,曲面上各点的电场强度必定为零

(D) 闭合曲面的电通量不为零时,曲面上任意一点的电场强度都不可能为零

【分析与解答】　依照静电场中的高斯定理,闭合曲面上各点电场强度都为零时,曲面内电荷的代数和必定为零,但不能肯定曲面内一定没有电荷;闭合曲面的电通量为零时,表示穿入闭合曲面的电场线数等于穿出闭合曲面的电场线数或没有电场线穿过闭合曲面,不能确定曲面上各点的电场强度必定为零;同理,闭合曲面的电通量不为零,也不能推断曲面上任意一点的电场强度都不可能为零,选B。

11-3　下列说法正确的是(　　)。

(A) 电场强度为零的点,电势也一定为零

(B) 电场强度不为零的点,电势也一定不为零

(C) 电势为零的点,电场强度也一定为零

(D) 电势在某一区域内为常量,则电场强度在该区域内必定为零

【分析与解答】　电场强度与电势是描述电场的两个不同物理量,电场强度为零表示试验电荷在该点受到的电场力为零,电势为零表示将试验电荷从该点移到参考零电势点时,电场力做功为零。电场中一点的电势等于单位正电荷从该点沿任意路径到参考零电势点电场力所做的功;电场强度等于负电势梯度,选D。

11-4　在一个带负电的带电棒附近有一个电偶极子,其电偶极矩 $\boldsymbol{p}_e$ 的方向如图所示。当电偶极子被释放后,该电偶极子将(　　)。

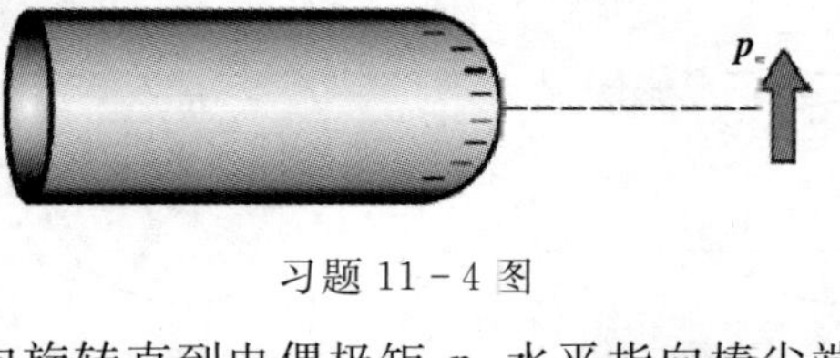

习题 11-4 图

(A) 沿逆时针方向旋转直到电偶极矩 $\boldsymbol{p}_e$ 水平指向棒尖端而停止

(B) 沿逆时针方向旋转至电偶极矩 $\boldsymbol{p}_e$ 水平指向棒尖端,同时沿电场线方向朝着棒尖端移动

(C) 沿逆时针方向旋转至电偶极矩 $\boldsymbol{p}_e$ 水平指向棒尖端,同时逆电场线方向远离棒尖端移动

(D) 沿顺时针方向旋转至电偶极矩 $\boldsymbol{p}_e$ 水平方向沿棒尖端朝外，同时沿电场线方向朝着棒尖端移动

【分析与解答】 电偶极子在非均匀外电场中，除了受到力矩作用使得电偶极子指向电场方向外，还将受到一个指向电场强度增强方向的合力作用，选 B。

11-5 一“无限大”均匀带电平面 A 的附近放一与它平行的“无限大”均匀带电平面 B，如图所示。已知 A 上的电荷面密度为 σ，B 上的电荷面密度为 2σ，如果设向右为正方向，则两平面之间和平面 B 外的电场强度大小分别为（　　）。

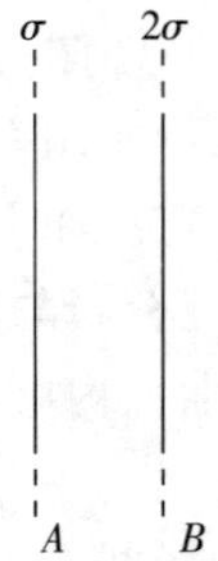

习题 11-5 图

(A) $\dfrac{\sigma}{\varepsilon_0},\dfrac{2\sigma}{\varepsilon_0}$　　(B) $\dfrac{\sigma}{\varepsilon_0},\dfrac{\sigma}{\varepsilon_0}$

(C) $-\dfrac{\sigma}{2\varepsilon_0},\dfrac{3\sigma}{2\varepsilon_0}$　　(D) $-\dfrac{\sigma}{\varepsilon_0},\dfrac{\sigma}{2\varepsilon_0}$

【分析与解答】 $E_{AB}=\dfrac{\sigma}{2\varepsilon_0}-\dfrac{2\sigma}{2\varepsilon_0}=-\dfrac{\sigma}{2\varepsilon_0}$，$E_B=\dfrac{\sigma}{2\varepsilon_0}+\dfrac{2\sigma}{2\varepsilon_0}=\dfrac{3\sigma}{2\varepsilon_0}$，选 C。

11-6 一均匀电场 $\boldsymbol{E}$ 的方向与 x 轴同向，如图所示，则通过图中半径为 R 的半球面的电场强度的通量为（　　）。

(A)0　　(B)$\pi R^2E/2$　　(C)$2\pi R^2E$　　(D)πR^2E

【分析与解答】 因为穿入与穿出半球面的 $\boldsymbol{E}$ 通量相等，总和为零，选 A。

11-7 如图所示，点电荷 q 的电场中，在以 q 为中心、R 为半径的球面上，若选取 P 处作为电势零点，则与点电荷 q 距离为 r 的 P' 点的电势为（　　）。

(A) $\dfrac{q}{4\pi\varepsilon_0}\cdot\left(\dfrac{1}{R}-\dfrac{1}{r}\right)$　　(B) $\dfrac{q}{4\pi\varepsilon_0}\cdot\left(\dfrac{1}{r}-\dfrac{1}{R}\right)$

(C) $\dfrac{q}{4\pi\varepsilon_0(r-R)}$　　(D) $\dfrac{q}{4\pi\varepsilon_0 r}$

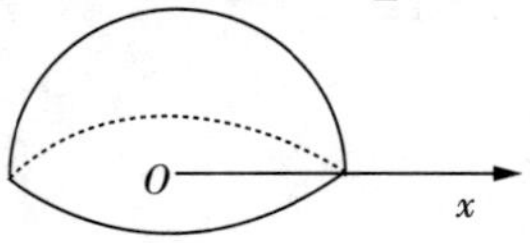

习题 11-6 图

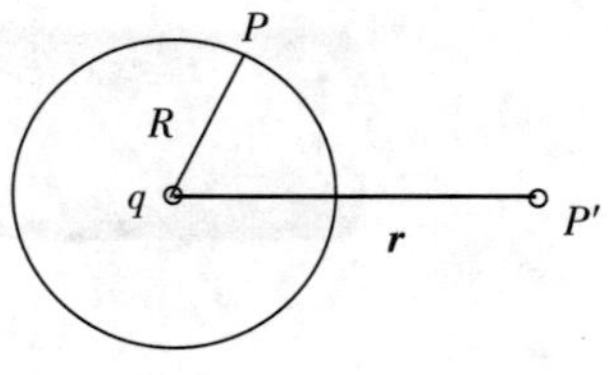

习题 11-7 图

【分析与解答】 $V_{P'}=\displaystyle\int_r^R\frac{q}{4\pi\varepsilon_0 r^2}\mathrm{d}r=\frac{q}{4\pi\varepsilon_0}\left(\frac{1}{r}-\frac{1}{R}\right)$，选 B。

11-8 如图，实线为某电场中的电场线，虚线表示等势（位）面，由图可看

出(　　)。

(A)$E_A < E_B < E_C, V_A > V_B > V_C$

(B)$E_A < E_B < E_C, V_A < V_B < V_C$

(C)$E_A > E_B > E_C, V_A > V_B > V_C$

(D)$E_A > E_B > E_C, V_A < V_B < V_C$

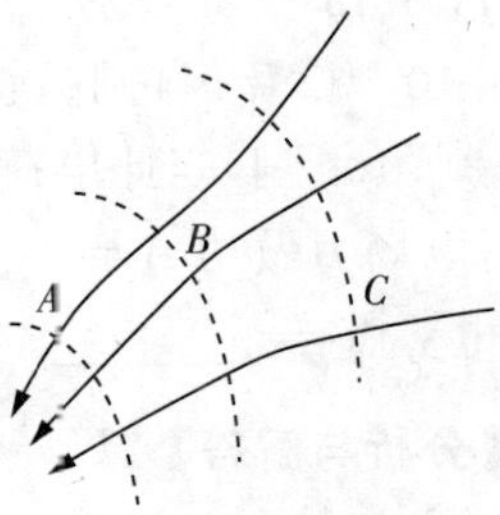

习题 11-8 图

【分析与解答】 电场线密集处电场强度大,电力线指向电势下降方向,选 D。

二、填空题

11-9　根据电场强度的定义,静电场中某点的电场强度为________置于该点时所受到的电场力。

【分析与解答】 静电场中某点的电场强度为单位正试验电荷置于该点时所受到的电场力。

11-10　电量为 4×10^{-9} C 的试验电荷放在电场中某点时,受到 8×10^{-9} N 的向下的力,则该点的电场强度大小为________,方向________。

【分析与解答】 $E=\dfrac{F}{q_0}\Rightarrow|E|=\dfrac{|F|}{q_0}=\dfrac{8\times10^{-9}}{4\times10^{-9}}=$ 2 N/C,方向向下。

11-11　A 和 B 为真空中两个平行的"无限大"的均匀带电平面,已知两平面间的电场强度大小为 E_0,两平面外侧电场强度大小都为 $E_0/3$,方向如图所示,则 A 和 B 两平面上的电荷面密度分别为 $\sigma_A=$________,$\sigma_B=$________。

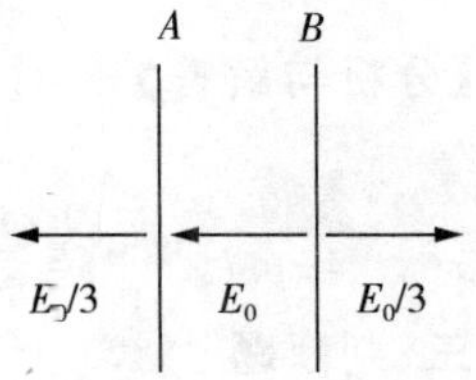

习题 11-11 图

【分析与解答】 因为 $\begin{cases}-E_0=\dfrac{\sigma_A}{2\varepsilon_0}-\dfrac{\sigma_B}{2\varepsilon_0}\\ \dfrac{E_0}{3}=\dfrac{\sigma_A}{2\varepsilon_0}+\dfrac{\sigma_B}{2\varepsilon_0}\end{cases}$,则 $\begin{cases}\sigma_A=-\dfrac{2\varepsilon_0E_0}{3}\\ \sigma_B=\dfrac{4\varepsilon_0E_0}{3}\end{cases}$,答案依次为 $-\dfrac{2\varepsilon_0E_0}{3},\dfrac{4\varepsilon_0E_0}{3}$。

11-12　如图所示,试验电荷 q 在点电荷 $+Q$ 产生的电场中,沿半径为 R 的 3/4 圆弧轨道由 a 点移到 b 点,再从 b 点移到无穷远处的过程中,电场力做的功为________。

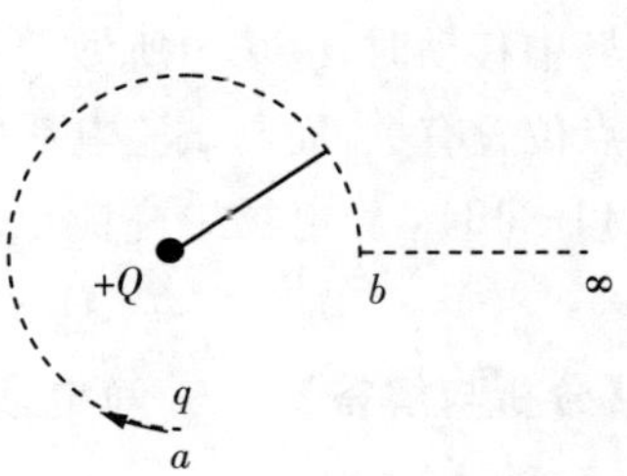

习题 11-12 图

【分析与解答】 $A=qU=q\int_R^\infty\dfrac{1}{4\pi\varepsilon_0}\dfrac{Q}{r^2}\mathrm{d}r=\dfrac{-qQ}{4\pi\varepsilon_0}\left(\dfrac{1}{\infty}-\dfrac{1}{R}\right)=\dfrac{qQ}{4\pi\varepsilon_0}\dfrac{1}{R}$。

11－13　如图所示，在静电场中，一电荷 $q=1.6\times10^{-19}$ C沿1/4圆弧轨道从A点移到B点，电场力做功 3.2×10^{-15} J，当此电荷沿3/4圆弧轨道从B点回到A点时，电场力做功 $A=$________，设B点电势为零，则A点的电势 $V=$________。

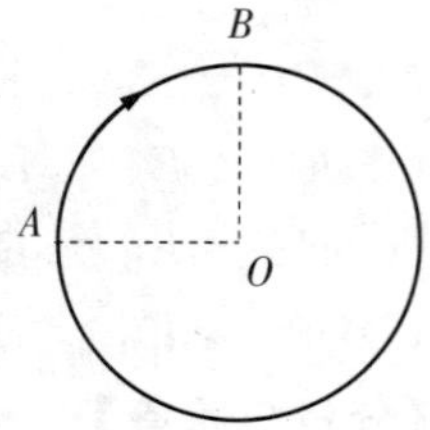

习题 11－13 图

【分析与解答】 $U_A=\dfrac{A}{q}=\dfrac{3.2\times10^{-15}}{1.6\times10^{-19}}=2\times10^4(\text{V})$，则答案依次为 -3.2×10^{-15} J，2×10^4 V。

11－14　一均匀静电场，电场强度 $\boldsymbol{E}=(50\boldsymbol{i}+20\boldsymbol{j})$ V/m，则点 $a(4,2)$ 和点 $b(2,0)$ 之间的电势差为________。（点的坐标 x,y 以 m 计）

【分析与解答】 $U_{ab}=\int_a^b\boldsymbol{E}\cdot\mathrm{d}\boldsymbol{l}=\int_4^2E_x\mathrm{d}x+\int_2^0E_y\mathrm{d}x=\int_4^2 50\mathrm{d}x+\int_2^0 20\mathrm{d}x=-140$ V。

11－15　在正点电荷 q 和 $9q$ 连线之间放一电荷 Q，若使三个电荷受力平衡，该电荷电量 Q 与 q 关系是________，一定是________（填：正电荷或负电荷）。

【分析与解答】 对于电荷 Q 应有 $\dfrac{qQ}{4\pi\varepsilon_0x^2}=\dfrac{9qQ}{4\pi\varepsilon_0\ (l-x)^2}$，对于电荷 q 应有 $\dfrac{qQ}{4\pi\varepsilon_0x^2}=\dfrac{9q^2}{4\pi\varepsilon_0l^2}$，所以 $Q=\dfrac{9}{16}q$，极性与 q 相反，为负电荷。

三、判断题

11－16　两个电量相等符号相反的点电荷距离一定，在它们连线的中点处场强为零。（　　）

【分析与解答】 ×，在距离一定电量相同、符号相反的两个点电荷连线的中点上，两点电荷产生的场强方向相同，根据场强迭加原理，该点场强一定不为零。

11－17　静电场中场强的环流等于零说明静电力是保守力。（　　）

【分析与解答】 √，试验电荷 q_0 经一个闭合回路回到初始位置时，电场力所做的功 $A=q_0\oint_L\boldsymbol{E}\cdot\mathrm{d}\boldsymbol{l}$，根据静电场的场强环流定理得 $\oint_L\boldsymbol{E}\cdot\mathrm{d}\boldsymbol{l}=0$，$A=0$，即试验电荷在静电场中移动时，电场力所做的功仅与试验电荷电量的大小以及所移动路径的起点和终点位置有关，而与试验电荷所经历的路径无关。这说明静电场力是保守力。

11－18　静电场中高斯定理表明静电场是有源场。（　　）

【分析与解答】 √，静电场中高斯定理 $\oiint_S\boldsymbol{E}\cdot\mathrm{d}\boldsymbol{S}=\dfrac{\sum\limits_{S_内}q_i}{\varepsilon_0}$ 说明静电场为有源场。

11－19　以一点电荷为中心，R 为半径的球面上各处的场强一定相

同。(　　)

【分析与解答】　×,以一点电荷为中心,R 为半径的球面上各处的场强大小相同,方向不同。

四、计算题

11-20　均匀带电球壳的内半径为 6 cm,外半径为 10 cm,电荷体密度为 $2\times10^{-5}\ \mathrm{C/m^3}$,求距球心 5 cm、8 cm、12 cm 各点的场强。

【分析与解答】　高斯定理 $\oiint_S \boldsymbol{E}\cdot \mathrm{d}\boldsymbol{S}=\dfrac{\sum q}{\varepsilon_0}$,$E4\pi r^2=\dfrac{\sum q}{\varepsilon_0}$,

当 $r=5$ cm 时,$\sum q=0$,$E=0$

当 $r=8$ cm 时,$\sum q=\rho\dfrac{4\pi}{3}(r^3-r_{内}^3)$,$E=\dfrac{\rho\dfrac{4\pi}{3}(r^3-r_{内}^2)}{4\pi\varepsilon_0 r^2}\approx3.48\times10^4$ N/C,方向沿半径向外。

当 $r=12$ cm 时,$\sum q=\rho\dfrac{4\pi}{3}(r_{外}^3-r_{内}^3)$,$E=\dfrac{\rho\dfrac{4\pi}{3}(r_{外}^3-r_{内}^3)}{4\pi\varepsilon_0 r^2}\approx4.10\times10^4$ N/C,方向沿半径向外。

11-21　半径为 R_1 和 $R_2(R_2>R_1)$ 的两无限长同轴圆柱面,单位长度上分别带有电量 λ 和 $-\lambda$,试求:$r<R_1$,$R_1<r<R_2$,$r>R_2$ 处各点的场强。

【分析与解答】　高斯定理 $\oiint_S \boldsymbol{E}\cdot \mathrm{d}\boldsymbol{S}=\dfrac{\sum q}{\varepsilon_0}$,取同轴圆柱形高斯面,侧面积 $S=2\pi rl$,则 $\oiint_S \boldsymbol{E}\cdot \mathrm{d}\boldsymbol{S}=E2\pi rl$。

当 $r<R_1$ 时,$\sum q=0$,所以 $E=0$;

当 $R_1<r<R_2$ 时,$\sum q=l\lambda$,所以 $E=\dfrac{\lambda}{2\pi\varepsilon_0 r}$,沿径向向外;

当 $r>R_2$ 时,$\sum q=0$,所以 $E=0$。

11-22　两无限大的平行平面都均匀带电,电荷的面密度分别为 σ_1 和 σ_2,求空间各处场强。

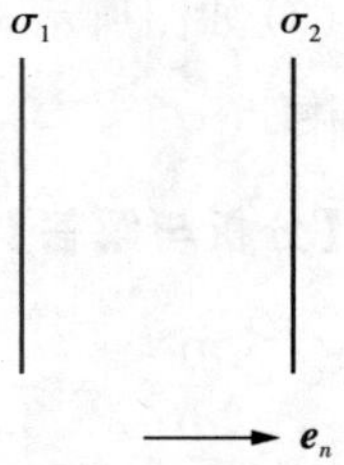

习题 11-22 图

【分析与解答】　如图,两带电平面均匀带电,电荷面密度分别为 σ_1 与 σ_2,则

两面间,$\boldsymbol{E}=\dfrac{1}{2\varepsilon_0}(\sigma_1-\sigma_2)\boldsymbol{e}_n$;

σ_1 面外,$\boldsymbol{E}=-\dfrac{1}{2\varepsilon_0}(\sigma_1+\sigma_2)\boldsymbol{e}_n$;

σ_2 面外，$\boldsymbol{E}=\dfrac{1}{2\varepsilon_0}(\sigma_1+\sigma_2)\boldsymbol{e}_n$；

$\boldsymbol{e}_n$ 垂直于两平面由 σ_1 面指向 σ_2 面。

11-23　一电偶极子由 $q=1.0\times10^{-6}$ C的两个异号点电荷组成，两电荷距离 $d=0.2$ cm，把这电偶极子放在 1.0×10^5 N/C的外电场中，求外电场作用于电偶极子上的最大力矩。

【分析与解答】　电偶极子 $\boldsymbol{p}_e$ 在外场 $\boldsymbol{E}$ 中受力矩 $\boldsymbol{M}=\boldsymbol{p}_e\times\boldsymbol{E}$，则

$$M_{\max}=p_eE=qdE=1.0\times10^{-6}\times2\times10^{-3}\times1.0\times10^5=2.0\times10^{-4}(\text{N}\cdot\text{m})$$

11-24　两点电荷 $q_1=1.5\times10^{-8}$ C，$q_2=3.0\times10^{-8}$ C，相距 $r_1=42$ cm，要把它们之间的距离变为 $r_2=25$ cm，需做多少功？

【分析与解答】　$A=\displaystyle\int_{r_1}^{r_2}\boldsymbol{F}\cdot\mathrm{d}\boldsymbol{r}=\int_{r_1}^{r_2}\frac{q_1q_2\,\mathrm{d}r}{4\pi\varepsilon_0r^2}=\frac{q_1q_2}{4\pi\varepsilon_0}\left(\frac{1}{r_1}-\frac{1}{r_2}\right)=-6.55\times10^{-6}$ J

外力需做的功为

$A'=-A=6.55\times10^{-6}$ J。

11-25　如图所示，在 A，B 两点处放有电量分别为 $+q$，$-q$ 的点电荷，AB 间距为 $2R$，现将另一正试验点电荷 q_0 从 O 点经过半圆弧移到 C 点，求移动过程中电场力做的功。

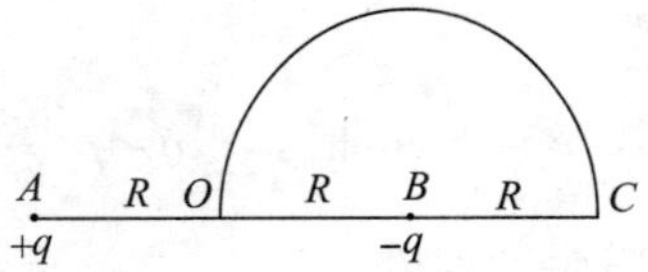

习题 11-25 图

【分析与解答】　如图可知，$U_O=\dfrac{1}{4\pi\varepsilon_0}\left(\dfrac{q}{R}-\dfrac{q}{R}\right)=0$，$U_C=\dfrac{1}{4\pi\varepsilon_0}\left(\dfrac{q}{3R}-\dfrac{q}{R}\right)=-\dfrac{q}{6\pi\varepsilon_0R}$，则 $A=q_0(U_O-U_C)=\dfrac{q_0q}{6\pi\varepsilon_0R}$。

11-26　当以无穷远为势能零点时，请根据电场强度与电势梯度的关系，求下列各处的电场强度：

(1) 点电荷 q 的电场强度；

(2) 总电量为 q，半径为 R 的均匀带电圆环轴线上一点电场强度；

(3) 如图所示，求电偶极子 $\boldsymbol{p}_e=q\boldsymbol{l}$ 的 $r\gg l$ 处电场强度。

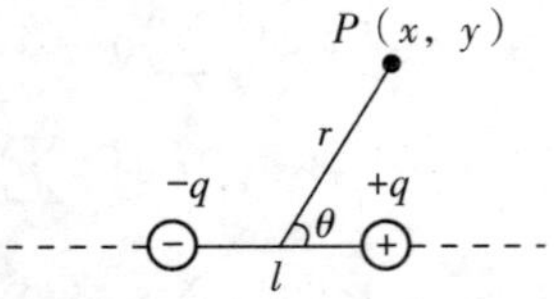

习题 11-26 图

【分析与解答】　(1) 无穷远处为势能零点时，点电荷电势大小为 $V=\dfrac{q}{4\pi\varepsilon_0r}$，所以 $\boldsymbol{E}=-\dfrac{\partial V}{\partial r}\boldsymbol{e}_r=\dfrac{q}{4\pi\varepsilon_0r^2}\boldsymbol{e}_r$ 其中 $\boldsymbol{e}_r$ 为 r 方向单位矢量。

(2) 由总电量 q，半径为 R 的均匀带电圆环轴上电势为 $V=\dfrac{q}{4\pi\varepsilon_0\sqrt{R^2+x^2}}$，所

以 $\boldsymbol{E}=-\dfrac{\partial V}{\partial x}\boldsymbol{i}=\dfrac{qx}{4\pi\varepsilon_0\ (R^2+x^2)^{3/2}}\boldsymbol{i}$

(3) 电偶极子 $\boldsymbol{p}_e=q\boldsymbol{l}$ 在 $r\gg l$ 处的一点电势为

$$V=\frac{q}{4\pi\varepsilon_0}\left[\frac{1}{\left(r-\dfrac{l}{2}\cos\theta\right)}-\frac{1}{\left(r+\dfrac{l}{2}\cos\theta\right)}\right]=\frac{ql\cos\theta}{4\pi\varepsilon_0 r^2}$$

$$V=\frac{p}{4\pi\varepsilon_0 r^2}\frac{x}{r}=\frac{p}{4\pi\varepsilon_0}\frac{x}{(x^2+y^2)^{3/2}}$$

$$\therefore E_x=-\frac{\partial V}{\partial x}=-\frac{p}{4\pi\varepsilon_0}\frac{y^2-2x^2}{(x^2+y^2)^{5/2}}$$

$$E_y=-\frac{\partial V}{\partial y}=-\frac{p}{4\pi\varepsilon_0}\frac{-3xy}{(x^2+y^2)^{5/2}}$$

$$\boldsymbol{E}=E_x\boldsymbol{i}+E_y\boldsymbol{j}=-\frac{p}{4\pi\varepsilon_0}\frac{y^2-2x^2}{(x^2+y^2)^{5/2}}\boldsymbol{i}-\frac{p}{4\pi\varepsilon_0}\frac{-3xy}{(x^2+y^2)^{5/2}}\boldsymbol{j}$$

11-27　已知均匀带电长直线附近的电场强度近似为 $\boldsymbol{E}=\dfrac{\lambda}{2\pi\varepsilon_0 r}\boldsymbol{e}_r$，其中 λ 为电荷线密度。(1) 求在 $r=r_1$ 和 $r=r_2$ 两点间的电势差；(2) 在点电荷的电场中，我们曾取 $r\to\infty$ 处的电势为零，若求均匀带电长直线附近的电势，能否也这样取？试说明。

【分析与解答】 (1) 由于电场力做功与路径无关，若沿径向积分，则有

$$U_{12}=\int_{r_1}^{r_2}\boldsymbol{E}\cdot\mathrm{d}\boldsymbol{r}=\frac{\lambda}{2\pi\varepsilon_0}\ln\frac{r_2}{r_1}$$

(2) 不能。严格地讲，电场强度 $\boldsymbol{E}=\dfrac{\lambda}{2\pi\varepsilon_0 r}\boldsymbol{e}_r$ 只适用于无限长的均匀带电直线，而此时电荷分布在无限空间，$r\to\infty$ 处的电势应与直线上的电势相等。

11-28　水分子的电偶极矩 $\boldsymbol{p}_e$ 的大小为 6.20×10^{-30} C·m。求在下述情况下，距离分子为 $r=5.00\times10^{-9}$ m 处的电势。(1) $\theta=0°$；(2) $\theta=45°$；(3) $\theta=90°$，θ 为 $\boldsymbol{r}$ 与 $\boldsymbol{p}_e$ 之间的夹角。

【分析与解答】 由点电荷电势的叠加 $V_P=V_++V_-=\dfrac{q}{4\pi\varepsilon_0 r_+}+\dfrac{-q}{4\pi\varepsilon_0 r_-}=\dfrac{p\cos\theta}{4\pi\varepsilon_0 r^2}$。

(1) 若 $\theta=0°$，则 $V_P=\dfrac{p}{4\pi\varepsilon_0 r^2}=2.23\times10^{-3}$ V；

(2) 若 $\theta=45°$，则 $V_P=\dfrac{p\cos45°}{4\pi\varepsilon_0 r^2}=1.58\times10^{-3}$ V；

(3) 若 $\theta=90°$,则 $V_P=\frac{p\cos 90°}{4\pi\varepsilon_0 r^2}=0$。

11-29 一个球形雨滴半径为0.40 mm,带有电量1.6 pC,它表面的电势有多大?两个这样的雨滴相遇后合并为一个较大的雨滴,这个雨滴表面的电势又是多大?

【分析与解答】 取无穷远处为零电势参考点,半径为 R、带电量为 q 的带电球形雨滴表面电势为

$$V=\frac{1}{4\pi\varepsilon_0}\cdot\frac{q}{R}$$

当两个球形雨滴合并为一个较大雨滴后,半径增大为$\sqrt[3]{2}R$,代入上式后可以求出两雨滴相遇合并后,雨滴表面的电势。

根据已知条件球形雨滴半径 $R_1=0.40$ mm,带有电量 $q_1=1.6$ pC,可以求得带电球形雨滴表面电势

$$V_1=\frac{1}{4\pi\varepsilon_0}\cdot\frac{q_1}{R_1}=36\ \text{V}$$

当两个球形雨滴合并为一个较大雨滴后,雨滴半径 $R_2=\sqrt[3]{2}R_1$,带有电量 $q_2=2q_1$,雨滴表面电势

$$V_2=\frac{1}{4\pi\varepsilon_0}\cdot\frac{2q_1}{\sqrt[3]{2}R_1}=57\ \text{V}$$

11-30 如图所示,一圆盘半径 $R=3.00\times10^{-2}$ m。圆盘均匀带电,电荷面密度 $\sigma=2.00\times10^{-5}\ \text{C/m}^2$。(1) 求轴线上的电势分布;(2) 根据电场强度与电势梯度的关系求电场分布;(3) 计算离盘心 30 cm 处的电势和电场强度。

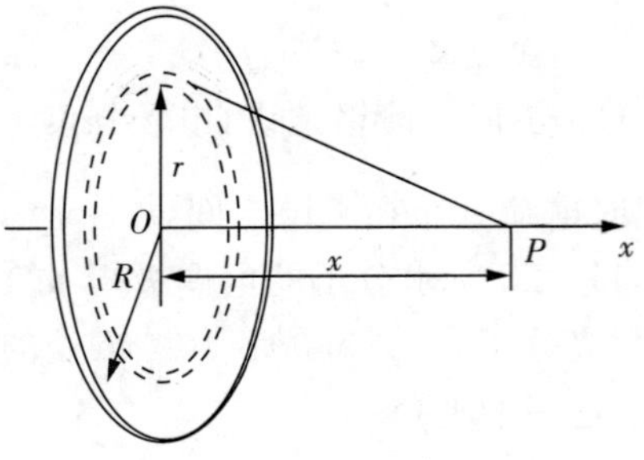

习题 11-30 图

【分析与解答】 将圆盘分割为一组不同半径的同心带电细圆环,利用带电细环轴线上一点的电势公式,将不同半径的带电圆环在轴线上一点的电势积分相加,即可求得带电圆盘在轴线上的电势分布,再根据电场强度与电势之间的微分关系式可求得电场强度的分布。

(1) 带电圆环激发的电势

$$\mathrm{d}V=\frac{1}{4\pi\varepsilon_0}\frac{\sigma 2\pi r\mathrm{d}r}{\sqrt{r^2+x^2}}$$

由电势叠加，轴线上任一点 P 的电势为

$$V=\frac{\sigma}{2\varepsilon_0}\int_0^R\frac{r\mathrm{d}r}{\sqrt{r^2+x^2}}=\frac{\sigma}{2\varepsilon_0}(\sqrt{R^2+x^2}-x) \tag{1}$$

(2) 轴线上任一点的电场强度为

$$\boldsymbol{E}=-\frac{\mathrm{d}V}{\mathrm{d}x}\boldsymbol{i}=\frac{\sigma}{2\varepsilon_0}\left[1-\frac{x}{\sqrt{R^2+x^2}}\right]\boldsymbol{i} \tag{2}$$

电场强度方向沿 x 轴方向。

(3) 将场点至盘心的距离 $x=30.0\ \mathrm{cm}$ 分别代入式(1) 和式(2)，得

$$V=1691\ \mathrm{V}$$

$$E=5607\ \mathrm{V/m}$$

当 $x\gg R$ 时，圆盘也可以视为点电荷，其电荷为 $q=\pi R^2\sigma=5.65\times10^{-8}\ \mathrm{C}$。依照点电荷电场中电势和电场强度的计算公式，有

$$V=\frac{q}{4\pi\varepsilon_0 x}=1695\ \mathrm{V}$$

$$E=\frac{q}{4\pi\varepsilon_0 x^2}=5649\ \mathrm{V/m}$$

由此可见，当 $x\gg R$ 时，可以忽略圆盘的几何形状，而将带电的圆盘当作点电荷来处理。在本题中做这样的近似处理，E 和 V 的误差分别不超过 0.3% 和 0.8%，这已满足一般的测量精度。

11－31　在一次典型的闪电中，两个放电点间的电势差约为 10^9 V，被迁移的电荷约为 30 C。(1) 如果释放出来的能量都用来使 0 ℃ 的冰融化成 0 ℃ 的水，则可溶解多少冰？(冰的融化热 $L=3.34\times10^5\ \mathrm{J/kg}$)；(2) 假设每一个家庭一年消耗的能量为 3000 kW・h，则可为多少个家庭提供一年的能量消耗？

【分析与解答】　(1) 若闪电中释放出来的全部能量为冰所吸收，故可融化冰的质量

$$m=\frac{\Delta E}{L}=\frac{qU}{L}=8.98\times10^4\ \mathrm{kg}\approx90\ \mathrm{t}$$

即可融化约 90 t 冰。

(2) 一个家庭一年消耗的能量为

$$E_0=3000\ \mathrm{kW\cdot h}=1.08\times10^{10}\ \mathrm{J}$$

$$n=\frac{\Delta E}{E_0}=\frac{qU}{E_0}=2.8$$

所以，一次闪电在极短的时间内释放出来的能量约可维持 3 个家庭一年消耗的电能。

11-32　如图所示的绝缘细线上均匀分布着线密度为 λ 的正电荷，两直导线的长度和半圆环的半径都等于 R。试求环中心 O 点处的场强和电势。

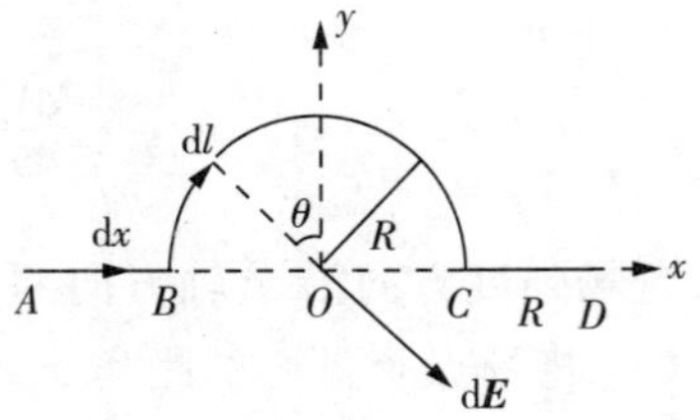

习题 11-32 图

【分析与解答】 (1) 由于电荷均匀分布与对称性，AB 和 CD 段电荷在 O 点产生的场强互相抵消，取 $\mathrm{d}l=R\mathrm{d}\theta$，则 $\mathrm{d}q=\lambda R\,\mathrm{d}\theta$ 产生 O 点 $\mathrm{d}\boldsymbol{E}$ 如图，由于对称性，O 点场强沿 y 轴负方向

$$E=\int \mathrm{d}E_y=\int_{-\frac{\pi}{2}}^{\frac{\pi}{2}}\frac{\lambda R\,\mathrm{d}\theta}{4\pi\varepsilon_0 R^2}\cos\theta=\frac{\lambda}{4\pi\varepsilon_0 R}\left[\sin\left(-\frac{\pi}{2}\right)-\sin\frac{\pi}{2}\right]=\frac{-\lambda}{2\pi\varepsilon_0 R}$$

(2)AB 段电荷在 O 点产生电势，以 $U_\infty=0$，则有

$$U_1=\int_B^A\frac{\lambda\,\mathrm{d}x}{4\pi\varepsilon_0 x}=\int_R^{2R}\frac{\lambda\,\mathrm{d}x}{4\pi\varepsilon_0 x}=\frac{\lambda}{4\pi\varepsilon_0}\ln 2$$

同理 CD 段产生的电势 $U_2=\frac{\lambda}{4\pi\varepsilon_0}\ln 2$，半圆环产生的电势 $U_3=\frac{\pi R\lambda}{4\pi\varepsilon_0 R}=\frac{\lambda}{4\varepsilon_0}$，则有

$$U_O=U_1+U_2+U_3=\frac{\lambda}{2\pi\varepsilon_0}\ln 2+\frac{\lambda}{4\varepsilon_0}$$

第十二章　静电场中的导体和电介质

思　考　题

12-1　静电场中的电介质和导体有什么不同的特征？

答：静电场中的导体将产生静电感应现象，达到静电平衡后，导体内场强处处为零，表面为等势面，导体为等势体。而电介质在电场中将产生极化现象，电介质内部场强不为零，方向与外加场强方向相反，一般说电介质表面不是等势面。

12－2　电介质的极化现象与导体的静电感应现象有什么区别？

答：电介质在电场中极化时，在电介质表面层或在体内会出现极化电荷，它们是电介质的极化分子在电场作用下所做的微观移动形成的。导体静电感应时表面会产生感应电荷，它们是导体内的自由电荷在电场作用下所做的宏观移动形成的。电介质极化后，电介质内的电场强度不为零，而导体静电感应时其内部的电场强度总为零。

12－3　将一电中性的导体放在静电场中，在导体上感应出来的正负电荷量是否一定相等？这时导体是否是等势体？如果在电场中把导体分为两部分，则一部分导体上带正电，另一部分导体上带负电，这时两部分导体的电势是否相等？

答：导体放在静电场中后，静电感应的结果只是使导体中的电荷重新分布，并没有失去或得到电子。因此，从整体看感应出来的正负电荷量仍然相等。静电场中的导体在静电平衡条件下，尽管导体表面分布有不同的电荷，但并没有电荷的移动，这就是因为导体是一等势体，表面是一等势面。将电场中的导体分开为两部分，就破坏了原来的静电平衡，而分开的两部分重新建立了自己的静电平衡状态，但一部分导体带正电，另一部分导体带负电，它们的电势不再相等。

12－4　一个孤立导体球带有电荷量 Q，其表面附近的场强沿什么方向？当我们把另一带电体移近这个导体球时，球表面附近的场强将沿什么方向？其上电荷分布是否均匀？其表面是否等电势？电势有没有变化？球体内任一点的场强有无变化？

答：孤立导体球带有均匀分布的电荷 Q 时，球外任一点的电场方向或者沿径向（$Q>0$），或者沿径向相反的方向（$Q<0$），导体球表面附近的电场强度方向也不例外。当把另一带电体移近这个导体球时，整个空间的电场分布将会发生变化，导体球表面的电荷分布也将发生变化，不再是均匀的了。球表面附近的电场强度将是导体球的电场与另一带电体的电场的叠加，叠加后的电场强度方向将依然垂直于导体球表面，根据导体球所带电荷的正负，电场强度的方向或者沿径向（$Q>0$），或者沿径向相反的方向（$Q<0$）。由于整个空间的电场 $\boldsymbol{E}$ 发生了变化，导体球的电势 $V_R=\int_R^{\infty}\boldsymbol{E}\cdot\mathrm{d}\boldsymbol{l}$ 自然也就不同。不过此时导体球还是处于新的静电平衡状态，其电势虽然会发生变化，但依然是一等势体，其表面依然是等势面，在静电平衡状态下，导体内任一点的电场强度总是零，所以即使把另一带电体移近这个导体球，球体内的电场强度也还是零，没有变化。

12－5　判断下列说法是否正确，并说明理由：

(1) 若高斯面内的自由电荷总量为零，则面上各点的 $\boldsymbol{D}$ 必为零；

(2) 若高斯面上各点的 $\boldsymbol{D}$ 为零，则面内的自由电荷总量必为零；

(3) 若高斯面上各点的 $\boldsymbol{E}$ 为零，则面内的自由电荷及极化电荷总量分别为零；

(4) 高斯面的电位移通量仅与面内自由电荷的总量有关。

答:(1) 不正确,$\sum q_{自由电荷}=0$,只能说明 $\boldsymbol{D}$ 的通量为零,并非面上各点的 $\boldsymbol{D}$ 必为零。

(2) 不正确,只能说面内自由电荷的代数和为零。

(3) 不正确,$\oiint_S \boldsymbol{E}\cdot \mathrm{d}\boldsymbol{S}=\sum(q_{自由电荷}+q_{极化电荷})$,$\boldsymbol{E}=0$,则 $q_{自由电荷}+q_{极化电荷}=0$,即自由电荷和极化电荷总代数和为 0,极化电荷电量的代数和不一定为零。

(4) 正确,$\oiint_S \boldsymbol{D}\cdot \mathrm{d}\boldsymbol{S}=\sum q_{自由电荷}$,即高斯面的电位移通量仅与面内自由电荷的总量有关。

12-6 (1) 一导体球上不带电,其电容是否为零?(2) 当平行板电容器的两极板上分别带上等值同号电荷时,与平行板电容器的两极板上分别带上同号不等值的电荷时,其电容值是否不同?

答:无论孤立导体球或者其他电容器其电容值都是固定的,只与导体球或者电容器的几何参数和极板间的介质有关,与它们是否带电或带多少电荷都无关。

12-7 (1) 将平行板电容器的两极板接上电源以维持其间电压不变,用相对电容率为 ε_r 的均匀电介质填满极板间,极板上的电荷量为原来的几倍?电场为原来的几倍?(2) 若充电后切断电源,然后再填满介质,情况又如何?

答:(1) 设电源电压为 U,未填满电介质时的电容为 C_0。用相对电容率为 ε_r 的均匀电介质填满极板之间的空间后,该平行板电容器的电容增加了 ε_r 倍,此时电容器的两极板仍与电源相接,电压不变,那么极板上的电荷量为 $Q=CU=\varepsilon_r C_0 U$,与未填满电介质时相比增加了 ε_r 倍。由于极板电压不变,两极板之间的距离也没有变,所以两极之间的电场强度 $E=\dfrac{U}{d}$ 也没有变化。从另一方面说,虽然填满电介质后会削弱电场强度,但因为填满电介质后极板上的电荷量也相应地增加了,电场强度又应该增加,两者的效应抵消了,维持电场强度不变。

(2) 若充电后切断电源,极板上的电荷量 $Q_0=C_0U$ 固定不变,此时再填满介质,电容器的电容量 C 和电势差 U 都发生了变化,$C=\varepsilon_r C_0$,$U'=\dfrac{Q_0}{C}=\dfrac{Q_0}{\varepsilon_r C_0}=\dfrac{U_0}{\varepsilon_r}$,即电容增加为原来的 ε_r 倍,而电压减少至原来的 $1/\varepsilon_r$,此时两板之间的距离没有变,所以填满介质后电场强度 $E=\dfrac{U'}{d}=\dfrac{U}{\varepsilon_r d}=\dfrac{E_0}{\varepsilon_r}$,削弱为原来电场强度的 $1/\varepsilon_r$。

习　题

一、选择题

12-1 将一带正电的物体 A 从远处移到一个不带电的导体 B 附近,导体 B 的电势将(　　)。

(A) 升高　　(B) 降低

(C) 不会发生变化　　(D) 无法确定

【分析与解答】 开始 B 在无穷远处相当于处于电势为零处,将 B 从无穷远移到 A 附近,电势升高,选 A。

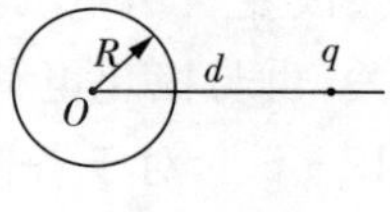

习题 12-2 图

12-2　如图所示,将一个电荷量为 q 的点电荷放在一个半径为 R 的不带电导体球附近,点电荷距导体球球心为 d,设无限远处为电势零点,则导体球心 O 点的场强和电势为(　　)。

(A) $E=0, V=\dfrac{q}{4\pi\varepsilon_0 d}$　　(B) $E=\dfrac{q}{4\pi\varepsilon_0 d^2}, V=\dfrac{q}{4\pi\varepsilon_0 d}$

(C) $E=0, V=0$　　(D) $E=\dfrac{q}{4\pi\varepsilon_0 d^2}, V=\dfrac{q}{4\pi\varepsilon_0 R}$

【分析与解答】 静电平衡状态下,导体球内部不会有电场线;导体球是一个等势体,电势由所在的电场分布决定,O 点电势由导体球表面感应出的电荷和点电荷 q 产生电势的叠加,球表面电荷产生电势为零,总电势相当于点电荷 q 在 O 点产生的电势,选 A。

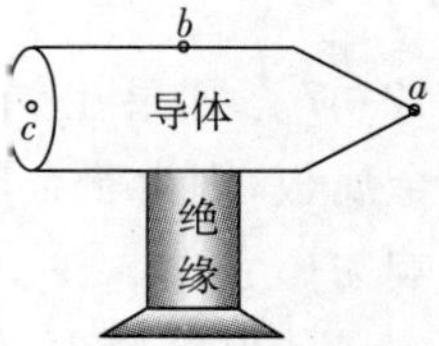

习题 12-3 图

12-3　如图所示,绝缘的带电导体上 a、b、c 三点,电荷密度是(　　)。

(A) a 点最大　　(B) b 点最大

(C) c 点最大　　(D) 一样大

【分析与解答】 在静电平衡状态下,孤立导体在曲率较大处电荷面密度和场强的值较大,导体是等势体,选 A。

12-4　对于带电的孤立导体球,则有(　　)。

(A) 导体内的场强与电势大小均为零

(B) 导体内的场强为零,而电势为恒量

(C) 导体内的电势比导体表面高

(D) 导体内的电势与导体表面的电势高低无法确定

【分析与解答】 孤立导体球达到静电平衡时,内部场强为零,整个导体是个等势体,选 B。

12-5　根据电介质中的高斯定理,在电介质中电位移矢量沿任意一个闭合曲面的积分等于这个曲面所包围自由电荷的代数和。下列推论正确的是(　　)。

(A) 若电位移矢量沿任意一个曲面的积分等于零,曲面内一定没有自由电荷

(B) 若电位移矢量沿任意一个曲面的积分等于零,曲面内电荷的代数和一定为零

(C) 介质中的高斯定理表明电位移矢量仅仅与自由电荷的分布有关

(D) 介质中的电位移矢量与自由电荷和极化电荷的分布有关

【分析与解答】 电位移通量为零，表明闭合曲面内自由电荷的代数和为零；电介质会改变自由电荷在空间的分布，所以电介质中的电位移矢量不仅仅与自由电荷有关，也与极化电荷有关，选 D。

12－6 对于各向同性的均匀电介质，下列概念正确的是（　　）。

(A) 介质充满整个电场且自由电荷的分布不变化时，介质中的场强为真空中场强的 $1/\varepsilon_r$ 倍

(B) 电介质中的场强一定等于没有介质时该点场强的 $1/\varepsilon_r$ 倍

(C) 介质充满整个电场时，介质中的场强为真空中场强的 $1/\varepsilon_r$ 倍

(D) 电介质中的场强一定等于没有介质时该点场强的 ε_r 倍

【分析与解答】 仅当电介质充满整个电场并且自由电荷的分布不发生变化时，才有 $E=\dfrac{E_0}{\varepsilon_r}$，选 A。

12－7 如果在空气平行板电容器的两极板间平行地插入一块与极板面积相同的金属板，则由于金属板的插入及其相对极板所放的位置的不同，对电容器电容的影响为（　　）。

(A) 使电容减少，但与金属板相对极板所放的位置无关

(B) 使电容减少，且与金属板相对极板所放的位置有关

(C) 使电容增大，但与金属板相对极板所放的位置无关

(D) 使电容增大，且与金属板相对极板所放的位置有关

【分析与解答】 “两极板间平行地插入一块与极板面积相同的金属板”，相当于公式 $C=\dfrac{\varepsilon_0 S}{d}$ 里的 d 变小。则 C 增大，选 C。

二、填空题

12－8 在无外电场时，分子中正、负电荷的中心重合的分子称________，正、负电荷的中心不重合的分子称________，在有外电场时，分子的正、负电荷的中心发生相对位移或取向扭转，形成________。

【分析与解答】 无外场时，分子正、负电荷中心重合的分子称“无极分子”，无外场时分子正、负电荷中心也不重合的分子称“有极分子”；有外场时，无极分子产生位移极化，有极分子产生取向极化，形成电偶极子。

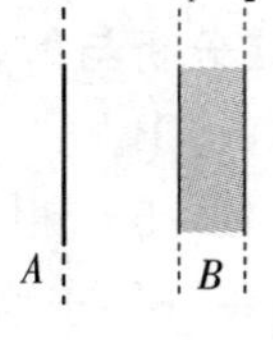

习题 12－9 图

12－9 一“无限大”均匀带电平面 A，其附近放一与它平行的有一定厚度的“无限大”平面导体板 B，如图所示。已知 A 上的电荷面密度为 $+\sigma$，则在导体板 B 的两个表面 1 和 2 上的感

应电荷面密度分别为：$\sigma_1 =$________；$\sigma_2 =$________。

【分析与解答】 平面 A 在导体板 B 内任一点产生的外场为 $\frac{\sigma}{2\varepsilon_0}$，但导体内无场强，所以导体板 B 两面的感应电荷产生的感应电场与平面 A 产生的电场之和为零，有 $\frac{\sigma_1}{2\varepsilon_0} - \frac{\sigma_2}{2\varepsilon_0} + \frac{\sigma}{2\varepsilon_0} = 0$，又因 $\sigma_1 + \sigma_2 = 0$，联立可得，答案依次为 $\sigma_1 = -\frac{\sigma}{2}$，$\sigma_2 = \frac{\sigma}{2}$。

12－10　在平行板电容器 C_0 的两板间平行地插入一厚度为两极板距离一半的金属板，则电容器的电容 $C =$________。

【分析与解答】 "两极板间平行插入金属板"，相当于公式 $C = \frac{\varepsilon_0 S}{d}$ 里的 d 变为 $\frac{d}{2}$，则 $C = \frac{\varepsilon_0 S}{d/2} = 2C_0$。

12－11　半径分别为 R 和 r 的两个孤立球形导体($R > r$)，它们的电容之比 C_R/C_r 为________，若用一根很长的细导线将它们连接起来，并使两个导体带电，则两导体球表面电荷面密度之比 σ_R/σ_r 为________。

【分析与解答】 孤立球形导体电容表达式为 $C = 4\pi\varepsilon_0 R$，则 $C_R : C_r = R/r$。用金属丝连接两个导体球，表明两球电势相等，则 $V_R = V_r$，有 $\frac{Q_R}{4\pi\varepsilon_0 R} = \frac{Q_r}{4\pi\varepsilon_0 r}$，则 $\frac{Q_R \cdot R}{4\pi R^2} = \frac{Q_r \cdot r}{4\pi r^2}$，有 $\sigma_R : \sigma_r = r/R$。

12－12　一平行板电容器，极板面积为 S，极板间距为 d，充满介电常数为 ε 的均匀介质，接在电源上，并保持电压恒定为 U，则电容器中静电能 $W_0 =$________；若将极板间距拉大一倍，那么电容器中静电能 $W =$________。

【分析与解答】 $\varepsilon = \varepsilon_0 \varepsilon_r$，则 $C = \frac{\varepsilon S}{d}$，利用 $W = \frac{1}{2}CU^2$，有 $W_0 = \frac{\varepsilon S}{2d}U^2$，极板间距变为 $2d$，有 $W = \frac{\varepsilon S}{4d}U^2$。

三、计算题

12－13　三个平行的金属板 A、B、C 面积都是 $200\ \mathrm{cm}^2$，A、B 两板相距 4.0 mm，A、C 两板相距 2.0 mm，B、C 两板都接地，如图所示，若 A 板带正电 3.0×10^{-7} C，略去边缘效应。

(1) 问 B 板和 C 板上的感应电荷各为多少？

(2) 以地为电势零点，求 A 板的电势。

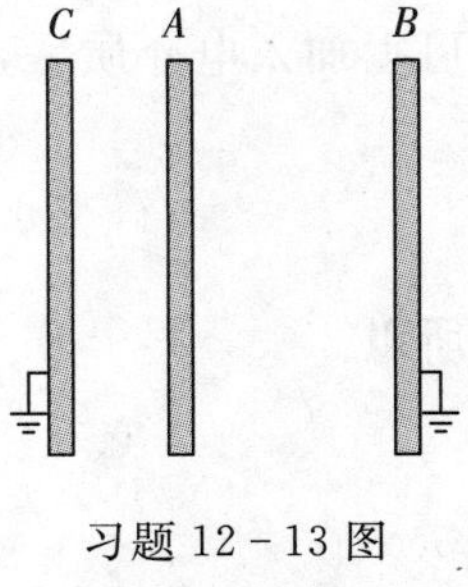

习题 12－13 图

【分析与解答】 (1) 设 A 板的带电量为 q，静电平衡时，在相对 B 板的一侧分布有 q_B，在相对 C 板的一侧分布有 q_C，并有 $q = q_B + q_C$，

在 B、C 两板相对 A 板的面上则分布有感应电荷 $-q_B$ 和 $-q_C$。

设 A、B 两板间的场强为 E_{AB}，A、C 两板间的场强为 E_{AC}，有 $E_{AB}=\dfrac{\sigma_B}{\varepsilon_0}=\dfrac{q_B}{\varepsilon_0 S}$ 和 $E_{AC}=\dfrac{\sigma_C}{\varepsilon_0}=\dfrac{q_C}{\varepsilon_0 S}$。

由于 A 板与 B、C 两板间的电势差相同，$U_{AB}=U_{AC}$，即 $E_{AB}\cdot d_{AB}=E_{AC}\cdot d_{AC}$ 可解得

$$q_B=\frac{d_{AC}}{d_{AB}+d_{AC}}q=\frac{2\times10^{-3}}{(4+2)\times10^{-3}}\times3.0\times10^{-7}=1.0\times10^{-7}\,(\mathrm{C})$$

$$q_C=q-q_B=2.0\times10^{-7}\ \mathrm{C}$$

所以，B 板上的感应电荷为 -1.0×10^{-7} C，C 板上的感应电荷为 -2.0×10^{-7} C。

A 板的电势为 $V_A=E_{AB}\cdot d_{AB}=\dfrac{q_B}{\varepsilon_0 S}\cdot d_{AB}=2.26\times10^3$ V。

12-14　两个电容相同的平行板电容器，串联后接入电动势为 ε 的电源，若不切断电源在第二个电容器中充以相对电容率 $\varepsilon_r=7$ 的电介质，那么第一个电容器两极板间的电势差将改变多少倍？

【分析与解答】　设两相同电容器的电容量为 C_0，串联接入电源时，极板上有电量为 q，并且极板间的电势差相同，有 $\varepsilon=U_1+U_2=\dfrac{q}{C_0}+\dfrac{q}{C_0}=2\dfrac{q}{C_0}$。

所以第一个电容器两极板间的电势差为

$$U_1=\frac{q}{C_0}=\frac{\varepsilon}{2}$$

在第二个电容器中充入介质后，其电容量变为 $\varepsilon_r C_0$，由于与电源保持接触，串联电容各极板的电荷量变为 q'，有 $\varepsilon=U'_1+U'_2=\dfrac{q'}{C_0}+\dfrac{q'}{\varepsilon_r C_0}$。

可得加入电介质后，第一个电容器两极板间的电势差为

$$U'_1=\frac{q'}{C_0}=\frac{\varepsilon}{(1+1/\varepsilon_r)}$$

所以

$$\frac{U'_1}{U_1}=\frac{2}{(1+1/\varepsilon_r)}=1.75$$

第一个电容器两极板间的电势差将变为原来的 1.75 倍。

12-15　两个相同的电容器并联后，用电压为 U 的电源充电后切断电源，然后

在一个电容器中充满相对电容率为 ε_r 的电介质，求：此时极板间的电势差。

【分析与解答】 设两相同电容器的电容量为 C_0，并联后的总电容量为 $C=2C_0$，充电后，两电容极板的总电荷量为

$$Q=CU=2C_0U$$

充入电介质后电容器的电容量为 $\varepsilon_r C_0$，并联后总电容为 $C'=\varepsilon_r C_0+C_0$

极板间的电势差为

$$U'=\frac{Q}{C'}=\frac{2C_0U}{\varepsilon_r C_0+C_0}=\frac{2U}{\varepsilon_r+1}$$

式中，$\varepsilon_r>1$，故 $U'<U$。

12-16　如图，半径为 $R=0.10\ \mathrm{m}$ 的导体球带有电量为 $Q=1.0\times10^{-8}\ \mathrm{C}$ 的电荷，导体球外有两层均匀介质，一层介质的相对电容率 $\varepsilon_r=5.0$，厚度 $d=0.10\ \mathrm{m}$，另一层介质为空气，充满其余空间。求：

(1) 离球心 r 分别为 0.05 m、0.15 m、0.25 m 处的场强 $\boldsymbol{E}$ 的大小和电位移矢量 $\boldsymbol{D}$ 的大小；

(2) 离球心 $r=0.05\ \mathrm{m}$、0.15 m、0.25 m 处的电势 V；

(3) 极化电荷面密度 σ'。

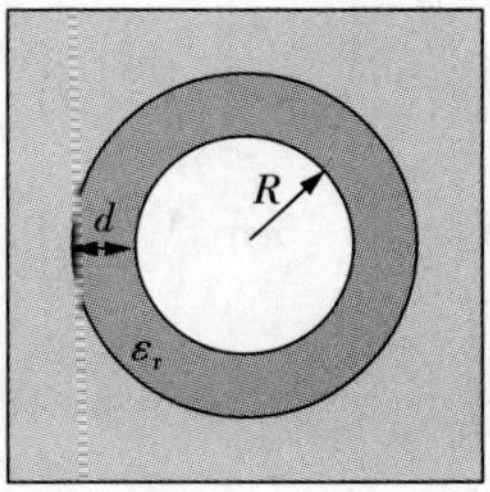

习题 12-16 图

【分析与解答】 (1) 取半径为 r 的同心球面为高斯面，由高斯定理 $\oiint_S \boldsymbol{D}\cdot \mathrm{d}\boldsymbol{S}=q$ 得

$r<R$ 时，

$$D_1\cdot 4\pi r^2=0$$

$$D_1=0, E_1=0$$

$R<r<R+d$ 时，

$$D_2\cdot 4\pi r^2=Q$$

$$D_2=\frac{Q}{4\pi r^2}, E_2=\frac{Q}{4\pi\varepsilon_0\varepsilon_r r^2}$$

$R+d<r$ 时，

$$D_3\cdot 4\pi r^2=Q$$

$$D_3=\frac{Q}{4\pi r^2}, E_3=\frac{Q}{4\pi\varepsilon_0\varepsilon_r r^2}$$

将不同的 r 值代入上述关系式，可得 r 分别为 0.05 m、0.15 m、0.25 m 时的电位移和电场强度的大小，其方向均沿径向朝外。

$r_1=0.05\ \text{m}$，该点在导体球内，则 $D_{r_1}=0, E_{r_1}=0$

$r_2=0.15\ \text{m}$，该点在介质层内，$\varepsilon_r=5.0$，则

$$D_{r_2}=\frac{Q}{4\pi r_2^2}=3.5\times10^{-8}\ \text{C/m}^2, E_{r_2}=\frac{Q}{4\pi\varepsilon_0\varepsilon_r r_2^2}=8.0\times10^{2}\ \text{V/m}$$

$r_3=0.25\ \text{m}$，该点在空气层内，$\varepsilon_r=1$，则

$$D_{r_3}=\frac{Q}{4\pi r_3^2}=1.3\times10^{-8}\ \text{C/m}^2, E_{r_3}=\frac{Q}{4\pi\varepsilon_0\varepsilon_r r_3^2}=1.4\times10^{3}\ \text{V/m}$$

取无穷远处电势为零，由电势与电场强度的积分关系得

$r_3=0.25\ \text{m}, V_3=\int_{r_3}^{\infty}E_3\,\mathrm{d}r=\dfrac{Q}{4\pi\varepsilon_0 r_3}=360\ \text{V}$

$$r_2=0.15\ \text{m}, V_2=\int_{r_2}^{R+d}E_2\,\mathrm{d}r+\int_{R+d}^{\infty}E_3\,\mathrm{d}r$$

$$=\frac{Q}{4\pi\varepsilon_0\varepsilon_r r_2}-\frac{Q}{4\pi\varepsilon_0\varepsilon_r(R+d)}+\frac{Q}{4\pi\varepsilon_0(R+d)}=480\ \text{V}$$

$$r_1=0.05\ \text{m}, V_1=\int_{R}^{R+d}E_2\,\mathrm{d}r+\int_{R+d}^{\infty}E_3\,\mathrm{d}r$$

$$=\frac{Q}{4\pi\varepsilon_0\varepsilon_r R}-\frac{Q}{4\pi\varepsilon_0\varepsilon_r(R+d)}+\frac{Q}{4\pi\varepsilon_0(R+d)}=540\ \text{V}$$

(3) 均匀介质的极化电荷分布在介质界面上，因空气的电容率 $\varepsilon=\varepsilon_0$，极化电荷可忽略，故在介质外表面

$$P_n=(\varepsilon_r-1)\varepsilon_0 E_n=\frac{(\varepsilon_r-1)Q}{4\pi\varepsilon_r(R+d)^2}$$

$$\sigma=P_n=\frac{(\varepsilon_r-1)Q}{4\pi\varepsilon_r(R+d)^2}=1.6\times10^{-8}\ \text{C/m}^2$$

在介质内表面

$$P_n=(\varepsilon_r-1)\varepsilon_0 E_n=\frac{(\varepsilon_r-1)Q}{4\pi\varepsilon_r R^2}$$

$$\sigma'=-P_n=-\frac{(\varepsilon_r-1)Q}{4\pi\varepsilon_r R^2}=-6.4\times10^{-8}\ \text{C/m}^2$$

介质球壳内，外表面的极化电荷密度虽然不同，但是两表面极化电荷的总量还是等量异号。

12-17　半径为 R_1 的长直导线外套有橡胶绝缘护套，护套的外半径为 R_2，相

对电容率为ε_r，设沿轴线单位长度上导线的电荷密度为λ，求：介质层内的电位移矢量$\boldsymbol{D}$、电场强度$\boldsymbol{E}$和电极化强度$\boldsymbol{P}$。

【分析与解答】 由介质中的高斯定理，有

$$\oiint \boldsymbol{D}\cdot \mathrm{d}\boldsymbol{S}=D\cdot 2\pi rl=\lambda l$$

得

$$\boldsymbol{D}=\frac{\lambda}{2\pi r}\boldsymbol{e}_r$$

在均匀各向同性介质中

$$\boldsymbol{E}=\frac{\boldsymbol{D}}{\varepsilon_0\varepsilon_r}=\frac{\lambda}{2\pi\varepsilon_0\varepsilon_r r}\boldsymbol{e}_r$$

$$\boldsymbol{P}=\boldsymbol{D}-\varepsilon_0\boldsymbol{E}=\left(1-\frac{1}{\varepsilon_r}\right)\frac{\lambda}{2\pi r}\boldsymbol{e}_r$$

12－18　一平行板电容器的电容为100 pF，极板的面积为100 cm^2，极板间充满相对电容率为5.4的云母电介质，当极板上电势差为50 V时，求：(1) 云母中的电场强度大小；(2) 电容器极板上的自由电荷；(3) 云母电介质面上的极化面电荷。

【分析与解答】 (1) 充满电介质的平行板电容器电容为

$$C=\frac{\varepsilon_0\varepsilon_r S}{d}$$

极板间的均匀电场强度大小为

$$E=\frac{U}{d}=\frac{CU}{\varepsilon_0\varepsilon_r S}=\frac{50\times 100\times 10^{-12}}{5.4\times 8.85\times 10^{-12}\times 100\times 10^{-4}}=1.05\times 10^{-4}\,(\mathrm{V/m})$$

(2) 电容器极板上的自由电荷为

$$Q_0=CU=100\times 10^{-12}\times 50=5.0\times 10^{-9}\,(\mathrm{C})$$

(3) 设电容器上极板带正电荷（自由电荷），则介质上表面的法线方向$\boldsymbol{e}_n$与该处极化强度$\boldsymbol{P}$的方向相反，在电介质下表面处则方向相同，由$\sigma'=\boldsymbol{P}\cdot\boldsymbol{e}_n$可得电介质上表面的极化电荷为

$$Q'_1=\sigma'_1 S=(\boldsymbol{P}\cdot\boldsymbol{e}_n)S=-P_nS=-PS=-\left(1-\frac{1}{\varepsilon_r}\right)\sigma_0$$

$$\sigma'_1 S=-\left(1-\frac{1}{\varepsilon_r}\right)Q_0=-4.07\times 10^{-9}\ \mathrm{C}$$

电介质下表面的极化电荷

$$Q'_2=\sigma'_2 S=(\boldsymbol{P}\cdot\boldsymbol{e}_n)S=P_n S=PS=\left(1-\frac{1}{\varepsilon_r}\right)Q_0=4.07\times10^{-9}\ \text{C}$$

12-19　两块平行板，面积各为100 cm²，板上带有 8.9×10^{-7} C的等值异号电荷，两板间充以电介质。已知电介质内部电场强度为 1.4×10^6 V/m，求：(1) 电介质的相对电容率；(2) 电介质面上的极化面电荷。

【分析与解答】　(1) 设平行板间距为 d，极板带电时，极板间的场强与均匀电场近似，电介质内场强的大小为

$$E=\frac{\sigma_0}{\varepsilon_0\varepsilon_r}=\frac{Q_0}{\varepsilon_0\varepsilon_r S}$$

得

$$\varepsilon_r=\frac{Q_0}{ES\varepsilon_0}=\frac{8.9\times10^{-7}}{1.4\times10^6\times8.85\times10^{-12}\times100\times10^{-4}}=7.18$$

(2) 在电介质的两个平行于极板的表面上，分布有等量异号极化面电荷，电荷量为

$$|Q'|=\left(1-\frac{1}{\varepsilon_r}\right)Q_0=7.66\times10^{-7}\ \text{C}$$

12-20　面积为 S 的平行板电容器，两板间距为 d，如图所示。(1) 如果中间插入厚度为 $d/3$，相对介电常数为 ε_r 的电介质，其电容量变为原来的多少倍？(2) 如果中间插入厚度为 $d/3$ 的导电板，其电容量又变为原来的多少倍？

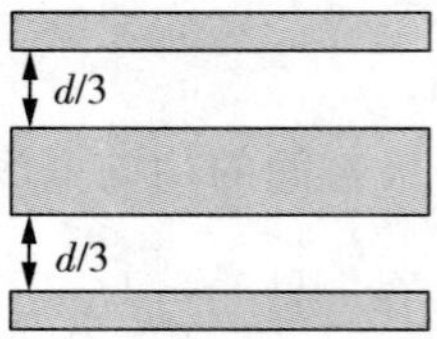

习题 12-20 图

【分析与解答】　(1) 设平行板电容器极板上的电荷面密度为 σ_0，则根据电介质中静电场的高斯定理，电介质外的场强为

$$E_0=\frac{\sigma_0}{\varepsilon_0}$$

而电介质内的场强为

$$E=\frac{\sigma_0}{\varepsilon_0\varepsilon_r}$$

所以，两电极板的电势差为

$$U=\frac{\sigma_0}{\varepsilon_0}\frac{2d}{3}+\frac{\sigma_0}{\varepsilon_0\varepsilon_r}\frac{d}{3}$$

那么

$$C=\frac{Q}{U}=\frac{\sigma_0 S}{U}=\frac{3S\varepsilon_0\varepsilon_r}{(2\varepsilon_r+1)d}$$

所以

$$\frac{C}{C_0}=\frac{3\varepsilon_r}{2\varepsilon_r+1}$$

(2) 插入厚度为 $d/3$ 的导电板，可看成两个电容的串联，两电容器的电容分别为 C_1、C_2，则

$$C_1=C_2=\frac{S\varepsilon_0}{d/3}=3\frac{S\varepsilon_0}{d}$$

那么，$C=\dfrac{1}{\dfrac{1}{C_1}+\dfrac{1}{C_2}}=\dfrac{3}{2}\dfrac{S\varepsilon_0}{d}=\dfrac{3}{2}C_0$，所以$\dfrac{C}{C_0}=\dfrac{3}{2}$。

12-21　如图(a)所示，一空气平行板电容器，两极板的面积为 S，相距为 d。将一厚度为 $d/2$、面积为 S、相对介电常数为 ε_r 的电介质板平行地插入电容器，忽略边缘效应，试问：

(1) 插入电介质板后的电容变为原来电容 C_0 的多少倍？

(2) 如果平行插入的是与介质板厚度、面积均相同的金属板则又如何？

(3) 如果平行插入的是厚度为 t、面积为 $S/2$ 的介质板，位置如图(b)所示，电容变为多少？

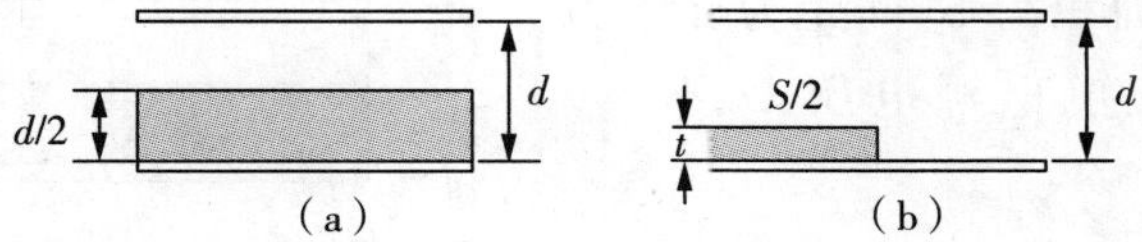

习题 12-21 图

【分析与解答】 (1)$C_1=\dfrac{\varepsilon_0 S}{d/2}$，$C_2=\dfrac{\varepsilon_0\varepsilon_r S}{d/2}$，$C_0=\dfrac{\varepsilon_0 S}{d}$

$$C=\left(\frac{1}{C_1}+\frac{1}{C_2}\right)^{-1}=\frac{2\varepsilon_r}{1+\varepsilon_r}\cdot\frac{\varepsilon_0 S}{d}=\frac{2\varepsilon_r}{1+\varepsilon_r}C_0$$

(2)$C=\dfrac{\varepsilon_0 S}{d/2}=2\dfrac{\varepsilon_0 S}{d}=2C_0$。

$$(3)C_1=\frac{\varepsilon_0\cdot S/2}{d-t}=\frac{\varepsilon_0 S}{2(d-t)},C_2=\frac{\varepsilon_0\varepsilon_r\cdot S/2}{t}=\frac{\varepsilon S}{2t},C_3=\frac{\varepsilon_0 S}{2d},$$

$$C=\left(\frac{1}{C_1}+\frac{1}{C_2}\right)^{-1}+C_3=\left[\frac{2(d-t)}{\varepsilon_0 S}+\frac{2t}{\varepsilon S}\right]^{-1}+\frac{\varepsilon_0 S}{2d}=\frac{\varepsilon_0 S[2\varepsilon_r d+(1-\varepsilon_r)t]}{2d[\varepsilon_r d+(1-\varepsilon_r)t]}$$

12－22　在点 A 和点 B 之间有五个电容器，其连接如图所示。

(1) 求 A、B 两点之间的等效电容；

(2) 若 A、B 之间的电势差为 12 V，求 U_{AC}、U_{CD} 和 U_{DB}。

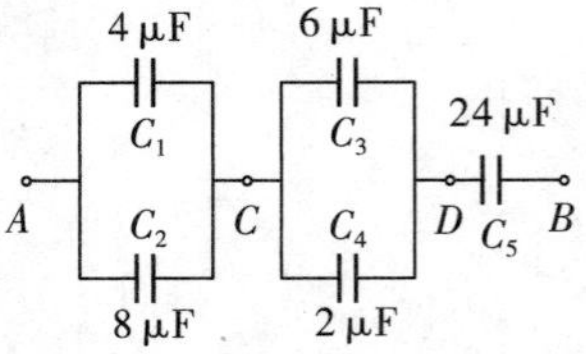

习题 12－22 图

【分析与解答】 (1) 由电容器的串并联，有

$$C_{AC}=C_1+C_2=12\ \mu\text{F}$$

$$C_{CD}=C_3+C_4=8\ \mu\text{F}$$

$$\frac{1}{C_{AB}}=\frac{1}{C_{AC}}+\frac{1}{C_{CD}}+\frac{1}{C_5}$$

求得等效电容为 $C_{AB}=4\ \mu\text{F}$。

(2) 由于 $Q_{AC}=Q_{CD}=Q_{DB}=Q_{AB}$，得到

$$U_{AC}=\frac{C_{AB}}{C_{AC}}U_{AB}=4\text{ V}$$

$$U_{CD}=\frac{C_{AB}}{C_{CD}}U_{AB}=6\text{ V}$$

$$U_{DB}=\frac{C_{AB}}{C_{DB}}U_{AB}=2\text{ V}$$

12－23　如图所示，一个空气平板电容器极板的面积为 S，间距为 d，保持极板两端充电电源电压 U 不变，求：

(1) 充足电后，求电容器极板间的电场强度 $\boldsymbol{E}_0$ 的大小、电容 C_0 和极板上的电荷 Q_0。

习题 12－23 图

(2) 将一块面积相同，厚度为 $\delta(\delta<d)$，相对电容率为 ε_r 的玻璃板平行插入极板间，求极板上的电荷 Q_1、玻璃板内的电场强度 $\boldsymbol{E}_1$ 的大小和电容器的电容 C_1。

(3) 将上述的玻璃板换成同样大小的金属板，求金属板内的电场强度 $\boldsymbol{E}_2$ 的大小、电容器的电容 C_2 和极板上的电荷 Q_2。

【分析与解答】 (1) 由于是空气平板电容器，有

$$E_0=\frac{U}{d},C_0=\frac{\varepsilon_0 S}{d},Q_0=C_0U=\frac{\varepsilon_0 S}{d}U$$

(2) 插入玻璃板时，由于电压不变，有

$$U=E_0(d-\delta)+E_1\delta$$

而

$$E_0=\frac{\sigma_1}{\varepsilon_0}=\frac{Q_1}{\varepsilon_0 S},E_1=\frac{\sigma_1}{\varepsilon_0\varepsilon_r}=\frac{Q_1}{\varepsilon_0\varepsilon_r S}$$

有

$$U=\frac{Q_1}{\varepsilon_0 S}(d-\delta)+\frac{Q_1}{\varepsilon_0\varepsilon_r S}\delta$$

解得

$$Q_1=\frac{\varepsilon_0\varepsilon_r SU}{\varepsilon_r(d-\delta)+\delta},E_1=\frac{U}{\varepsilon_r(d-\delta)+\delta},C_1=\frac{Q_1}{U}=\frac{\varepsilon_0\varepsilon_r S}{\varepsilon_r(d-\delta)+\delta}$$

(3) 在插入金属板情况下，由于静电平衡状态下金属内部不可能产生电场线，所以

$$E_2=0,C_2=\frac{\varepsilon_0 S}{d-\delta},Q_2=C_2U=\frac{\varepsilon_0 SU}{d-\delta}$$

12-24　一个空气平板电容器极板的面积为 S，间距为 d，充电至带电 Q 后与电源断开，然后用外力缓缓将两级间距拉开至 $2d$，求：(1) 电容器能量的改变；(2) 此过程中外力所做的功。

【分析与解答】 (1) 极板间的电场为均匀场，且电场强度保持不变，因此，电场的能量密度为

$$w_e=\frac{1}{2}\varepsilon_0 E^2=\frac{Q^2}{2\varepsilon_0 S^2}$$

在外力作用下极板间距从 d 被拉开到 $2d$，电场占有空间的体积，也由 V 增加到 $2V$，此时电场能量增加

$$\Delta W_e=w_e\Delta V=\frac{Q^2 d}{2\varepsilon_0 S}$$

(2) 两导体极板带等量异号电荷，外力 $\boldsymbol{F}$ 将其缓缓拉开时，应有 $\boldsymbol{F}=-\boldsymbol{F}_e$，则外力所做的功为

$$A=F_e\Delta r=QEd=\frac{Q^2 d}{2\varepsilon_0 S}$$

外力克服静电引力所做的功等于静电场能量的增加。

12-25 一空气平行板电容器，极板面积为 S，两极板之间距离为 d，接到电源上以维持两极板间电势差 U 不变。今将两极板距离拉开到 $2d$，试计算外力所做的功。

【分析与解答】 极板拉开前电容器的静电能量为

$$W_1 = \frac{1}{2}C_1U^2 = \frac{\varepsilon_0 SU^2}{2d}$$

极板拉开后的能量为

$$W_2 = \frac{1}{2}C_2U^2 = \frac{\varepsilon_0 SU^2}{4d}$$

在电势差 U 不变的情况下，极板上的电荷有变化

$$\Delta Q = Q_2 - Q_1 = C_2U - C_1U = \frac{\varepsilon_0 SU}{2d} - \frac{\varepsilon_0 SU}{d} = -\frac{\varepsilon_0 SU}{2d}$$

电荷变化过程电源做功 A_1，则有 $A_1 = U\Delta Q = -\frac{\varepsilon_0 SU^2}{2d}$。

在拉开极板过程中，外力做功 A_2 与电源做功 A_1 之和应等于电容器静电能的增量

$$A_1 + A_2 = \Delta W = W_2 - W_1$$

所以

$$A_2 = \Delta W - A_1 = -\varepsilon_0 SU^2/(4d) + \varepsilon_0 SU^2/(2d) = \varepsilon_0 SU^2/(4d)$$

12-26 半径为 2.0 cm 的导体球外套有同心的导体球壳，壳的内外半径分别为 4.0 cm 和 5.0 cm，球与壳之间是空气，壳外也是空气，当内球带电荷 $Q=3.0\times10^{-3}$ C 时，求该系统储存的电能。

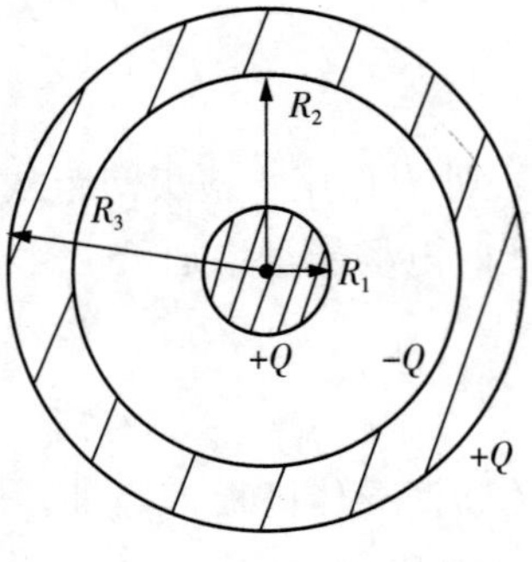

习题 12-26 图

【分析与解答】 $E_1 = 0 (r < R_1)$

$$E_2 = \frac{Q}{4\pi\varepsilon_0 r^2} (R_1 < r < R_2)$$

$$E_3 = 0 (R_2 < r < R_3)$$

$$E_4 = \frac{Q}{4\pi\varepsilon_0 r^2} (r > R_3)$$

$R_1 < r < R_2$ 时，

$$W_1=\int_{R_1}^{R_2}\frac{1}{2}\varepsilon_0\left(\frac{Q}{4\pi\varepsilon_0 r^2}\right)^2 4\pi r^2\mathrm{d}r=\frac{Q^2}{8\pi\varepsilon_0}\left(\frac{1}{R_1}-\frac{1}{R_2}\right)$$

$r>R_3$ 时,

$$W_2=\int_{R_3}^{\infty}\frac{1}{2}\varepsilon_0\left(\frac{Q}{4\pi\varepsilon_0 r^2}\right)^2 4\pi r^2\mathrm{d}r=\frac{Q^2}{8\pi\varepsilon_0}\frac{1}{R_3}$$

总能量

$$W=W_1+W_2=\frac{Q^2}{8\pi\varepsilon_0}\left(\frac{1}{R_1}-\frac{1}{R_2}+\frac{1}{R_3}\right)=1.82\times10^6\ \mathrm{J}$$

12-27　一个圆柱形电容器,内圆柱半径为 R_1,外圆柱半径为 R_2,长为 $L(L\gg R_2-R_1)$,两圆筒间充有两层相对介电常数分别为 ε_{r_1} 和 ε_{r_2} 的各向同性均匀电介质,其分界面半径为 R,如图所示。设内、外圆筒单位长度上带电荷(即电荷线密度)分别为 λ 和 $-\lambda$。求:(1) 电容器的电容;(2) 电容器储存的能量。

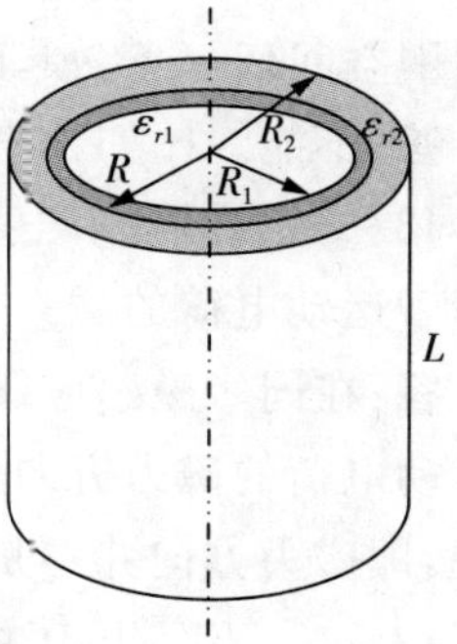

习题 12-27 图

【分析与解答】 (1) 根据有介质时的高斯定理有两筒之间的电位移的大小为

$$D=\lambda/(2\pi r)$$

介质中的场强大小分别为

$$E_1=D/(\varepsilon_0\varepsilon_{r_1})=\lambda/(2\pi\varepsilon_0\varepsilon_{r_1}r)$$

$$E_2=D/(\varepsilon_0\varepsilon_{r_2})=\lambda/(2\pi\varepsilon_0\varepsilon_{r_2}r)$$

两筒间电势差

$$U=\int_{R_1}^{R}\boldsymbol{E}_1\cdot\mathrm{d}\boldsymbol{r}+\int_{R}^{R_2}\boldsymbol{E}_2\cdot\mathrm{d}\boldsymbol{r}=\frac{\lambda[\varepsilon_{r_2}\ln(R/R_1)+\varepsilon_{r_1}\ln(R_2/R)]}{2\pi\varepsilon_0\varepsilon_{r_1}\varepsilon_{r_2}}$$

电容

$$C=\frac{Q}{U}=\frac{2\pi\varepsilon_0\varepsilon_{r_1}\varepsilon_{r_2}L}{\varepsilon_{r_2}\ln(R/R_1)+\varepsilon_{r_1}\ln(R_2/R)}$$

(2) 电场能量

$$W=\frac{Q^2}{2C}=\frac{\lambda^2L[\varepsilon_{r_2}\ln(R/R_1)+\varepsilon_{r_1}\ln(R_2/R)]}{4\pi\varepsilon_0\varepsilon_{r_1}\varepsilon_{r_2}}$$

第十三章　恒定电流的磁场

思考题

13－1　一匀速运动的电荷在真空中给定点所产生的磁场是否是稳恒磁场？为什么？

答：不是稳恒磁场。因为由运动电荷到给定点的距离随时间而改变。

13－2　一个点电荷能在它周围空间任一点激起电场，一个电流元是否也能在它周围空间任一点激起磁场？

答：不能。比如长直导线延长线上的点的磁感应强度为零。

13－3　在同一磁感应线上，各点磁感应强度 $\boldsymbol{B}$ 的数值是否都相等？为何不把作用于运动电荷的磁力方向定义为磁感应强度 $\boldsymbol{B}$ 的方向？

答：在同一磁感应线上，各点磁感应强度 $\boldsymbol{B}$ 的数值一般不相等。因为磁场作用于运动电荷的磁力方向不仅与磁感应强度 $\boldsymbol{B}$ 的方向有关，而且与电荷速度的方向有关，即磁力方向并不是唯一由磁场决定的，所以不把磁力方向定义为 $\boldsymbol{B}$ 的方向。

13－4　用安培环路定理能否求有限长一段载流直导线周围的磁场？

答：不能，因为孤立的有限长载流直导线是不存在的。

习　题

一、选择题

13－1　磁场的高斯定理 $\oiint_S \boldsymbol{B}\cdot \mathrm{d}\boldsymbol{S}=0$ 说明了下面的哪些叙述是正确的？（　　）

① 穿入闭合曲面的磁感应线条数必然等于穿出的磁感应线条数

② 穿入闭合曲面的磁感应线条数不等于穿出的磁感应线条数

③ 一根磁感应线可以终止在闭合曲面内

④ 一根磁感应线可以完全处于闭合曲面内

(A)①④　　(B)①③　　(C)③④　　(D)①②

【分析与解答】　磁通量等于零说明穿入闭合曲面的磁感应线条数必然等于穿出的磁感应线条数，则 ① 对、② 错，磁感应线满足闭合，所以可以完全处于闭合曲面内，则 ④ 对、③ 错，选 A。

13－2　如图所示，在磁感应强度为 $\boldsymbol{B}$ 的均匀磁场中作一半径为 r 的半球面 S，

S边线所在平面法线方向单位矢量$\boldsymbol{n}$与$\boldsymbol{B}$的夹角为α，则通过半球面S的磁通量(取凸面向外为正)Φ_{m}为( )。

(A)$\pi r^2 B$ (B)$2\pi r^2 B$

(C)$-\pi r^2 B\sin\alpha$ (D)$-\pi r^2 B\cos\alpha$

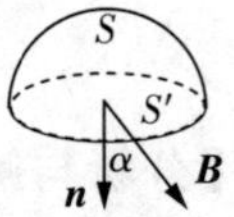

习题 13-2 图

【分析与解答】 作半径为r的圆S'与半球面构成一闭合曲面，根据磁场的高斯定理，磁感线是闭合曲线，闭合曲面的磁通量为零，即穿进半球面S的磁通量等于穿出圆面S'的磁通量，由磁通量定义$\Phi_{\mathrm{m}}=\iint_S \boldsymbol{B}\cdot \mathrm{d}\boldsymbol{S}$可知$\Phi_{\mathrm{m}}=-\pi r^2 B\cos\alpha$，选 D。

13-3 在图(a)和(b)中各有一半径相同的圆形回路L_1、L_2，圆周内有电流I_1、I_2，其分布相同，且均在真空中，但在图(b)中L_2回路外有电流I_3，P_1、P_2为两圆形回路上的对应点，则( )。

(A)$\oint_{L_1}\boldsymbol{B}\cdot\mathrm{d}\boldsymbol{l}=\oint_{L_2}\boldsymbol{B}\cdot\mathrm{d}\boldsymbol{l}, B_{P_1}=B_{P_2}$

(B)$\oint_{L_1}\boldsymbol{B}\cdot\mathrm{d}\boldsymbol{l}\neq\oint_{L_2}\boldsymbol{B}\cdot\mathrm{d}\boldsymbol{l}, B_{P_1}=B_{P_2}$

(C)$\oint_{L_1}\boldsymbol{B}\cdot\mathrm{d}\boldsymbol{l}=\oint_{L_2}\boldsymbol{B}\cdot\mathrm{d}\boldsymbol{l}, B_{P_1}\neq B_{P_2}$

(D)$\oint_{L_1}\boldsymbol{B}\cdot\mathrm{d}\boldsymbol{l}\neq\oint_{L_2}\boldsymbol{B}\cdot\mathrm{d}\boldsymbol{l}, B_{P_1}\neq B_{P_2}$

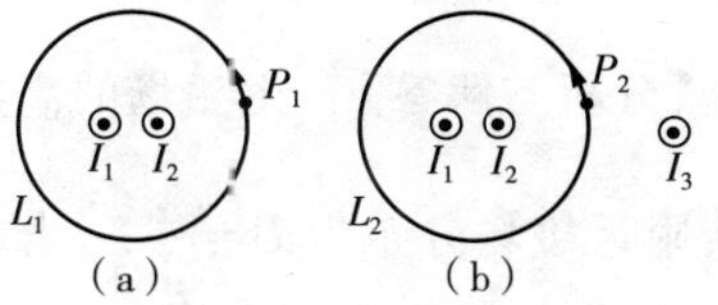

习题 13-3 图

【分析与解答】 用$\oint_l \boldsymbol{B}\cdot\mathrm{d}\boldsymbol{l}=\mu_0\sum I_i$判断有$\oint_{L_1}\boldsymbol{B}\cdot\mathrm{d}\boldsymbol{l}=\oint_{L_2}\boldsymbol{B}\cdot\mathrm{d}\boldsymbol{l}=\mu_0(I_1+I_2)$，但$P$点的磁感应强度应等于空间各电流在$P$点产生磁感应强度的矢量和，选 C。

13-4 如图所示，半径为R的载流圆形线圈与边长为a的正方形载流线圈中通有相同的电流I，若两线圈中心的磁感应强度大小相等，则$R:a$为( )。

(A)1 (B)$\sqrt{2}\pi$

(C)$\sqrt{2}\pi/4$ (D)$\sqrt{2}\pi/8$

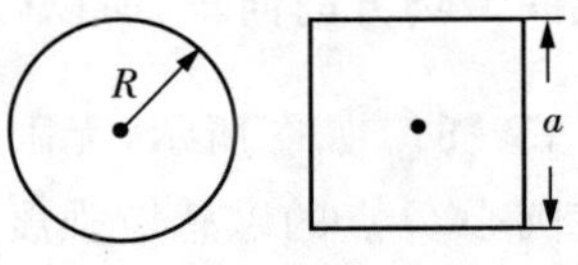

习题 13-4 图

【分析与解答】 载流圆形线圈为$B_1=\dfrac{\mu_0 I}{2R}$；

正方形载流线圈为$B_2=\left|\dfrac{4\times\mu_0 I}{4\pi\times a/2}\times\left[\sin\dfrac{\pi}{4}-\sin\left(-\dfrac{\pi}{4}\right)\right]\right|=\dfrac{2\sqrt{2}\mu_0 I}{\pi a}$，则当$B_1=B_2$时，有$R:a=\sqrt{2}\pi/8$，选 D。

13-5 两根长度均为L的细导线分别密绕在半径为R和$r(R=2r)$的两个长直圆筒上形成两个螺线管，两个螺线管长度均为l，通过的电流均为I，则在两个螺线管中心的磁感应强度的大小之比 $B_R:B_r$ 为(　　)。

(A)4　　(B)2　　(C)1　　(D) $\frac{1}{2}$

【分析与解答】 用 $B=\mu_0 nI$ 判断。考虑到 $n_R=\frac{L}{2\pi R}$,$n_r=\frac{L}{2\pi r}$ 由 $R=2r$ 可知 $B_R:B_r=r:R=1:2$,选 D。

13-6　如图所示,在无限长载流直导线附近作一球形闭合曲面 S,当球面 S 向长直导线靠近时,穿过球面 S 的磁通量 Φ_m 和面上各点的磁感应强度 B 将如何变化?(　　)

(A)Φ_m 增大,B 也增大

(B)Φ_m 不变,B 也不变

(C)Φ_m 增大,B 不变

(D)Φ_m 不变,B 增大

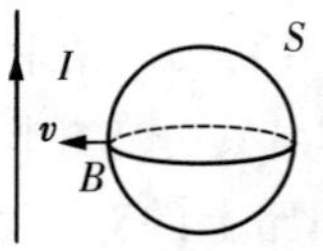

习题 13-6 图

【分析与解答】 由磁场的高斯定理 $\oint\!\!\oint_S \boldsymbol{B}\cdot d\boldsymbol{S}=0$ 知 Φ_m 不变,但无限长载流直导线附近磁场分布为 $B=\frac{\mu_0 I}{2\pi r}$,当球面 S 向长直导线靠近时,r 减小、B 增大,选 D。

13-7　如图所示,两个载有相等电流 I 的半径为 R 的圆线圈,一个处于水平位置,一个处于竖直位置,两个线圈的圆心重合,则在圆心 O 处的磁感应强度大小为多少?(　　)

(A)0　　(B)$\mu_0 I/2R$

(C) $\sqrt{2}\mu_0 I/2R$　　(D)$\mu_0 I/R$

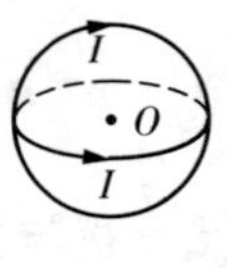

习题 13-7 图

【分析与解答】 载流圆线圈在圆心处为 $B=\frac{\mu_0 I}{2R}$,水平线圈磁场方向向上,竖直线圈磁场方向向里,所以合成后磁场大小为 $B=\frac{\mu_0 I}{\sqrt{2}R}$,选 C。

13-8　如图所示,无限长直导线在 P 处弯成半径为 R 的圆,当通以电流 I 时,则在圆心 O 点的磁感应强度大小等于(　　)。

(A) $\frac{\mu_0 I}{2\pi R}$　　(B) $\frac{\mu_0 I}{4R}$

(C) $\frac{\mu_0 I}{2R}\left(1-\frac{1}{\pi}\right)$　　(D) $\frac{\mu_0 I}{4R}\left(1+\frac{1}{\pi}\right)$

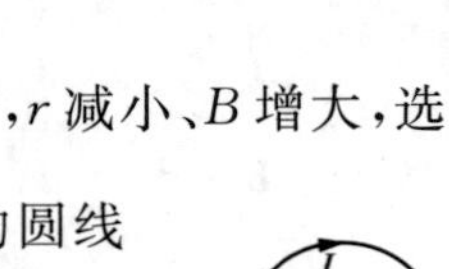

习题 13-8 图

【分析与解答】 载流圆线圈在圆心处为 $B=\frac{\mu_0 I}{2R}$,无限长直导线磁场大小为 $B=\frac{\mu_0 I}{2\pi R}$,方向相反,合成时为相减,选 C。

13－9 如图所示，有一无限大通有电流的扁平铜片，宽度为 a，厚度不计，电流 I 在铜片上均匀分布，在铜片外与铜片共面，离铜片右边缘为 b 处的 P 点的磁感应强度的大小为（　　）。

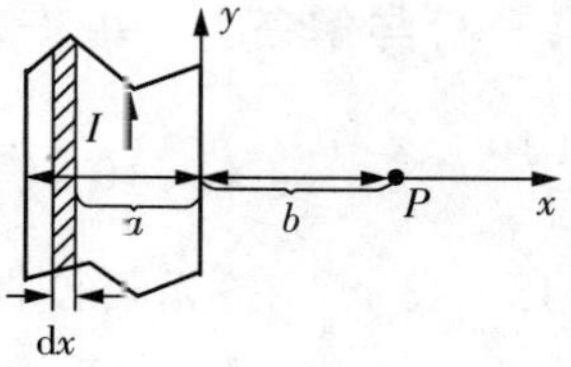

习题 13－9 图

(A) $\dfrac{\mu_0 I}{2\pi(a+b)}$　　(B) $\dfrac{\mu_0 I}{2\pi b}\ln\dfrac{a+b}{a}$

(C) $\dfrac{\mu_0 I}{2\pi a}\ln\dfrac{a+b}{b}$　　(D) $\dfrac{\mu_0 I}{2\pi[(a/2)+b]}$

【分析与解答】 无限长直导线磁场大小为 $B=\dfrac{\mu_0 I}{2\pi r}$。若以铜片右边缘为原点，水平向右为 x 轴，有 $dB_P=\dfrac{\mu_0\dfrac{I}{a}dx}{2\pi(b-x)}$，积分有 $B_P=\dfrac{\mu_0 I}{2\pi a}\int_{-a}^{0}\dfrac{dx}{b-x}=-\dfrac{\mu_0 I}{2\pi a}\ln\dfrac{b}{b+a}=\dfrac{\mu_0 I}{2\pi a}\cdot\dfrac{b+a}{b}$，选 C。

13－10 一根很长的电缆线由两个同轴的圆柱面导体组成，若这两个圆柱面的半径分别为 R_1 和 R_2（$R_1<R_2$），通有等值反向电流，那么下列哪幅图正确反映了电流产生的磁感应强度随径向距离的变化关系？（　　）

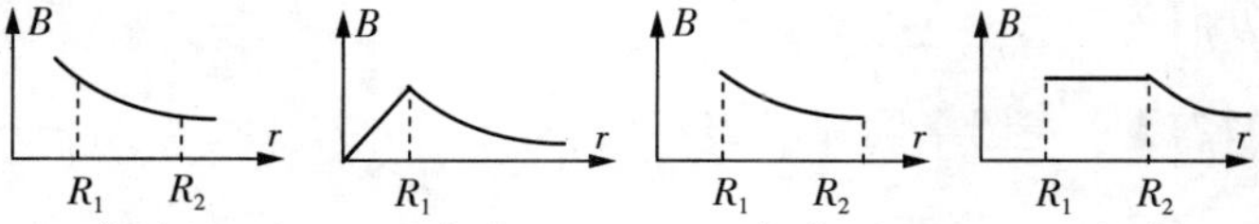

（A）　（B）　（C）　（D）

【分析与解答】 由安培环路定理 $\oint_l \boldsymbol{B}\cdot d\boldsymbol{l}=\mu_0\sum I_i$ 可知 $r<R_1$ 时，$B_1=0$；$R_1<r<R_2$ 时，$B_2=\dfrac{\mu_0 I}{2\pi r}$；$r>R_2$ 时，$B_3=0$，选 C。

13－11 如图所示，一个环形电流 I 和回路 l，则积分 $\oint_l \boldsymbol{B}\cdot d\boldsymbol{l}$ 应等于（　　）

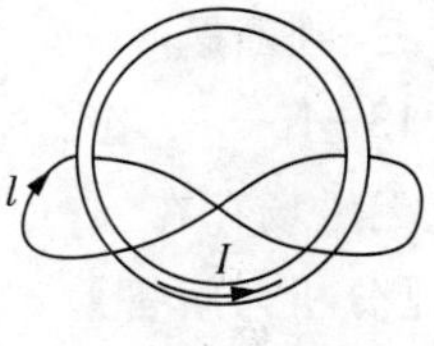

习题 13－11 图

(A) $-2\mu_0 I$　　(B) $2\mu_0 I$

(C) $2I$　　(D) 0

【分析与解答】 根据电流和磁感应强度满足右手螺旋关系的取正，电流在左右都是正的，所以为 $2\mu_0 I$，选 B。

二、填空题

13－12 一条载有 10 A 电流的无限长直导线，在离它 0.5 m 远的地方产生的磁感应强度大小为__________。

【分析与解答】 由安培环路定理$\oint_l \boldsymbol{B} \cdot d\boldsymbol{l} = \mu_0 \sum I_i$知$B=\frac{\mu_0 I}{2\pi r}$，有$B=\frac{4\pi\times10^{-7}\times10}{2\pi\times0.5}=4\times10^{-6}$(T)。

13-13 一条无限长直导线，在离它0.01 m远的地方产生的磁感应强度是1×10^{-4} T，它所载的电流为__________。

【分析与解答】 利用$B=\frac{\mu_0 I}{2\pi r}\Rightarrow 1\times10^{-4}=\frac{4\pi\times10^{-7}\times I}{2\pi\times0.01}$，可求得$I=5$ A。

13-14 如图所示，一条无限长直导线载有电流I，在距离它为d的地方有一长为l、宽为b的矩形框，求框内穿过的磁通量$\Phi_m=$__________。

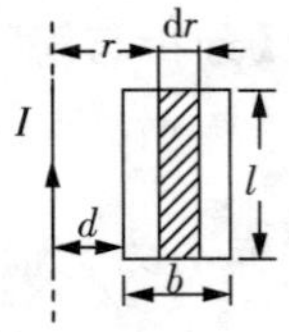

习题 13-14 图

【分析与解答】 由安培环路定理知$B=\frac{\mu_0 I}{2\pi r}$，$d\Phi_m=Bl\,dr=\frac{\mu_0 Il\,dr}{2\pi r}$，有$\Phi_m=\int_d^{d+b}\frac{\mu_0 I}{2\pi r}\cdot l\,dr=\frac{\mu_0 Il}{2\pi}\ln\frac{d+b}{d}$。

13-15 两图中都通有电流I，方向如图所示，已知圆的半径为R，则左图O处的磁感应强度的大小为__________，方向为__________；右图O处的磁感应强度的大小为________，方向为__________。

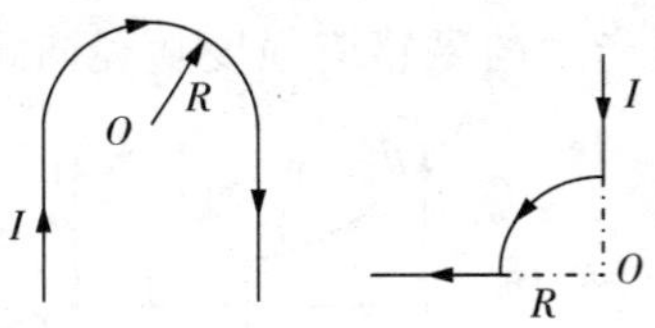

习题 13-15 图

【分析与解答】 左图半圆弧段$B_1=\frac{\mu_0 I}{4R}$，两个半无限长直导线$B_2=\frac{\mu_0 I}{2\pi R}$，方向都是垂直于纸面向里，故$B=\frac{\mu_0 I}{2\pi R}+\frac{\mu_0 I}{4R}$；右图1/4圆弧$B=\frac{\mu_0 I}{8R}$，方向是垂直于纸面向外，两直导线的延长线都过$O$点，对$O$的磁感应强度没有贡献。

三、判断题

13-16 一电子以速率v进入某区域。若该电子运动方向不改变，那么该区域一定无磁场存在。（ ）

【分析与解答】 ×，电子平行于磁场方向运动时其方向不改变，但此时该区域有磁场。

13-17 静止电荷不产生任何磁场。（ ）

【分析与解答】 √，静止电荷只激发电场不激发磁场。

13-18 运动电荷不产生任何电场。（ ）

【分析与解答】 ×，运动电荷既产生电场也产生磁场。

13-19 毕奥-萨伐尔定律是计算任意形状和分布的稳恒电流产生的磁感应

强度的基础。(　　)

【分析与解答】 √,毕奥-萨伐尔定律:$\mathrm{d}\boldsymbol{B}=\frac{\mu_0}{4\pi}\frac{I\mathrm{d}\boldsymbol{l}\times\boldsymbol{r}}{r^3}$,通过计算电流元的磁感应强度,可以计算任意形状和分布的稳恒电流产生的磁感应强度。

13-20　磁铁和电流产生的磁场在本质上是不相同的。(　　)

【分析与解答】 ×,磁铁和电流产生的磁场本质上都是由运动电荷激发的。

四、计算题

13-21　已知铜的摩尔质量 $M=63.75\ \mathrm{g/mol}$,密度 $\rho=8.9\ \mathrm{g/cm^3}$,在铜导线里,假设每一个铜原子贡献出一个自由电子,(1) 为了技术上的安全,铜线内最大电流密度 $j_m=6.0\ \mathrm{A/mm^2}$,求此时铜线内电子的漂移速率 v_d;(2) 在室温下电子热运动的平均速率 $\bar{v}$ 是电子漂移速率 v_d 的多少倍?

【分析与解答】 一个铜原子的质量 $m=M/N_A$,其中 N_A 为阿伏伽德罗常数,由铜的密度 ρ 可以推算出铜的原子数密度 $n=\rho/m$。

根据假设,每个铜原子贡献出一个自由电子,其电荷为 e,电流密度 $j_m=nev_d$,从而可解得电子的漂移速率 v_d。

将电子气视为理想气体,根据气体动理论,电子热运动的平均速率 $\bar{v}=\sqrt{\frac{8kT}{\pi m_e}}$,其中 k 为玻耳兹曼常量,m_e 为电子质量,从而可解得电子的平均速率与漂移速率的关系。

(1) 铜导线单位体积的原子数为 $n=N_A\rho/M$,电流密度为 j_m 时铜线内电子的漂移速率 $v_d=j_m/ne=j_mM/N_A\rho e=4.46\times10^{-4}\ \mathrm{m/s}$。

(2) 室温下电子热运动的平均速率与电子漂移速率之比为

$$\frac{\bar{v}}{v_d}=\frac{1}{v_d}\sqrt{\frac{8kT}{\pi m_e}}\approx2.42\times10^8$$

室温下电子热运动的平均速率远大于电子在恒定电场中的定向漂移速率。电子实际的运动是无规则热运动和沿电场相反方向漂移运动的叠加。考虑到电子的漂移速率很小,电信号的信息载体显然不会是定向漂移的电子。实验证明电信号是通过电磁波以光速传递的。

13-22　已知磁感应强度 $B=2.0\ \mathrm{Wb/m^2}$ 的均匀磁场,方向沿 x 轴正方向,如图所示。试求:(1) 通过图中 $abcd$ 面的磁通量;(2) 通过图中 $befc$ 面的磁通量;(3) 通过图中 $aefd$ 面的磁通量。

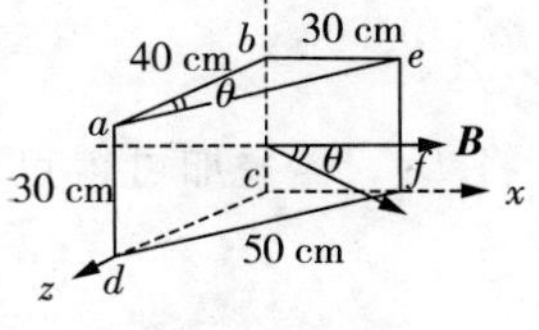

习题 13-22 图

【分析与解答】 (1) 通过 $abcd$ 面积 S_1 的磁通量为 $\Phi_{m1}=\boldsymbol{B}\cdot\boldsymbol{S}_1=2.0\times0.3\times0.4=0.24\ \mathrm{Wb}$;

(2) 通过 $befc$ 面积 S_2 的磁通量为 $\Phi_{m2}=\boldsymbol{B}\cdot\boldsymbol{S}_2=0$；

(3) 通过 $aefd$ 面积 S_3 的磁通量为 $\Phi_{m3}=\boldsymbol{B}\cdot\boldsymbol{S}_3=2.0\times0.3\times0.5\times\cos\theta=2.0\times0.3\times0.5\times\dfrac{4}{5}=0.24(\text{Wb})$。

13-23　如图所示，已知地球北极地磁场磁感应强度大小为 6.0×10^{-5} T。如设想此地磁场是由地球赤道上一圆电流激发的，此电流有多大？流向如何？

【分析与解答】　设赤道电流为 I，由圆电流轴线上北极点的磁感应强度

$$B=\frac{\mu_0 IR^2}{2\,(R+R^2)^{3/2}}=\frac{\mu_0 I}{4\sqrt{2}R}$$

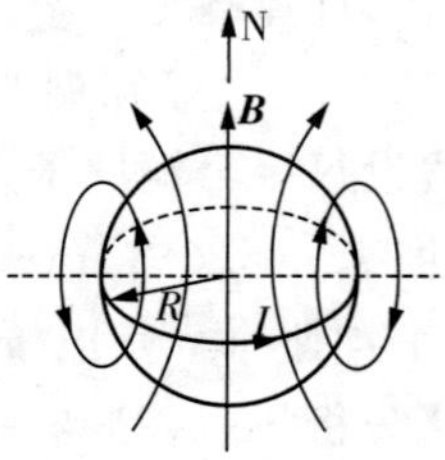

习题 13-23 图

因此赤道上的等效圆电流为

$$I=\frac{4\sqrt{2}RB}{\mu_0}=1.73\times10^9\ \text{A}$$

由于在地球地磁场的 N 极在地理南极，根据右手螺旋法则可判断赤道圆电流应该是由东向西流，与地球自转方向相反。

13-24　如图所示，有两根导线沿半径方向接触铁环的 a、b 两点，并与很远处的电源相接。求环心 O 的磁感应强度。

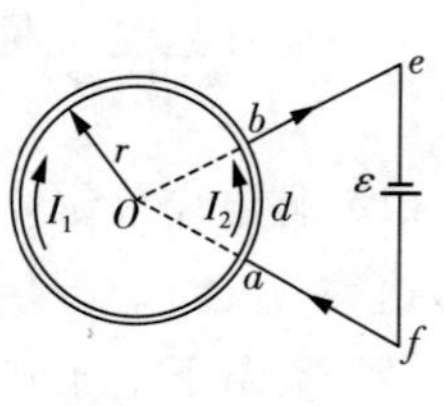

习题 13-24 图

【分析与解答】　根据叠加原理，点 O 的磁感应强度可视作由 ef、be、fa 三段直线以及 acb、adb 两段圆弧电流共同激发。由于电源距环较远，$\boldsymbol{B}_{ef}=0$。而 be、fa 两段直线的延长线通过点 O，$\boldsymbol{B}_{be}=\boldsymbol{B}_{fa}=0$。

流过圆弧的电流 I_1、I_2 的方向如图所示，两圆弧在点 O 激发的磁感应强度分别为

$$B_1=\frac{\mu_0 I_1 l_1}{4\pi r^2},B_2=\frac{\mu_0 I_2 l_2}{4\pi r^2}$$

式中，l_1、l_2 分别是圆弧 acb、adb 的弧长，由于导线电阻 R 与弧长 l 成正比，而圆弧 acb、adb 又构成并联电路，故有

$$I_1 l_1=I_2 l_2$$

将 B_1、B_2 叠加可得点 O 的磁感应强度 B，由上述分析可知，点 O 的合磁感应强度

$$B=B_1-B_2=\frac{\mu_0 I_1 l_1}{4\pi r^2}-\frac{\mu_0 I_2 l_2}{4\pi r^2}=0$$

13-25　载流导线形状如图所示(图中直线部分导线延伸到无穷远),求点 O 的磁感应强度 $\boldsymbol{B}$。

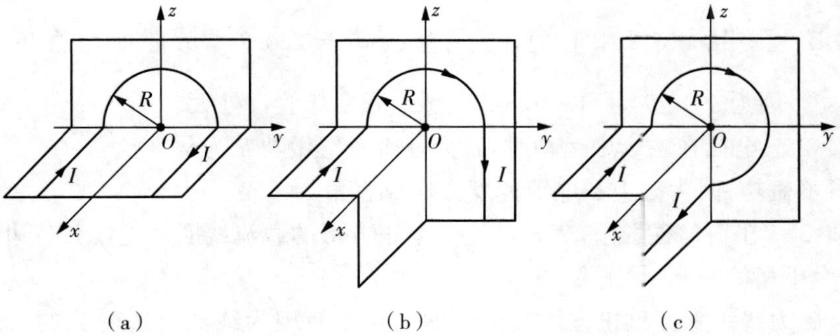

习题 13-25 图

【分析与解答】　由圆弧载流导线在圆心激发的磁感应强度 $B=\frac{\mu_0 I\alpha}{4\pi R}$,其中 α 为圆弧载流导线所张的圆心角,磁感应强度的方向依照右手螺旋法则确定;半无限长载流导线在圆心点 O 激发的磁感应强度 $B=\frac{\mu_0 I}{4\pi R}$,磁感应强度的方向依照右手螺旋法则确定。

点 O 的磁感应强度 $\boldsymbol{B}_O$ 可以视为由圆弧载流导线、半无限长载流导线等激发的磁场在空间点 O 的叠加。根据磁场的叠加,则

在图(a)中,　$\boldsymbol{B}_O=-\frac{\mu_0 I}{4R}\boldsymbol{i}-\frac{\mu_0 I}{4\pi R}\boldsymbol{k}-\frac{\mu_0 I}{4\pi R}\boldsymbol{k}=-\frac{\mu_0 I}{4R}\boldsymbol{i}-\frac{\mu_0 I}{2\pi R}\boldsymbol{k}$;

在图(b)中,　$\boldsymbol{B}_O=-\frac{\mu_0 I}{4\pi R}\boldsymbol{i}-\frac{\mu_0 I}{4R}\boldsymbol{i}-\frac{\mu_0 I}{4\pi R}\boldsymbol{k}=-\frac{\mu_0 I}{4R}\left(\frac{1}{\pi}+1\right)\boldsymbol{i}-\frac{\mu_0 I}{4\pi R}\boldsymbol{k}$;

在图(c)中,　$\boldsymbol{B}_O=-\frac{3\mu_0 I}{8R}\boldsymbol{i}-\frac{\mu_0 I}{4\pi R}\boldsymbol{j}-\frac{\mu_0 I}{4\pi R}\boldsymbol{k}$。

第十四章　磁力和磁介质

思　考　题

14-1　长直螺旋管中从管口进去的磁力线数目是否等于管中部磁力线的数目?为什么管中部的磁感应强度比管口处大?

答:因为磁力线是闭合曲线,故磁力线数目相等。根据载流长直螺旋管磁感应强度计算公式$B=\frac{\mu_0 nI}{2}(\cos\theta_2-\cos\theta_1)$可知,管口处,$\theta_1\to\pi/2$,$\cos\theta_1=0$,故磁感应强度为 $B=\frac{\mu_0 nI}{2}\cos\theta_2$;中心处,$\cos\theta'_2-\cos\theta'_1=2\cos\theta'_2$,故磁感应强度为 $B=\mu_0 nI\cos\theta'_2$,因为 $\theta'_2>\theta_2$,所以中心处磁感应强度比管口处大。

14-2　电荷在磁场中运动时,磁力是否对它做功?为什么?

答:不做功,因为磁力和电荷速度方向成直角。

14-3　在均匀磁场中,怎样放置一个正方形的载流线圈才能使其各边所受到的磁力大小相等?

答:磁力线垂直穿过正方形载流线圈的位置。因为线圈每边受到的安培力为 $\boldsymbol{F}=I\boldsymbol{a}\times\boldsymbol{B}$,其中 a 为正方形边长,处在以上平面时,每边受到的磁力为 $F=IaB$。

习　　题

一、选择题

14-1　有一半径为 R 的单匝圆线圈,通有电流 I,若将该导线弯成匝数 $N=2$ 的平面圆线圈,导线长度不变,并通以同样的电流,则线圈中心的磁感应强度和线圈的磁矩分别是原来的(　　)。

(A)4 倍和 1/8　　(B)4 倍和 1/2

(C)2 倍和 1/4　　(D)2 倍和 1/2

【分析与解答】　载流圆线圈在圆心磁场为 $B=\frac{\mu_0 I}{2R}$,导线长度为 $2\pi R$,利用 $2\pi R=2\pi R'\times 2$,有 $R'=R/2$,则 $B'=2\times\frac{\mu_0 I}{2R'}=4\times\frac{\mu_0 I}{2R}=4B$。磁矩可利用 $p_m=NIS$ 求出,因为 $S=\pi R^2$,$S'=\pi R'^2=S/4$,则 $p'_m=2IS/4=p_m/2$,选 B。

14-2　洛仑兹力可以(　　)。

(A) 改变带电粒子的速率　　(B) 改变带电粒子的动量

(C) 对带电粒子做功　　(D) 增加带电粒子的动能

【分析与解答】　由于洛仑兹力总是与带电粒子的速度方向垂直,所以只改变粒子的运动方向而不改变粒子的速率,因此洛仑兹力不能改变带电粒子的速率、动能,也不能对带电粒子做功,选 B。

14-3　一张气泡室照片表明,质子的运动轨迹是一半径为 0.10 m 的圆弧,运动轨迹平面与磁感应强度大小为 0.3 Wb/m^2 的磁场垂直,已知质子的质量为 $m=1.67\times10^{-27}$ kg,电量为 $e=1.6\times10^{-19}$ C,该质子动能最接近(　　)。

(A)0.01 MeV　　(B)1 MeV

(C) 0.1 MeV　　　　　　　　　(D) 5 MeV

【分析与解答】 由公式 $evB = mv^2/R$ 可知 $\frac{1}{2}mv^2 = \frac{(eBR)^2}{2m}$，有 $E_k = \frac{(1.6\times10^{-19})^2\times0.3^2\times0.1^2}{2\times1.67\times10^{-27}}\text{J} = 4.3\times10^4\ \text{eV} \approx 5\ \text{MeV}$，选 D。

14-4　一个半导体薄片置于如图所示的磁场中，薄片通有方向向右的电流 I，则此半导体两侧的霍尔电势差(　　)。

(A) 若电子导电，$V_a < V_b$

(B) 若电子导电，$V_a > V_b$

(C) 若空穴导电，$V_a > V_b$

(D) 若空穴导电，$V_a = V_b$

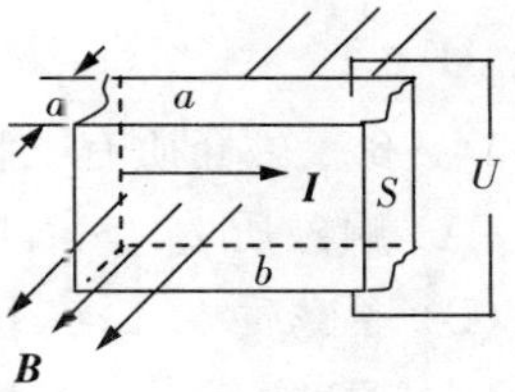

习题 14-4 图

【分析与解答】 如果主要是电子导电，根据洛仑兹力方向向下，可知 b 板聚集负电荷，有 $V_a > V_b$；如果主要是空穴导电，根据洛仑兹力方向向下，可知 b 板聚集正电荷，有 $V_a < V_b$，选 B。

14-5　如图所示，处在某匀强磁场中的载流金属导体块中出现霍尔效应，测得两底面 M、N 的电势差为 $V_M - V_N = 0.3\times10^{-3}$ V，则图中所加匀强磁场的方向为(　　)。

(A) 竖直向上

(B) 竖直向下

(C) 水平向前

(D) 水平向后

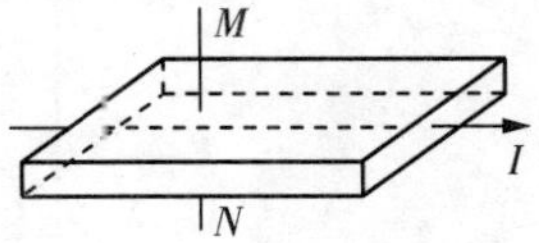

习题 14-5 图

【分析与解答】 金属导体主要是电子导电，由题知 N 板聚集负电荷，根据负电荷受洛仑兹力向下，可知匀强磁场方向水平向前，选 C。

14-6　用细导线均匀密绕成长为 l、半径为 $a(l \gg a)$、总匝数为 N 的螺线管，通以稳恒电流 I，当管内充满相对磁导率为 μ_r 的均匀介质后，管中任意一点的(　　)。

(A) 磁感应强度大小为 $\mu_0\mu_r NI$　　　(B) 磁感应强度大小为 $\mu_r NI/l$

(C) 磁场强度大小为 $\mu_0 NI/l$　　　(D) 磁场强度大小为 NI/l

【分析与解答】 螺线管 $B=\mu_0\mu_r nI$，而 $n=N/l$，有 $B=\mu_0\mu_r NI/l$，又因为 $B=\mu_0\mu_r H$，有 $H=NI/l$，选 D。

14-7　半径为 r 的无限长圆柱形直导线置于无穷大均匀磁介质中，其相对磁导率为 μ_r，导线内通有电流强度为 I 的恒定电流，则磁介质内的磁化强度 M 为(　　)。

(A) $-\frac{(\mu_r-1)I}{2\pi r}$　　　　(B) $\frac{(\mu_r-1)I}{2\pi r}$

(C) $\frac{\mu_r I}{2\pi r}$　　　　(D) $\frac{I}{2\pi\mu_r r}$

【分析与解答】 由安培环路定理$\oint_l \boldsymbol{H}\cdot d\boldsymbol{l}=\sum I_i$，可知 $H=\frac{I}{2\pi r}$，再由 $B=\mu_0\mu_r H$ 有 $B=\frac{\mu_0\mu_r I}{2\pi r}$，考虑到 $H=\frac{B}{\mu_0}-M$，有 $M=\frac{B}{\mu_0}-H=\frac{\mu_r I}{2\pi r}-\frac{I}{2\pi r}=\frac{I}{2\pi r}(\mu_r-1)$，选 B。

14-8 磁介质有三种，用相对磁导率 μ_r 表征它们各自的特性时，(　　)。

(A) 顺磁质 $\mu_r>0$，抗磁质 $\mu_r<0$，铁磁质 $\mu_r\gg 1$

(B) 顺磁质 $\mu_r>1$，抗磁质 $\mu_r=1$，铁磁质 $\mu_r\gg 1$

(C) 顺磁质 $\mu_r>1$，抗磁质 $\mu_r<1$，铁磁质 $\mu_r\gg 1$

(D) 顺磁质 $\mu_r<0$，抗磁质 $\mu_r<1$，铁磁质 $\mu_r>0$

【分析与解答】 由磁介质的定义可选出正确答案，选 C。

14-9 两种不同磁性材料做的小棒，分别放在两个磁铁的两个磁极之间，小棒被磁化后在磁极间处于不同的方位，如图所示，则(　　)。

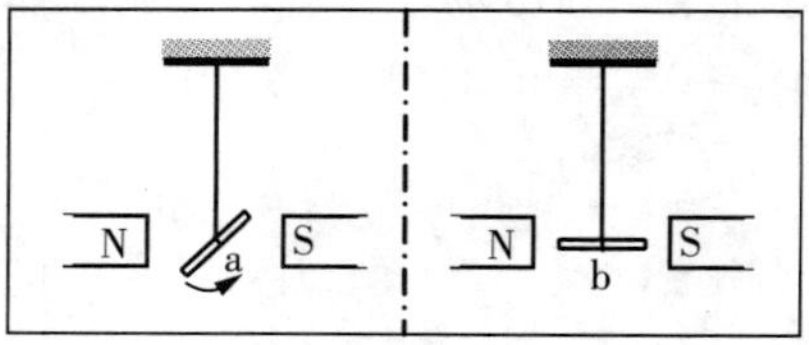

习题 14-9 图

(A) a 棒是顺磁质，b 棒是抗磁质

(B) a 棒是顺磁质，b 棒是顺磁质

(C) a 棒是抗磁质，b 棒是顺磁质

(D) a 棒是抗磁质，b 棒是抗磁质

【分析与解答】

根据 a 棒、b 棒的运动状态可以判断棒上的磁极，如上图，那么对 b 棒外部来说磁场从 N′ 指向 S′，在 b 棒内部则相反，所以 b 棒内部磁场从左往右，与两磁铁在 b 棒内部产生的磁场方向一样，所以 b 棒是顺磁质，a 棒为抗磁质，选 C。

二、填空题

14-10　一个通有电流 I 的导体，厚度为 d，横截面积为 S，放在磁感强度大小为 B 的匀强磁场中，磁场方向如图所示，现测得导体上下两面电势差为 U_H，则此导体的霍尔系数为__________。

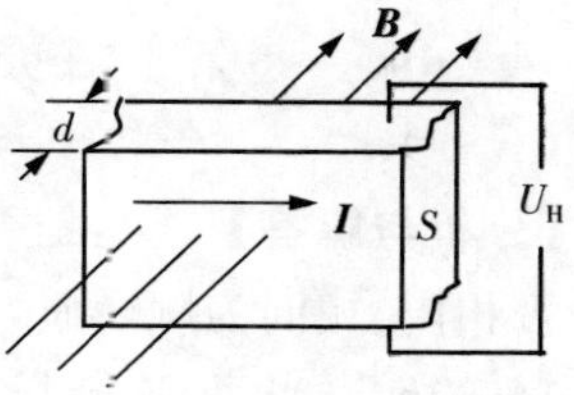

习题 14-10 图

【分析与解答】　霍尔系数为 $R_H=\frac{1}{nq}$，而霍尔电压为 $U_H=\frac{IB}{nqd}$，则 $R_H=\frac{U_H d}{IB}$。

14-11　一个由 N 匝细导线绕成的平面正三角形线圈，边长为 a，通有电流 I，置于均匀外磁场 $\boldsymbol{B}$ 中，当线圈平面的法向与外磁场方向成60°时，该线圈所受的磁力矩 $\boldsymbol{M}_m$ 大小为__________。

【分析与解答】　磁矩为 $p_m=NIS$，$S=\frac{\sqrt{3}}{4}a^2$，$\boldsymbol{M}=\boldsymbol{p}_m\times\boldsymbol{B}$，所以 $M_m=\frac{\sqrt{3}}{4}NIBa^2\sin 60°=\frac{3}{8}NISa^2$。

14-12　如图所示，平行放置在同一平面内的三条载流长直导线，要使导线 AB 所受的安培力等于零，则 x 等于__________。

【分析与解答】　无限长直导线产生的磁场，考虑导线 AB 所在处的合磁场为 0，有 $\frac{\mu_0 I}{2\pi x}=\frac{\mu_0\cdot 2I}{2\pi(a-x)}$，解得 $x=a/3$。

14-13　如图所示，一细螺绕环由表面绝缘的导线在铁环上密绕而成，每厘米绕 10 匝。当导线中的电流 I 为 2 A 时，测得铁环内的磁感应强度 $\boldsymbol{B}$ 的大小为 1 T，则可求得铁环的相对磁导率 μ_r 为__________（真空磁导率 $\mu_0=4\pi\times10^{-7}$ T·m/A）。

【分析与解答】　由题意 $n=10^3$，螺线管中磁场大小为 $B=\mu_0\mu_r nI\Rightarrow\mu_r=\frac{B}{\mu_0 nI}=\frac{1}{4\pi\times10^{-7}\times10^3\times2}\approx398$。

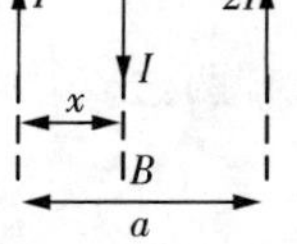

习题 14-12 图

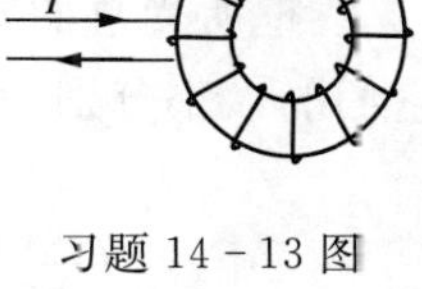

习题 14-13 图

三、判断题

14 - 14　一条形磁介质在外磁场作用下被磁化，该介质一定为顺磁质。(　　)

【分析与解答】　×,是否为顺磁质要看磁介质被磁化后磁场方向与原磁场方向是否相同,相同为顺磁质,相反则为抗磁质。

14 - 15　当两平行导线通以大小相同、方向相同的电流时，会相互排斥。(　　)

【分析与解答】　×,两平行导线通以大小相同、方向相同的电流时,会相互吸引。

14 - 16　霍尔片中通以电流,就会产生霍尔电势差。(　　)

【分析与解答】　×,当磁场方向与电流方向平行时不产生霍尔效应。

四、计算题

14 - 17　已知 10 mm^2 裸铜线允许通过 50 A 电流而不会使导线过热。电流在导线横截面上均匀分布。求:(1) 导线内、外磁感应强度的分布;(2) 导线表面的磁感应强度。

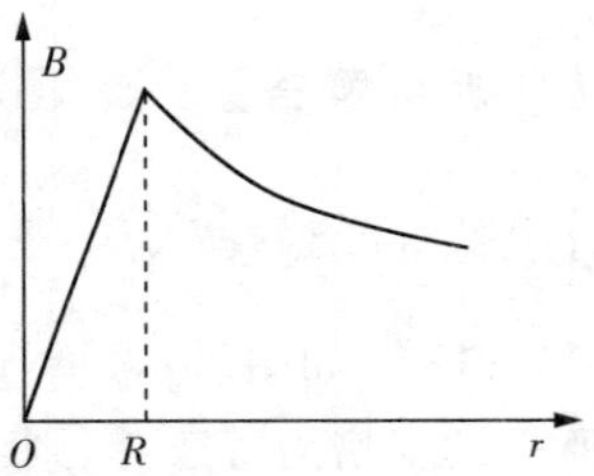

习题 14 - 17 图

【分析与解答】　(1) 围绕轴线取同心圆为环路 L,取其绕向与电流成右手螺旋关系,根据安培环路定理

$$\oint_L \boldsymbol{B} \cdot \mathrm{d}\boldsymbol{l} = B \cdot 2\pi r = \mu_0 \sum I$$

在导线内 $r < R$, $\sum I = \frac{I}{\pi R^2}\pi r^2 = \frac{Ir^2}{R^2}$,因而 $B = \frac{\mu_0 Ir}{2\pi R^2}$;在导线外 $r > R$, $\sum I = I$,因而 $B = \frac{\mu_0 I}{2\pi r}$。故磁感应强度分布曲线如图所示。

(2) 在导线表面磁感应强度连续,由 $I = 50$ A, $R = \sqrt{S/\pi} = 1.78 \times 10^{-3}$ m,得 $B_0 = \frac{\mu_0 I}{2\pi R} = 5.6 \times 10^{-3}$ T。

14 - 18　如图所示,一根长直导线载有电流 $I_1 = 30$ A,矩形回路载有电流 $I_2 = 20$ A。试计算作用在回路上的合外力。已知 $d = 1.0$ cm, $b = 8.0$ cm, $l = 0.12$ m。

【分析与解答】　线框所受总的安培力 $\boldsymbol{F}$ 为左、右两边安培力 $\boldsymbol{F}_3$ 和 $\boldsymbol{F}_4$ 的矢量合,如图(b) 所示,它们的大小分别为

$$F_3 = \frac{\mu_0 I_1 I_2 l}{2\pi d}, F_4 = \frac{\mu_0 I_1 I_2 l}{2\pi(d + b)}$$

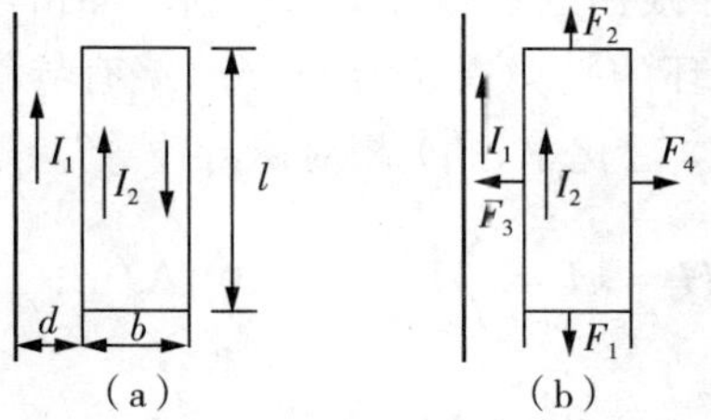

习题 14－18 图

故合力的大小为

$$F=F_3-F_4=\frac{\mu_0 I_1 I_2 l}{2\pi d}-\frac{\mu_0 I_1 I_2 l}{2\pi(d+b)}=1.28\times10^{-3}\ \mathrm{N}$$

合力的方向朝左，指向直导线。

14－19　在平均半径 $r=0.1\ \mathrm{m}$、横截面积 $S=6\times10^{-4}\ \mathrm{m}^2$ 铸钢环上，均匀密绕 $N=200$ 匝线圈，当线圈内通有 $I_1=0.63\ \mathrm{A}$ 的电流时，钢环口的磁通量 $\Phi_1=3.24\times10^{-4}\ \mathrm{Wb}$；当电流增大到 $I_2=4.7\ \mathrm{A}$ 时，磁通量 $\Phi_2=6.18\times10^{-4}\ \mathrm{Wb}$。求两种情况下钢环的绝对磁导率。

【分析与解答】　钢环中的磁感应强度为 $B=\Phi/S$，

根据安培环路定理

$$\oint_l \boldsymbol{H}\cdot\mathrm{d}\boldsymbol{l}=\sum I$$

得磁场强度为

$$H=NI/2\pi r$$

根据公式 $B=\mu H$，得绝对磁导率为

$$\mu=\frac{B}{H}=\frac{2\pi r\Phi}{NIS}$$

(1) 在第一种情况下

$$\mu=\frac{2\pi\times0.1\times3.24\times10^{-4}}{200\times0.63\times6\times10^{-4}}\approx2.69\times10^{-3}(\mathrm{H/m})$$

(2) 在第二种情况下

$$\mu=\frac{2\pi\times0.1\times6.18\times10^{-4}}{200\times4.7\times6\times10^{-4}}\approx6.88\times10^{-4}(\mathrm{H/m})$$

14-20　螺绕环的导线内通有电流 20 A，利用冲击电流计测得环内磁感应强度的大小为 1.0 T。已知环的平均周长为 40 cm，绕有导线 400 匝。试计算：(1) 磁场强度；(2) 磁化强度；(3) 磁化率；(4) 相对磁导率。

【分析与解答】 (1)$H = nI = \frac{N}{l}I = 2 \times 10^4$ A/m；

(2)$M = \frac{B}{\mu_0} - H \approx 7.76 \times 10^5$ A/m；

(3)$\chi_m = \frac{M}{H} \approx 38.8$；

(4) 相对磁导率 $\mu_r = 1 + \chi_m = 39.8$。

第十五章　电磁感应和电磁场

思　考　题

15-1　在法拉第电磁感应定律 $\varepsilon_i = -N\frac{d\Phi_m}{dt}$ 中，负号的意义是什么？你是如何根据负号来确定感应电动势方向的？

答：负号的意义是感应电流产生的磁场阻碍原磁场的变化。当原磁场增强时，感应电流产生的磁场方向与原磁场方向相反；当原磁场减弱时，感应电流产生的磁场方向与原磁场方向相同。

15-2　当我们把条形磁铁沿铜质圆环的轴线插入铜环中时，铜环中有感应电流和感应电场吗？如用塑料圆环替代铜质圆环，环中仍有感应电流和感应电场吗？

答：把条形磁铁沿铜质圆环的轴线插入铜环中时，圆环中有感应电流和感应电场。如用塑料圆环替代铜质圆环，环中仍有感应电场，而无感应电流。因为不管有无导体，变化的磁场在其周围空间都要产生感生电场，如果有导体回路存在，则在导体中有感生电流产生，否则只有感生电场而无感生电流。

15-3　互感电动势与哪些因素有关？要在两个线圈间获得较大的互感，应该用什么办法？

答：由 $\varepsilon_{21} = -M\frac{dI_1}{dt}$ 知，在一个线圈中产生的互感电动势与两个线圈的互感 M 及另一线圈中电流随时间的变化率有关。而由 $M = \frac{\varphi_{21}}{I_1} = \frac{\varphi_{12}}{I_2}$ 知，当两个线圈的形

状、大小和磁介质的磁导率给定时，要获得较大的互感，一个线圈产生的磁场通过另一个线圈的磁通量要尽量大，所以两个线圈应同轴。

15-4　两个相距不远的平面圆线圈，怎样放置可使其互感系数近似为零（设其中一线圈的轴线恰通过另一线圈的圆心）。

答: 由 $M=\frac{\varphi_{21}}{I_1}=\frac{\varphi_{12}}{I_2}$ 知，当一个线圈产生的磁场通过另一个线圈的磁通量近似为零时，其互感系数近似为零，所以两线圈应轴线相互垂直放置。

15-5　什么是位移电流？什么是全电流？位移电流与传导电流有什么异同？

答: 当电场发生变化，等效成位移电流。通过电场中某一截面的位移电流 I_d 等于通过该截面的电位移通量 φ_D 对时间的变化率。通过某截面的全电流是通过该截面的传导电流和位移电流之和，全电流是连续的。传导电流和位移电流的共同点是都能在空间产生磁场，对运动电荷产生作用力，但两者有本质上的区别。传导电流是自由电荷定向运动，通过导体时能产生焦耳热；位移电流是电场的变化，在真空或电介质中不产生焦耳热，即位移电流不产生热效应。

15-6　感生电场（涡旋电场）与静电场有何区别？

答: 静电场是由静止的电荷产生的，电场线从正电荷出发（或来自无限远处）终止于负电（或延伸到无限远处），它遵守高斯定理，即 $\oint\!\!\oint_S \boldsymbol{E}_1\cdot \mathrm{d}\boldsymbol{S}=\frac{1}{\varepsilon_0}\sum_i q_i$，是有源场。感生电场是由变化磁场产生的，与电荷无关，其电场线是无头无尾的闭合曲线，因而 $\oint\!\!\oint_S \boldsymbol{E}_2\cdot \mathrm{d}\boldsymbol{S}=0$ 是无源场。静电场遵守场强环路定理，即 $\oint_L \boldsymbol{E}_1\cdot \mathrm{d}\boldsymbol{l}=0$，是无旋场，即保守力场，它说明电场力做功与路径无关，可以引入电势概念。感生电场不遵守场强环路定理，即 $\oint_L \boldsymbol{E}_2\cdot \mathrm{d}\boldsymbol{l}\neq 0$ 是有旋场，感生电场力做功与路径有关，不能建立电势的概念。

习　题

一、选择题

15-1　在以下矢量场中，属保守力场的是（　　）。

(A) 静电场　　(B) 涡旋电场

(C) 稳恒磁场　　(D) 变化磁场

【分析与解答】　一个场若为保守场，其场的环路积分应为零，选 A。

15-2　关于电磁感应，下列叙述正确的是（　　）。

(A) 通电导体在磁场中受力，这种现象叫作电磁感应

(B) 闭合电路在磁场中做切割磁感线运动，电路中一定会产生电流

(C) 电磁感应现象说明利用磁场可以产生电流

(D) 电磁感应现象中,电能转化成机械能

【分析与解答】 通电导体在磁场中受力,这种现象的实质是电流的磁效应,而不是电磁感应,故选项 A 是错误的。当整个闭合电路都在磁场中做切割磁感线运动时,有可能使通过该闭合电路所包围的面积内的磁通量变化为零,则没有感应电流的产生,故选项 B 是错误的。在电磁感应中,导体在磁场中运动需要有外力推动做功,在此过程中消耗的机械能转化为电能,故选项 D 是错误的,选 C。

15-3 一根无限长平行直导线载有电流 I,一矩形线圈位于导线平面内沿垂直于载流导线方向以恒定速率运动(如图所示),则( )。

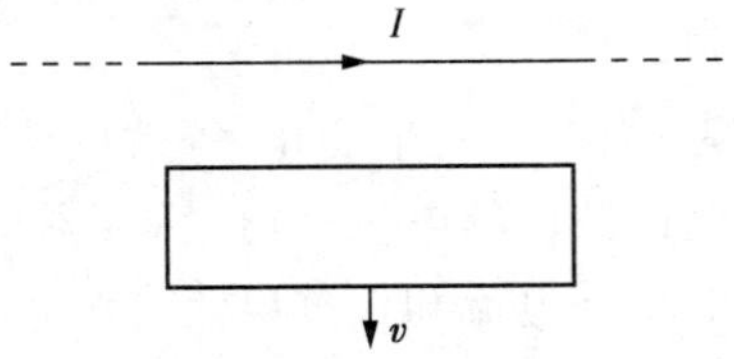

习题 15-3 图

(A) 线圈中无感应电流

(B) 线圈中感应电流为顺时针方向

(C) 线圈中感应电流为逆时针方向

(D) 线圈中感应电流方向无法确定

【分析与解答】 由右手螺旋法则可以判断,在矩形线圈附近磁场垂直纸面朝里,磁场是非均匀场,距离长直载流导线越远,磁场越弱。因而当矩形线圈朝下运动时,在线圈中产生感应电流,感应电流方向由法拉第电磁感应定律可以判定,选 B。

15-4 将形状完全相同的铜环和木环静止放置在交变磁场中,并假设通过两环面的磁通量随时间的变化率相等,不计自感,则( )。

(A) 铜环中有感应电流,木环中无感应电流

(B) 铜环中有感应电流,木环中有感应电流

(C) 铜环中感应电动势大,木环中感应电动势小

(D) 铜环中感应电动势小,木环中感应电动势大

【分析与解答】 根据法拉第电磁感应定律,铜环、木环中的感应电场大小相等,但在木环中不会形成电流,选 A。

15-5 有两个线圈,线圈 1 对线圈 2 的互感系数为 M_{21},线圈 2 对线圈 1 的互感系数为 M_{12}。若它们分别流过 i_1 和 i_2 的变化电流,且 $\left|\frac{di_1}{dt}\right| < \left|\frac{di_2}{dt}\right|$,并设由 i_2 变化在线圈 1 中产生的互感电动势为 ε_{12},由 i_1 变化在线圈 2 中产生的互感电动势为 ε_{21},下述论断正确的是( )。

(A) $M_{12}=M_{21}, \varepsilon_{21}=\varepsilon_{12}$ (B) $M_{12}\neq M_{21}, \varepsilon_{21}\neq\varepsilon_{12}$

(C) $M_{12}=M_{21}, \varepsilon_{21}>\varepsilon_{12}$ (D) $M_{12}=M_{21}, \varepsilon_{21}<\varepsilon_{12}$

【分析与解答】 由题可知，$M_{21}=M_{12}$，电磁感应定律 $\varepsilon_{21}=M_{21}\left|\frac{\mathrm{d}i_1}{\mathrm{d}t}\right|$，$\varepsilon_{12}=M_{12}\left|\frac{\mathrm{d}i_2}{\mathrm{d}t}\right|$，选 D。

15-6　习题 15-6 图是测定自感系数很大的线圈 L 的直流电阻的电路，L 两端并联一只电压表，用来测自感线圈的直流电压，在测定完毕后，应该(　　)。

(A) 先断开 S_1

(B) 先断开 S_2

(C) 先拆除电流表

(D) 先拆电阻 R

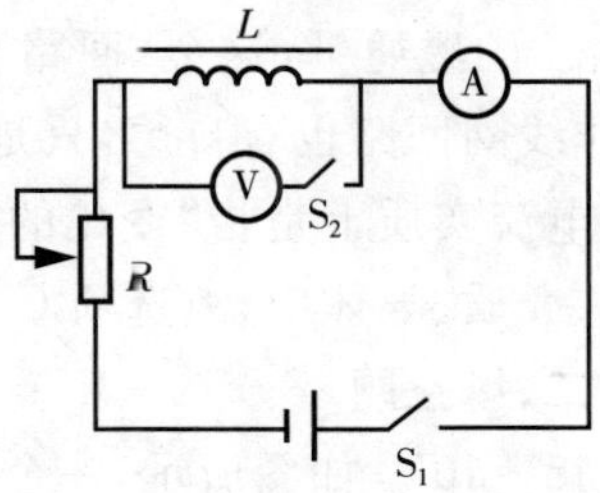

习题 15-6 图

【分析与解答】 在电路拆卸时，无论是先断开 S_1，还是先拆除电流表，抑或是先拆除电阻，通过线圈 L 的电流都会迅速减小，L 中会产生很大的自感电流，而电压表与线圈 L 构成闭合回路，因此容易烧坏电压表，所以应先将电压表与线圈 L 断开，再切断电路，选 B。

15-7　对位移电流，下述说法中正确的是(　　)。

(A) 位移电流的实质是变化的电场

(B) 位移电流和传导电流一样是定向运动的电荷

(C) 位移电流服从传导电流遵循的所有定律

(D) 位移电流的磁效应不服从安培环路定理

【分析与解答】 位移电流的实质是变化的电场。变化的电场激发磁场，在这一点位移电流等效于传导电流，但是位移电流不是定向运动的电荷，也就不服从焦耳热效应、安培力等定律，选 A。

15-8　下列说法正确的是(　　)。

(A) 感应电场是保守场

(B) 感应电场的电场线是一组闭合曲线

(C) $\Phi_m=LI$，因而线圈的自感系数与回路的电流成反比

(D) $\Phi_m=LI$，回路的磁通量越大，回路的自感系数也一定大

【分析与解答】 对照感应电场的性质，感应电场的电场线是一组闭合曲线，选 B。

15-9　下列说法中正确的是(　　)。

(A) 按照线圈自感系数的定义式，I 越小，L 就越大

(B) 自感是对线圈而言的，对一个无线圈的导线回路是不存在自感的

(C) 位移电流只在平行板电容器中存在

(D) 以上说法均不正确

【分析与解答】 线圈的自感系数 L 仅与线圈本身的形状、大小、匝数、磁介质分布有关，与线圈是否载流无关，故选项A是错误的。由 $L=\frac{\varphi}{I}$ 可知，φ 是穿过一个"回路"的磁通量，这个"回路"既可以指线圈回路，也可以指一般的载流回路。因而，非线圈回路也有自感，只是与线圈回路相比自感小得多，故选项B是错误的。位移电流实质上是指"变化的电场"，因而，它不仅仅存在于电容器中，还可存在于真空、介质、导体中，故选项C是错误的。因而选D。

二、填空题

15-10 如图所示，一个小型圆形线圈 A 有 N_1 匝，横截面积为 S，将此线圈放在另一半径为 $R(R\gg r)$，匝数为 N_2 的圆形大线圈 B 的中心，两者同轴共面，则此二线圈的互感系数 M 为__________。

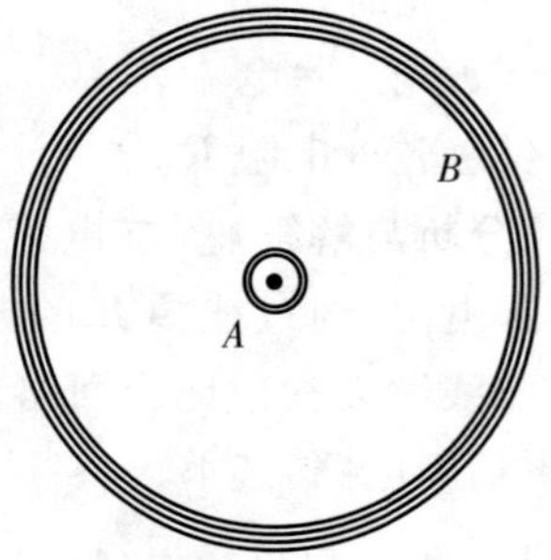

习题 15-10 图

【分析与解答】 设 B 中有电流 i，则 A 中 $\Phi_m=N_2\frac{\mu_0 i}{2R}\cdot S$，$\psi=N_1N_2\frac{\mu_0 i}{2R}\cdot S$，可得 $M=\frac{\mu_0 N_1N_2S}{2R}$。

15-11 有一磁矩为 $\boldsymbol{p}_m$ 的载流线圈，置于磁感应强度为 $\boldsymbol{B}$ 的均匀磁场中，$\boldsymbol{p}_m$ 与 $\boldsymbol{B}$ 的夹角为 α，当线圈由 $\alpha=0°$ 转到 $\alpha=180°$，外力矩做的功为__________。

【分析与解答】 由 $A=\int_0^{\pi}(\boldsymbol{p}_m\times\boldsymbol{B})\cdot d\boldsymbol{\alpha}=\int_0^{\pi}p_mB\sin\alpha\cdot d\alpha=2p_mB$。

15-12 如图所示，两同轴圆线圈 A、C 的半径分别为 R 和 r，匝数分别为 N_1 和 N_2。两线圈相距为 d，若 r 很小，可认为 A 线圈在 C 处产生的磁场是均匀的，则两线圈间的互感系数为__________。

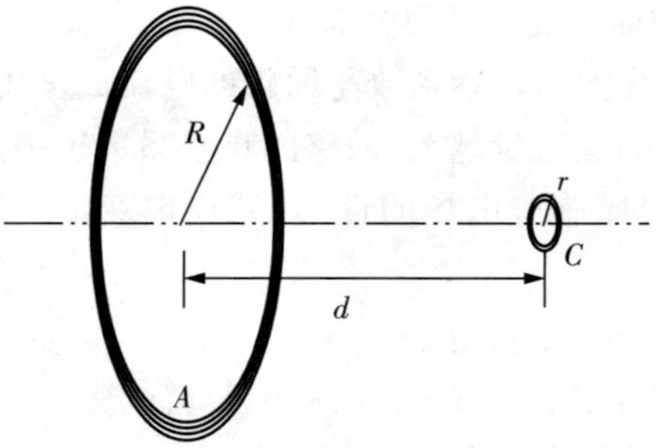

习题 15-12 图

【分析与解答】 设 A 中有电流 i，在 C 处有 $B_C = N_1 \dfrac{\mu_0 i R^2}{2\sqrt{(R^2+d^2)^3}}$，则 $\Phi_C = B_C S = \dfrac{N_1 \mu_0 i R^2}{2\sqrt{(R^2+d^2)^3}} \cdot \pi r^2$，$\psi = SN_2 B_C = \dfrac{N_1 N_2 \mu_0 i R^2}{2\sqrt{(R^2+d^2)^3}} \cdot \pi r^2$，可得 $M = \dfrac{\psi}{i} = \dfrac{N_1 N_2 \mu_0 R^2 \pi r^2}{2\sqrt{(R^2+d^2)^3}}$。

15－13　如图（a）所示，自感线圈 L_1 和 L_2 串联顺接时，总自感为________；如图（b）所示，自感线圈 L_1 和 L_2 串联反接时，总自感为________。

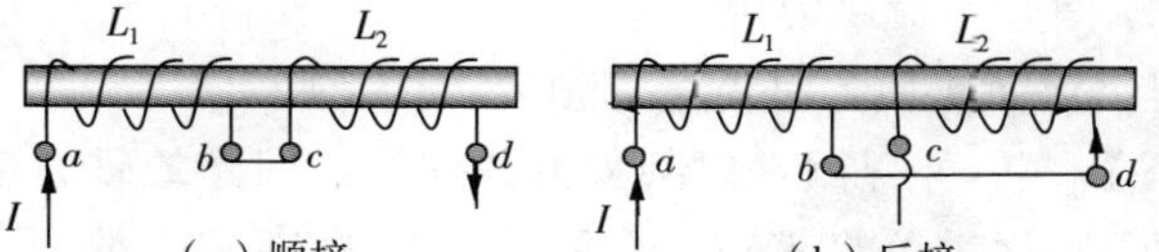

（a）顺接　　（b）反接

习题 15－13 图

【分析与解答】 顺接时 L_1 与 L_2 上电流同向，产生的磁场方向一样，所以顺接的公式为 $L = L_1 + L_2 + 2\sqrt{L_1 L_2}$；反接时 L_1 与 L_2 上电流反向，产生的磁场反向，所以反接的公式为 $L = L_1 + L_2 - 2\sqrt{L_1 L_2}$。

15－14　如图，导体棒 AC 长为 l，在均匀磁场 B 中绕通过 O 点的垂直于棒长且沿磁场方向的轴 OO' 转动（角速度 $\boldsymbol{\omega}$ 与 $\boldsymbol{B}$ 同方向），OC 的长度为棒长的 $\dfrac{1}{3}$。则 A 点电势比 C 点电势________。

【分析与解答】 由 $\varepsilon_i = -\boldsymbol{B} \cdot \dfrac{d\boldsymbol{S}}{dt}$ 知 $\varepsilon_i = B \cdot \dfrac{1}{2}\omega R^2$，可得 $\varepsilon_1 = B \cdot \dfrac{1}{2}\omega\left(\dfrac{2}{3}l\right)^2 = \dfrac{2}{9}B\omega l^2$，$\varepsilon_2 = B \cdot \dfrac{1}{2}\omega\left(\dfrac{l}{3}\right)^2 = \dfrac{1}{18}B\omega l^2$，$\varepsilon_1 - \varepsilon_2 = \dfrac{1}{6}B\omega l^2$，所以 A 点电势比 C 点高。

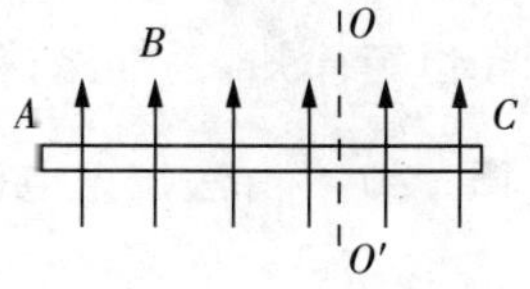

习题 15－14

15－15　半径 $r = 0.1\ \text{cm}$ 的圆线圈，其电阻为 $R = 10\ \Omega$，匀强磁场垂直于线圈，若使线圈中有稳定电流 $I = 0.01\ \text{A}$，则磁场随时间的变化率 $\dfrac{dB}{dt} =$________。

【分析与解答】 由 $I = -\dfrac{d\Phi}{R\,dt}$ 可得 $\dfrac{dB}{dt} = \dfrac{IR}{\pi r^2} = \dfrac{0.01 \times 10}{\pi \times 0.001^2} = \dfrac{1}{\pi} \times 10^5 \approx 3.18 \times 10^4\ (\text{T/s})$。

三、判断题

15-16　当一块磁体靠近闭合超导体时，超导体会产生强大电流，对磁体产生排斥作用，这种排斥力可使磁体悬浮在空中，磁悬浮列车采用了这种技术，磁体悬浮的基本原理是超导体使磁体处于失重状态。(　　)

【分析与解答】　×，由于超导体对磁体产生排斥作用，因此超导体电流的磁场与磁体的磁场方向相反，磁悬浮的原理应是磁体受到的磁场力与磁体重力相平衡。

15-17　载有电流的线圈在磁场中一定受到磁力矩的作用。(　　)

【分析与解答】　×，当载有电流的线圈平面法向方向与磁感应强度方向相同时，磁力矩为零，线圈并不受磁力矩作用。

15-18　楞次定律实质上是能量守恒定律的反映。(　　)

【分析与解答】　√，外界因素以某种方式使穿过回路的磁通量发生变化，穿过回路的磁通量发生变化时必然遇到来自回路内部的"阻碍"，外界作用只有克服这种"阻碍"而维持磁通量的变化，才能把能量输入到回路中转化为电能。回路内部的"阻碍"来源于感应电流自身的属性(磁场)对外界的反抗(反抗磁通量的变化)，即外界作用不断克服感应电流的反抗以维持磁通量的变化而做功，从而把其他形式的能量转化为电能。

15-19　将一磁铁插入一闭合电路线圈中，一次迅速插入，另一次缓慢插入，两次手推磁铁的力所做的功是不同的。(　　)

【分析与解答】　√，电流的功率 $P=\dfrac{\Delta A}{\Delta t}=\dfrac{\varepsilon_i^2}{R}=\dfrac{1}{R}\left(\dfrac{\Delta\Phi}{\Delta t}\right)^2$，所以 $\Delta A=\dfrac{\Delta\Phi}{R}\left(\dfrac{\Delta\Phi}{\Delta t}\right)$，当两次的 $\Delta\Phi$ 相同时，由于第一次磁通量变化 $\dfrac{\Delta\Phi}{\Delta t}$ 大，故 ΔA 也较大。由能量守恒定律知，手推磁铁的力所做的功也是第一次大。

15-20　由法拉第电磁感应定律，感应电动势的大小 $\varepsilon_i=\left|\dfrac{d\Phi_m}{dt}\right|$，则感应电动势 ε_i 与 $\dfrac{d\Phi_m}{dt}$ 的物理意义相同。(　　)

【分析与解答】　×，感应电动势的大小像其他电源电动势的大小一样，表示在电磁感应现象中将其他形式的能转化为电能本领的强弱；磁通量的变化率则表示磁通量变化的快慢。两者物理意义不同。

四、计算题

15-21　如图所示，把一半径为 R 的半圆形导线 OP 置于磁感应强度为 $\boldsymbol{B}$ 的均匀磁场中，当导线以速率 v 水平向右平动时，求导线中感应电动势 ε_i 的大小，哪一端电势较高？

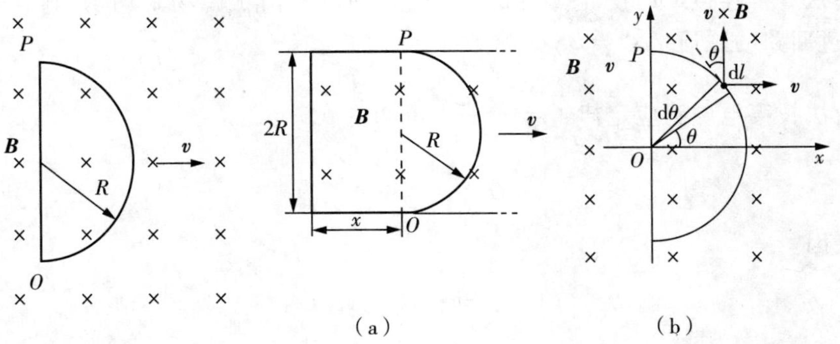

习题 15 - 21 图

【分析与解答】　本题涉及的电动势为动生电动势，可由 $\varepsilon_i = -\dfrac{d\Phi_m}{dt}$ 求解（必须设法构造一个闭合回路），也可直接用公式 $\varepsilon_i = \int_l (\boldsymbol{v} \times \boldsymbol{B}) \cdot d\boldsymbol{l}$ 求解。

在用后一种方法求解时，应注意导体上任一导线元 $d\boldsymbol{l}$ 上的动生电动势 $d\varepsilon_i = (\boldsymbol{v} \times \boldsymbol{B}) \cdot d\boldsymbol{l}$，在一般情况下，上述各量可能是 $d\boldsymbol{l}$ 所在位置的函数。矢量 $\boldsymbol{v} \times \boldsymbol{B}$ 的方向就是导线中电势升高的方向。

解法 1　如图(a)所示，假想半圆形导线 OP 在宽为 $2R$ 的静止的导轨上滑动，两者之间形成一个闭合回路。设顺时针方向为回路正向，任一时刻端点 O 或端点 P 距导轨左侧距离为 x，则

$$\Phi_m = \left(2Rx + \frac{1}{2}\pi R^2\right) B$$

即

$$\varepsilon_i = -\frac{d\Phi_m}{dt} = -2RB\,\frac{dx}{dt} = -2RvB$$

由于静止的导轨上的电动势为零，则 $\varepsilon_i = -2RvB$。式中负号表示电动势的方向为逆时针，对 OP 段来说端点 P 的电势较高。

解法 2　建立如图(b)所示的坐标系，在导体上任意处取导体元 $d\boldsymbol{l}$，则

$$d\varepsilon_i = (\boldsymbol{v} \times \boldsymbol{B}) \cdot d\boldsymbol{l} = vB\sin 90^\circ \cos\theta\, dl = vB\cos\theta R\, d\theta$$

$$\varepsilon_i = \int d\varepsilon_i = vBR\int_{-\pi/2}^{\pi/2} \cos\theta\, d\theta = 2RvB$$

由矢量 $\boldsymbol{v} \times \boldsymbol{B}$ 的指向可知，端点 P 的电势较高。

解法 3 连接 OP 使导线构成一个闭合回路。由于磁场是均匀的，在任意时刻，穿过回路的磁通量 $\Phi = BS =$ 常数。

由法拉第电磁感应定律 $\varepsilon_i = -\dfrac{d\Phi_m}{dt}$ 可知

$$\varepsilon_i = 0$$

又因

$$\varepsilon_i = \varepsilon_{OP} + \varepsilon_{PO}$$

即

$$\varepsilon_{OP} = -\varepsilon_{PO} = 2RvB$$

15 - 22 如图，均匀磁场 $\boldsymbol{B}$ 垂直纸面向里，一根细铜棒 OA 以角速度 $\boldsymbol{\omega}$ 垂直磁场、绕定点 O 转动，设 $OA = L$，求铜棒的感应电动势的大小和方向。

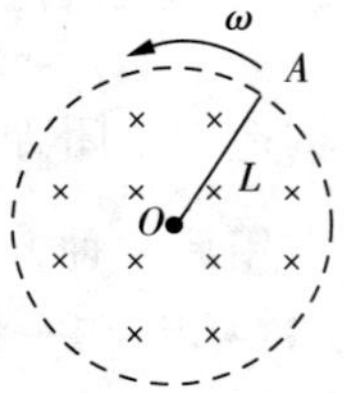

习题 15 - 22 图

【分析与解答】 利用 $d\varepsilon_i = (\boldsymbol{v} \times \boldsymbol{B}) \cdot d\boldsymbol{l}$，有

$$\varepsilon_{OA} = \int_0^L B\omega r\,dr = \frac{1}{2}B\omega L^2$$

方向由 A 指向 O，即 O 电势高。

15 - 23 如图所示，一导线被弯成 α 角的 V 形，其上有一可自由滑动的直导线 MN，且 $MN \perp OX$。设此导线处于磁场中，B 满足 $B = kx\cos\omega t$，若 MN 以速度 $\boldsymbol{v}$ 匀速向右运动，取 $t = 0$ 时 $x = 0$，试求：导体框内的感应电动势。

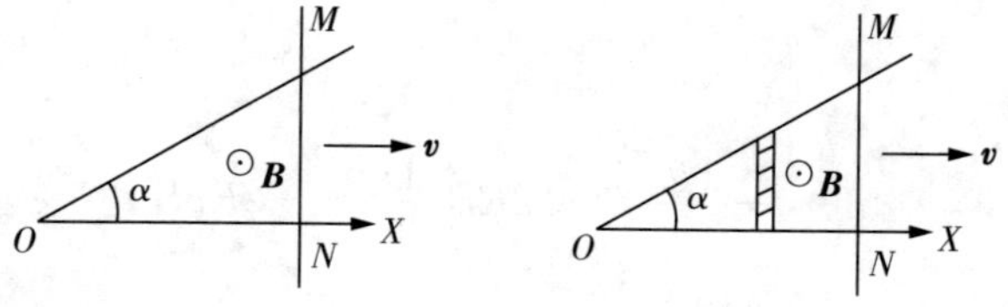

习题 15 - 23 图

【分析与解答】 取一面元（右图中阴影部分）$dS = x\tan\alpha\,dx$，取回路的绕行方向为逆时针方向，则通过 dS 的磁通量为

$$d\Phi_m = BdS = kx^2\tan\alpha\cos\omega t\,dx$$

当 MN 运动到 $x = vt$ 处时，通过闭合回路的磁通量为

$$\Phi_m = \int d\Phi_m = \int_0^{vt} kx^2\tan\alpha\cos\omega t\,dx = \frac{1}{3}k\tan\alpha v^3 t^3\cos\omega t$$

故导体框架内的感应电动势为

$$\varepsilon_i=-\frac{\mathrm{d}\Phi_m}{\mathrm{d}t}=k\tan\alpha v^3\left(\frac{1}{3}\omega t^3\sin\omega t-t^2\cos\omega t\right)$$

15－24　如图所示，长直导线中通有电流 $I=I_0\sin\omega t$，与导线相距 d 处放有一矩形导体线框，线框匝数为 N，磁导率为 μ，长为 l，宽为 a，求线框中的感生电动势。

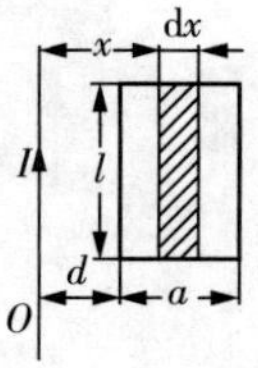

习题 15－24 图

【分析与解答】　首先利用安培环路定律，求出磁场强度分布，则由$\oint_l \boldsymbol{H}\cdot \mathrm{d}\boldsymbol{l}=\sum I$ 有

$$2\pi x\cdot H=I,H=\frac{I}{2\pi x}$$

即

$$B=\frac{\mu I}{2\pi x}=\frac{\mu I_0\sin\omega t}{2\pi x}$$

其次，求出矩形回路的磁通量

$$\Phi_m=\int_d^{d+a}\frac{\mu I_0\sin\omega t}{2\pi x}\cdot l\mathrm{d}x=\frac{\mu I_0 l\sin\omega t}{2\pi}\ln\frac{d+a}{d}$$

则

$$\varepsilon_i=-N\frac{\mathrm{d}\Phi_m}{\mathrm{d}t}=-\frac{N\mu I_0\omega l}{2\pi}\ln\frac{d+a}{d}\cos\omega t$$

15－25　如图，半径为 R 的无限长圆柱空间内的均匀磁场变化率$\frac{\mathrm{d}B}{\mathrm{d}t}$为正常数，方向垂直纸面向里，在垂直磁场方向放置一根长为 L 的金属棒 AB。求 AB 棒上的感应电动势的大小和方向。

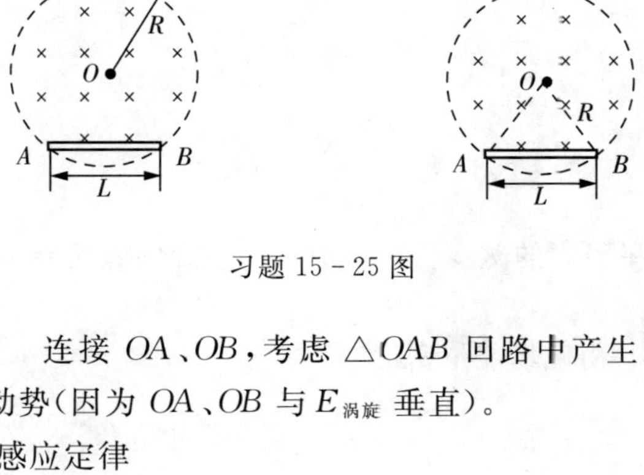

习题 15－25 图

【分析与解答】　连接 OA、OB，考虑 $\triangle OAB$ 回路中产生的感应电动势即为 AB 棒上的感应电动势（因为 OA、OB 与 $E_{涡旋}$ 垂直）。

由法拉第电磁感应定律

$$\varepsilon_{感} = -N\frac{d\Phi_m}{dt}, \Phi_m = \iint_S \boldsymbol{B} \cdot d\boldsymbol{S}$$

考虑到$\triangle OAB$ 的面积为 $S_{\triangle OAB} = \frac{1}{2}L\sqrt{R^2 - \left(\frac{L}{2}\right)^2}$

那么

$$\varepsilon_{感} = -\frac{1}{2}L\sqrt{R^2 - \left(\frac{L}{2}\right)^2} \cdot \frac{dB}{dt}$$

即

$$\varepsilon_{AB} = \frac{dB}{dt} \cdot \frac{L}{2}\sqrt{R^2 - \left(\frac{L}{2}\right)^2}$$

方向由 A 指向 B,即 B 电势高。

15-26　一截面为长方形的螺绕环,其尺寸如图所示,共有 N 匝,求此螺绕环的自感。

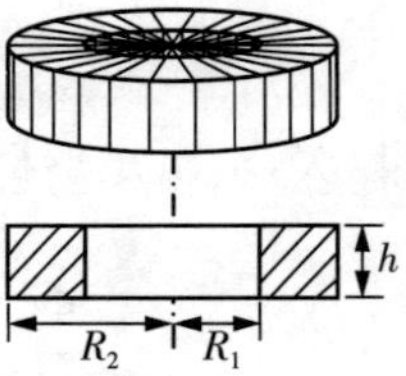

习题 15-26 图

【分析与解答】　如果给螺绕环通电流,则环内磁感应强度为

$$B = \frac{\mu_0 NI}{2\pi r} \quad (R_1 < r < R_2)$$

则

$$\Phi_m = \iint_S \boldsymbol{B} \cdot d\boldsymbol{S}$$

有

$$\Phi_m = \int_{R_1}^{R_2} \frac{\mu_0 NI}{2\pi r} \cdot h \cdot dr = \frac{\mu_0 NIh}{2\pi}\ln\frac{R_2}{R_1}$$

利用自感定义式 $L = \frac{\psi}{I}$,有

$$L = \frac{\mu_0 N^2 h}{2\pi}\ln\frac{R_2}{R_1}$$

15-27　中子星表面的磁场估计为 10^8 T,该处的磁场能量密度和电场强度有多大?

【分析与解答】　由磁场能量密度

$$w_m = \frac{B^2}{2\mu_0} = 3.98 \times 10^{21}\ \text{J/m}^3$$

$$w_e = \frac{1}{2}\varepsilon_0 E^2, w_m = \frac{B^2}{2\mu_0}$$

按题意，当 $w_e = w_m$ 时，有$\frac{1}{2}\varepsilon_0 E^2 = \frac{B^2}{2\mu_0}$，则

$$E = \frac{B}{\sqrt{\varepsilon_0 \mu_0}} = 1.51 \times 10^8\ \text{V/m}$$

15-28　设有半径 $R=0.20$ m 的圆形平行板电容器，两板之间为真空，板间距离 $d=0.50$ cm，以恒定电流 $I=2.0$ A 对电容器充电。求立移电流密度(忽略平板电容器的边缘效应，设电场是均匀的)。

【分析与解答】　尽管变化电场与传导电流二者形成的机理不同，但都能在空间激发磁场。从这个意义上而言，变化电场可视为一种"广义电流"，即位移电流。在本题中，导线内存在着传导电流 I_c，而在平行板电容器间存在着位移电流 I_d，它们使电路中的电流连续，即 $I_d = I_c$。

忽略电容器的边缘效应，电容器内电场的空间分布是均匀的，因此板间位移电流 $I_d = \iint_S \boldsymbol{j}_d \cdot \mathrm{d}\boldsymbol{S} = j_d \pi R^2$，由此得位移电流密度的大小为

$$j_d = \frac{I_d}{\pi R^2} = \frac{I_c}{\pi R^2} = 15.9\ \text{A/m}^2$$

第五篇　波动光学

第十六章　光的干涉

思 考 题

16－1　常见光源的发光机理是什么？为什么两个常见光源或同一光源的不同部分发出的光是不相干的？

答：(1) 光源中大量的原子(分子) 受外来激励而处于激发状态，处于激发状态的原子是不稳定的，它要自发地向低能级状态跃迁，并同时向外辐射电磁波。当这种电磁波的波长在可见光范围内时，即为可见光。(2) 由于原子发光的无规则性，同一个原子先后发出的波列之间以及不同原子发出的波列之间都没有固定的相位关系，且振动方向与频率也不尽相同，这就决定了两个独立的普通光源发出的光或同一光源不同部分发出的光不是相干光，因而不能产生干涉现象。

16－2　若将杨氏双缝干涉实验装置由空气移到水中，问屏上干涉图样有何变化？

答：在空气中做实验时，光程差等于路程差。在水中做实验时，光的波长变短(频率不变)，相同的路程差会引起更多的相位差，或者说光程差增大导致相位差增大，故在水中做实验时，干涉条纹变密。

16－3　在杨氏双缝实验中，若减小双缝间隔或将屏移向双缝，屏上的干涉条纹将如何变化？

答：根据杨氏双缝干涉条纹间距公式 $\Delta x=\dfrac{\lambda D}{d}$，若使双缝间距减少，则屏上显现的干涉条纹间距增大。若使双缝与屏距离减少，则屏上干涉条纹间距减小。

16－4　为什么引入光程的概念？光程差与相位差的关系是什么？

答：光在不同介质中传播时，其频率是不变的，但其波长在不同介质中是不同的。为了比较光在不同介质中所通过的路程的长短，引入光程的概念，把光在不同介质中经过的几何路程折算到真空中的路程。光在介质中的光程 x 等于它的几何

路程 r 与所在介质折射率 n 的乘积，即

$$x = nr$$

相位差 $\Delta\varphi$ 与光程差的关系为

$$\Delta\varphi = \frac{2\pi\delta}{\lambda}$$

式中，λ 是光在真空中的波长。

16-5　一束单色光在空气中和在水中传播，在相同的时间内，传播的路程是否相等？光程是否相等？

答：光在空气中和在水中的传播速度不同，所以在相同的时间内传播的路程不相等；而介质的折射率 $n=c/u$，光程 x 等于它的几何路程 r 与所在介质折射率 n 的乘积，即 $x=nr=\frac{c}{u}u\Delta t=c\Delta t$，所以在相同的时间内，光在空气中和在水中走过的光程相等。

16-6　为何牛顿环随着环纹半径的增大，牛顿环变得越来越密？

答：越向边缘，倾角越大，空气间隙越大，光程差的变化率越大，也就是说如果在接触点附近需要相差 X 才产生一个光程差，而远离接触点的地方可能只需要相差 $0.5X$ 就可以产生，即越向边缘产生相同光程差所需要的距离越小，从而条纹间距越来越小。所以随着半径的增大，环变得越来越密。

16-7　在迈克尔逊干涉仪中，M_1 和 M_2' 的间距 d 增加或减小时，等倾干涉圆纹向中心收缩抑或向外扩展？为什么？

答：当 M_1 和 M_2' 的间距 d 逐渐增大时，对于任一级干涉条纹，例如第 k 级，必定减少其 $\cos i_k$ 的值来满足 $2\cos i_k = k\lambda$，故该干涉条纹向 i_k 变大（$\cos i_k$ 变小）的方向移动，即向外扩展。这时，观察者将看到条纹好像从中心向外"涌出"；且每当间距 d 增加 $\lambda/2$ 时，就有一个条纹涌出。反之，当间距逐渐由大变小时，最靠近中心的条纹将一个一个地"陷入"中心，且每陷入一个中心，间距改变亦为 $\lambda/2$。

习　题

一、选择题

16-1　在双缝干涉实验中，若单色光源 S 到两缝 S_1、S_2 距离相等，则观察屏上中央明纹中心位于图中 O 处，现将光源 S 向下移动到示意图中的 S' 位置，则（　　）。

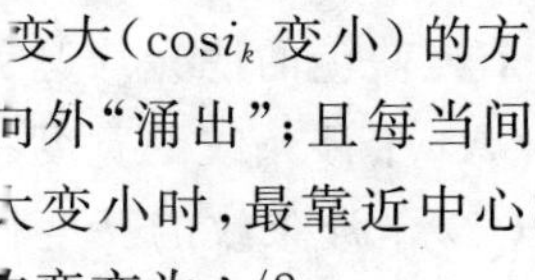

习题 16-1 图

（A）中央明条纹向下移动，且条纹间距不变

(B) 中央明条纹向上移动，且条纹间距增大

(C) 中央明条纹向下移动，且条纹间距增大

(D) 中央明条纹向上移动，且条纹间距不变

【分析与解答】 画出光路，找出 S' 到光屏的光程相等位置，选 D。

16-2 如图所示，折射率为 n_2、厚度为 e 的透明介质薄膜的上方和下方的透明介质折射率分别为 n_1 和 n_3，且 $n_1 < n_2$，$n_2 > n_3$，若波长为 λ 的平行单色光垂直入射在薄膜上，则上下两个表面反射的两束光的光程差为(　　)。

(A) $2n_2 e$　　(B) $2n_2 e + \lambda/2$　　(C) $2n_2 e - \lambda$　　(D) $2n_2 e - \lambda/2n_2$

【分析与解答】 上表面反射有半波损失，下表面反射没有半波损失，选 B。

16-3 两个直径相差甚微的圆柱体夹在两块平板玻璃之间构成空气劈尖，如图所示，单色光垂直照射，可看到等厚干涉条纹，如果将两个圆柱之间的距离 L 拉大，则 L 范围内的干涉条纹(　　)。

(A) 数目增加，间距不变　　(B) 数目增加，间距变小

(C) 数目不变，间距变大　　(D) 数目减小，间距变大

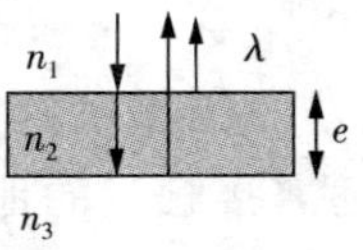

习题 16-2 图

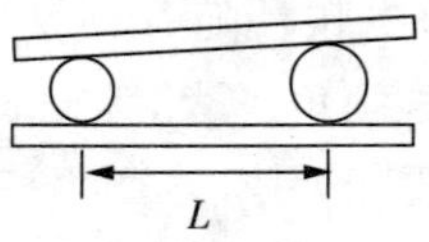

习题 16-3 图

【分析与解答】 两个圆柱之间的距离拉大，空气劈尖夹角减小，条纹变疏，但同时距离 L 也变大，考虑到两圆柱的高度差不变，所以条纹数目不变，选 C。

16-4 用白光光源进行双缝试验，如果用一个纯红色的滤光片遮盖一条缝，用一个纯蓝色的滤光片遮盖另一条缝，则(　　)。

(A) 干涉条纹的宽度将发生改变　　(B) 产生红光和蓝光两套彩色干涉条纹

(C) 干涉条纹的亮度将发生改变　　(D) 不产生干涉条纹

【分析与解答】 不满足干涉条件，红光和蓝光不相干，选 D。

16-5 如图所示，用波长 $\lambda = 480$ nm 的单色光做杨氏双缝实验，其中一条缝用折射率 $n = 1.4$ 的薄透明玻璃片盖在其上，另一条缝用折射率 $n = 1.7$ 的相同厚度的薄透明玻璃片覆盖，则覆盖玻璃片前的中央明纹极大位置现变成了第五级明纹极大，则此玻璃片厚度为(　　)。

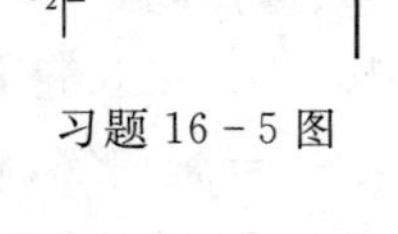

习题 16-5 图

(A) 3.4 μm　　(B) 6.0 μm

(C) 8.0 μm　　(D) 12 μm

【分析与解答】 如图所示，设玻璃片厚度为 d，两路光线的光程分别为 $x_1 =$

$r_1-d+n_1d_1, x_2=r_2-d+n_2d$ 则光程差为 $\delta=x_2-x_1=r_2-r_1+d(n_2-n_1)$，由题当 $r_2-r_1=0$ 时，$x_2-x_1=5\lambda$ 则 $d(n_2-n_1)=5\lambda$，代入数据，可得 d，选 C。

16-6　如图所示，波长为 λ 的平行单色光垂直入射在折射率为 n_2 的薄膜上，经上下两个表面反射的两束光发生干涉。若薄膜厚度为 e，而且 $n_1>n_2>n_3$，则两束反射光在相遇点的相位差为(　　)。

(A) $4\pi n_2 e/\lambda$

(B) $2\pi n_2 e/\lambda$

(C) $\pi+4\pi n_2 e/\lambda$

(D) $-\pi+4\pi n_2 e/\lambda$

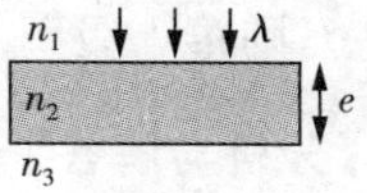

习题 16-6 图

【分析与解答】　因为上下两个表面的反射都有半波损失，所以无附加光程差，则 $\delta=2n_2e$ 另外，$\Delta\varphi=\frac{2\pi}{\lambda}\delta=\frac{4\pi n_2 e}{\lambda}$，选 A。

二、填空题

16-7　若双缝干涉实验中，用单色光照射间距为 0.30 mm 的两缝，在离缝 1.20 m 屏上测得两侧第五级暗纹中心间距离为 22.78 mm，则所用的单色光波长为__________。

【分析与解答】　由杨氏干涉暗纹公式 $x_k=(2k+1)\frac{\lambda D}{2d}$ 可以推得 $2x_5=(2k+1)\frac{\lambda D}{d}$，代入数据可得 $22.78\times10^{-3}=(2\times5+1)\times\frac{1.2}{0.3\times10^{-3}}\lambda$ 计算得 $\lambda=518\text{ nm}$。

16-8　双缝干涉实验中：① 若双缝间距由 d 变为 d'，使屏上原第十级明纹中心变为第五级明纹中心，则 $d':d=$________；② 若在其中一缝后加一透明媒质薄片，使原光线光程增加 2.5λ，则此时屏中心处为第________级________纹。

【分析与解答】　① 由杨氏干涉明纹公式 $d\sin\theta=k\lambda$ 知 $d':d=k':k$；可得 $d':d=1:2$。② 由杨氏干涉暗纹公式 $d\sin\theta=(2k+1)\frac{\lambda}{2}$，$2.5\lambda=(2k+1)\cdot\frac{\lambda}{2}\Rightarrow k=2$ 所以是第二级暗纹。

16-9　用白光垂直照射一个厚度为 400 nm、折射率为 1.5 的空气中的薄膜表面时，反射光中被加强的可见光波长为__________。

【分析与解答】　首先要考虑半波损失。由公式 $2nd+\frac{\lambda}{2}=k\lambda$，有 $(k-\frac{1}{2})\lambda=2nd=2\times1.5\times400$，所以在可见光范围内 λ 为 $400\sim760$ nm，k 取 3，求得 $\lambda=480\text{ nm}$。

16-10　在牛顿环实验中，当用 $\lambda=589.3\text{ nm}$ 的单色光照射时，测得第 1 个暗纹与第 4 个暗纹的距离为 $\Delta r=4\times10^{-3}$ m；当用波长未知的单色光 λ' 照射时，测得第 1 个暗纹与第 4 个暗纹的距离为 $\Delta r'=3.85\times10^{-3}$ m，则所用单色光的波长为$\lambda'=$________。

【分析与解答】 利用牛顿环暗纹公式 $r_k=\sqrt{kR\lambda}$，有 $\Delta r=\sqrt{R\lambda}$，同理 $\Delta r'=\sqrt{R\lambda'}$，则 $\lambda'=\lambda\left(\dfrac{\Delta r'}{\Delta r}\right)^2=546\ \text{nm}$ 。

16－11 波长为λ的单色光垂直照射在空气劈尖上，劈尖的折射率为n，劈尖角为θ，则第k级明纹和第$k+3$级明纹的间距$l=$________。

【分析与解答】 由 $l=\dfrac{d_{k+3}-d_k}{n\sin\theta}=\dfrac{3\lambda}{2n\sin\theta}$。

16－12 如果在迈克耳逊干涉仪的一臂放入一个折射率$n=1.40$的薄膜，观察到7条条纹的移动，所用光波的波长为589 nm，则薄膜的厚度$e=$________。

【分析与解答】 条纹移动一条时，对应光程差的变化为一个波长，即 $\Delta=N\lambda$，再由 $\Delta=2(n-1)e$，有 $2(1.4-1)e=7\times589$，得 $e=5154\ \text{nm}$ 。

三、计算题

16－13 一双缝距屏幕为$D=1\ \text{m}$，双缝间距d为0.25 mm 。用波长为$\lambda=589.3\ \text{nm}$的单色光（钠黄灯）垂直照射双缝，屏幕上中央最大两侧可观察到干涉明纹，试计算两相邻明纹中心之间的距离。

【分析与解答】 根据双缝干涉规律

$$\Delta x=\frac{D\lambda}{d}=\frac{589.3\times10^{-9}\times1}{0.25\times10^{-3}}=2.36\ \text{mm}$$

这就是相邻明纹中心之间的距离。

16－14 一钠蒸气灯发出的光（$\lambda=589.3\ \text{nm}$）在距双缝0.8 m远的屏上形成干涉图样。图样上明纹之间的距离为0.35 cm，问双缝之间的间距为多少？

【分析与解答】 由双缝干涉相邻明纹之间的距离公式

$$\Delta x=x_{n+1}-x_n=\frac{\lambda D}{d}(n+1)-\frac{\lambda nD}{d}=\frac{\lambda D}{d}$$

$$d=\frac{\lambda D}{\Delta x}=\frac{0.8\times589.3\times10^{-9}}{0.35\times10^{-2}}=0.135\ (\text{mm})$$

16－15 在一双缝干涉实验中，$D=1.00\ \text{m}$，$d=0.10\ \text{cm}$，明纹之间的距离为0.5 mm 。求所用光的波长。

【分析与解答】 由双缝干涉相邻明纹之间的距离公式

$$\Delta x=x_{n+1}-x_n=\frac{\lambda D}{d}(n+1)-\frac{\lambda nD}{d}=\frac{\lambda D}{d}$$

带入数据得所用的波长为

$$\lambda=\frac{d\Delta x}{D}=\frac{0.1\times10^{-2}\times0.5\times10^{-3}}{1}=500\ (\text{nm})$$

16－16　杨氏干涉实验中，两缝相距 1 mm，屏离缝 1 m，若所用光源发出波长 $\lambda_1=600$ nm 和 $\lambda_2=540$ nm 的两种光波。试求：(1) 两光波分别形成的条纹间距；(2) 两组条纹之间的距离与级数之间的关系；(3) 这两组条纹有可能重合吗？

【分析与解答】 (1) 由双缝干涉相邻明纹之间的距离公式 $\Delta x=\frac{\lambda D}{d}$ 得

$$\Delta x_1=\frac{D}{d}\lambda_1=0.60\ \text{mm}$$

$$\Delta x_2=\frac{D}{d}\lambda_2=0.54\ \text{mm}$$

(2) 由双缝干涉相邻明纹中心位置公式 $x_k=\frac{kD}{d}\lambda$ 得

$$\Delta x_k=\frac{kD}{d}(\lambda_1-\lambda_2)=6k\times10^{-2}\ \text{mm}$$

Δx_k 随着干涉级数 k 的增加而增加。

(3) 由 $(k+1)\frac{D}{d}\lambda_2=k\frac{D}{d}\lambda_1$ 得

$$k=\frac{\lambda_2}{\lambda_1-\lambda_2}=9$$

即从 $\lambda_2=600$ nm 的 $k=9$ 级开始，两组条纹重合。

16－17　用一波长为 500 nm 的光源进行杨氏双缝实验，狭缝距观察者的距离为 2 m。设观察者眼睛的角分辨率为 0.000291 rad，若观察者恰能分辨干涉条纹，两缝间的距离为多大？

【分析与解答】 根据明纹角位置 $\sin\theta_m\approx\theta_m=\frac{m\lambda}{d}$，$\sin\theta_k\approx\theta_k=\frac{k\lambda}{d}$，

相邻条纹的角距离为 λ/d，所以在远处看清相邻的条件是

$$\frac{\lambda}{d_{\max}}=0.000291$$

即

$$d_{max}=\frac{500\times10^{-9}}{0.000291}=1.72\ (\text{mm})$$

16－18　用波长分别为 λ_1 和 λ_2 的两光进行双缝实验，若其中一光的波长为 430 nm，且此光的第四级明纹与另一光的第六级明纹重合，求另一光的波长为多少？

【分析与解答】　运用干涉相长条件有

$$\frac{4\lambda_1}{d}=\frac{x}{D},\frac{6\lambda_2}{d}=\frac{x}{D}$$

得 $4\lambda_1=6\lambda_2$，若 $\lambda_2=430$ nm，则 $\lambda_1=645$ nm；若 $\lambda_1=430$ nm，则 $\lambda_2=287$ nm 。

16－19　一折射率为1.5的薄玻璃片盖在双缝装置的一条缝上，发现干涉条纹向放置玻璃的狭缝一侧移动了7条明纹。若光的波长 $\lambda=600$ nm，玻璃片的厚度为多少？

【分析与解答】　因为 λ 是光在真空中的波长，所以光在玻璃中的波长为 $\lambda'=\lambda/n$，其中 n 是玻璃的折射率。令 t 表示玻璃片的厚度，玻璃内包含的波长个数为 $t/\lambda'=(nt)/\lambda$，在此厚度的空气中包含的波长数则为 t/λ，因此玻璃片的存在产生了 $[(nt)/\lambda-(t/\lambda)]=[(n-1)t]/\lambda$ 的附加波长数，这将引起整个干涉条纹朝着有玻璃的一侧移动 $\sum[(n-1)t]/\lambda$ 个干涉条纹（即每个波长移动一级干涉条纹），因此 $t=\dfrac{\sum\lambda}{n-1}=8400$ nm 。

16－20　利用等厚干涉可以测量微小的角度，如图所示，折射率 $n=1.4$ 的劈尖状板，在某单色光的垂直照射下，量出两相邻明条纹间距 $l=0.25$ cm，已知单色光在空气中的波长 $\lambda=700$ nm，求劈尖顶角 θ。

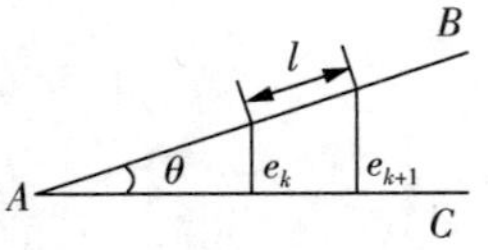

习题 16－20 图

【分析与解答】　由劈尖干涉相邻条纹间距公式 $l=\dfrac{\lambda}{2n\theta}$ 可得

$$\theta=\frac{\lambda}{2nl}=\frac{700\times10^{-9}}{2\times1.4\times2.5\times10^{-3}}=1.0\times10^{-4}\ (\text{rad})$$

16－21　如图所示，一凸透镜置于一平板玻璃上，波长为 670 nm 的红光垂直从上方入射。由透镜和平面玻璃表面反射的光形成干涉条纹。透镜和平面玻璃的接触点处为暗纹，周围是明暗相间的环形条纹，这就是牛顿环。测得第 12 条暗纹的半径为 11 mm，求透镜的曲率半径 R。

【分析与解答】 牛顿环半径 r 处空气层的厚度为

$$e=\frac{r^2}{2R}$$

牛顿环中的光线经过气隙 2 次(一来一回),所以光线经过气隙引起的光程差为 $2e$,而第 12 条暗纹与第一级暗纹光程差相差 11 个波长,所以有

$$2e=11\lambda$$

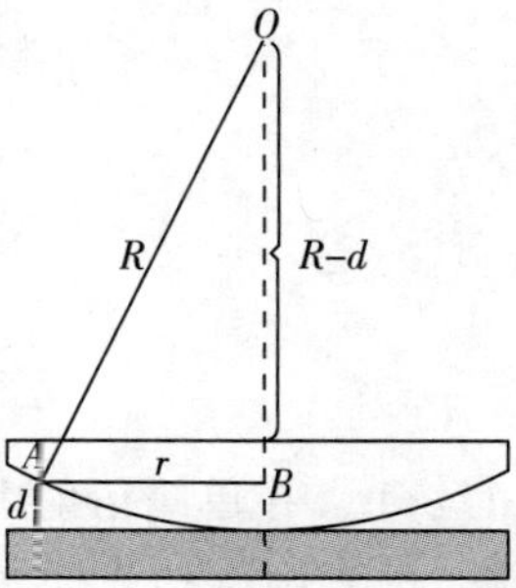

习题 16-21 图

由以上两式可得透镜的曲率半径为

$$R=\frac{r^2}{11\lambda}=16.4\ \mathrm{m}$$

16-22　若牛顿环所用光的波长 $\lambda=400\ \mathrm{nm}$,求:(1) 第 3 条和第 6 条明纹处对应的气隙厚度差;(2) 若弯曲面的曲率半径为 5.0 m,求第 3 条明纹的半径。

【分析与解答】 (1) 因第 3 条与第 6 级明纹之间存在 3 个波长的光程差。又因牛顿环中的光线经过气隙 2 次(一来一回),所以气隙厚度的改变对应光程差的一半,即

$$3\lambda/2=600\ \mathrm{nm}$$

(2) 根据牛顿环明纹公式 $r_k=\sqrt{\left(k-\frac{1}{2}\right)R\lambda}$,所以第 3 级明纹处的半径为

$$r_3=\sqrt{\left(3-\frac{1}{2}\right)R\lambda}=2.2\ \mathrm{mm}$$

16-23　将迈克耳逊干涉仪的一臂稍微调长(移动镜面),观察到有 150 条暗纹移过视场。若所用光的波长为 480 nm,求镜面移动的距离。

【分析与解答】 当两臂的光相位相反时形成暗纹,若一臂的长度增加 $\frac{\lambda}{2}$,则光程(来回) 增加 λ,视场由暗到明再到暗。所以 150 条条纹移过时,光臂的长度改变为

$$150\times\frac{\lambda}{2}=150\times\frac{480\times10^{-6}}{2}=0.036\ (\mathrm{mm})$$

第十七章　光的衍射

思　考　题

17－1　在单缝衍射中，为什么衍射角 θ 越大的明条纹亮度越小？

答：屏幕中央 O 点明条纹，对应 $\theta=0$ 的衍射角。在这个衍射方向上，单缝处波阵面上各点到 O 点的光程相同，各点在 O 点产生的光振动同相位。它们在 O 点相干相长，亮度最大。

至于其他各级明条纹，衍射角 θ 越大，单缝边缘光束在该方向上的光程差越大，因而可划分的半波带数越多，每一半波带面积越小。奇数个半波带中，只有一个半波带在 P 点的振动不被抵消。光振动振幅与面积成正比，半波带面积越小，在 P 点产生的光振动振幅越小。因此衍射角 θ 越大，对应的明条纹亮度越小。

17－2　在单缝衍射中，增大波长与增大缝宽对衍射图样分别产生什么影响？

答：当增大入射光波长时中央明纹变宽，其他各级明纹间距增大，衍射效应越来越明显；当增大缝宽时，中央明纹宽度变窄，其他各级明纹间距变小，衍射效应越来越弱，直至最后消失。

17－3　在观察夫琅禾费衍射装置中，透镜的作用是什么？

答：夫琅禾费衍射实验中，透镜的作用是把有限远的光源成像到无穷远，或把无穷远处的衍射图样成像到有限远处。

17－4　用白光垂直入射单缝时，夫琅禾费衍射条纹分布如何？

答：衍射条纹在屏幕上的位置与波长成正比，用白光做光源，中央为白色明条纹，其两侧各级都为彩色条纹，紫色在内、红色在外，形成衍射光谱。

17－5　产生衍射条纹与产生干涉条纹的根本原因有差别吗？为什么？

答：干涉是双缝处发出的两列波在屏上叠加，当两列波到达屏上的某点的距离差等于波长的整数倍时，该点是振动加强点，因而出现明条纹；当两列波到达屏上某点的距离差等于半波长的奇数倍时，该点是振动减弱点，因而出现暗条纹。衍射是从单缝处产生无数多个子波，这些子波到达屏时相互叠加，它们在屏上不同点叠加时，其相互减弱的程度有规律地加强或减弱，在加强处出现明条纹，在减弱处出现暗条纹。

17－6　若放大镜的放大倍数足够高，是否能看清任何细小的物体？

答：放大镜的放大倍数足够高，也不一定能看清任何细小的物体。因为要看清细小物体不仅需要有一定的放大能力，还要有足够的分辨本领，才能把微小物体放大到清晰可见的程度。

17-7　为什么天文望远镜的物镜直径都很大？

答：由光学仪器的分辨率 $R=1/\theta_R=D/1.22\lambda$，可知天文望远镜的分辨率与物镜直径 D 成正比。物镜的直径越大，分辨率越高。为分辨无限远处的天体，天文望远镜的物镜直径都做得尽可能的大。

17-8　光栅中主极大明条纹条件是 $(a+b)\sin\theta=\pm k\lambda$，而单缝衍射中，暗条纹条件是 $a\sin\theta=\pm k\lambda\ (k=1,2,3,\cdots)$，上述两公式有矛盾吗？为什么？

答：不矛盾。单缝衍射暗纹条件为 $a\sin\theta=k\lambda=2k\dfrac{\lambda}{2}$，是用半波带法分析（子波叠加问题）。相邻两半波带上对应点向 θ 方向发出的光波在屏上会聚点一一相消，而半波带为偶数，故形成暗纹；双缝干涉明纹条件为 $d\sin\theta=k\lambda$，描述的是两路相干波叠加问题，其波程差为波长的整数倍，相干加强为明纹。

17-9　光栅衍射与单缝衍射有何区别？为何光栅衍射的明条纹特别明亮而暗区很宽？

答：光栅衍射是多光束干涉和单缝衍射的总效果，其明条纹主要取决于多光束干涉。光强与缝数 N^2 成正比，所以明纹很亮。又因为在相邻明纹间有 $(N-1)$ 个暗纹，而一般很大，故实际上在两相邻明纹间形成一片黑暗背景。

17-10　如何理解光栅的衍射条纹是单缝衍射和多缝干涉的总效应？

答：光栅是由许多等宽的狭缝等距离地排列起来的，光栅衍射实际上是每个狭缝的单缝衍射光再相互干涉的结果，所以多缝干涉的效果必然受到单缝衍射效果的影响，也即光栅的衍射条纹是单缝衍射和多缝干涉的总效应。

17-11　X 射线为什么不能用一般光栅来观察其衍射现象？

答：X 射线的波长很短（0.06 ～ 20 nm），而普通光栅的缝宽在微米量级，由于 X 射线的波长远小于光栅的缝宽，因此无法观察到衍射现象。

习　题

一、选择题

17-1　在单缝衍射实验中，缝宽 $b=0.2\ \text{mm}$，透镜焦距 $f=0.4\ \text{m}$，入射光波长 $\lambda=500\ \text{nm}$，则在距离中央亮纹中心位置 2 mm 处是亮纹还是暗纹？从这个位置看上去可以把波阵面分为几个半波带？（　　）

(A) 亮纹，3 个半波带　　(B) 亮纹，4 个半波带

(C) 暗纹，3 个半波带　　(D) 暗纹，4 个半波带

【分析与解答】　根据公式 $b\sin\theta=k\lambda/2\Rightarrow b\dfrac{x}{f}=k\dfrac{\lambda}{2}$，可判断 $k=4$，偶数，暗纹，选 D。

17-2　在夫琅禾费单缝衍射实验中，对于给定的入射单色光，当缝宽度变宽，同时使单缝沿垂直于透镜光轴稍微向上平移时，屏上中央亮纹将(　　)。

(A) 变窄，同时向上移动　　(B) 变宽，不移动

(C) 变窄，不移动　　(D) 变宽，同时向上移动

【分析与解答】　缝宽度变宽，衍射效果减弱；单缝位置上下偏移，衍射图样不变化，选 C。

17-3　波长为 500 nm 的单色光垂直入射到宽为 0.25 mm 的单缝上，单缝后放置一凸透镜，凸透镜的焦平面上放置一光屏，用以观测衍射条纹，今测得中央明条纹一侧第三个暗条纹与另一侧第三个暗条纹之间的距离为 12 mm，则凸透镜的焦距 f 为(　　)。

(A)2 m　　(B)1 m　　(C)0.5 m　　(D)0.2 m

【分析与解答】　根据衍射暗纹公式 $b\sin\theta=k\lambda \Rightarrow b\dfrac{x}{f}=k\lambda \Rightarrow \Delta x=\dfrac{\lambda f}{b}$，由题意可知$\Delta x=2\ \mathrm{mm}$，$\lambda=500\ \mathrm{nm}$，$b=0.25\ \mathrm{mm}$，代入可求 f，选 B。

17-4　波长为 550 nm 的单色光垂直入射到光栅常数为 $d=1.0\times10^{-4}$ cm 的光栅上，可能观察到的光谱线的最大级次为(　　)。

(A)4　　(B)3　　(C)2　　(D)1

【分析与解答】　根据衍射光栅公式 $d\sin\theta=k\lambda$，取 $\theta=90^\circ \Rightarrow k=1.82$，可判断 $k_{\max}=1$，选 D。

17-5　某元素的特征光谱中含有波长分别为 $\lambda_1=450$ nm 和 $\lambda_2=750$ nm 的光谱线，在光栅光谱中，这两种波长的谱线有重叠现象，重叠处的谱线 λ_2 主极大的级数将是(　　)。

(A)2,3,4,5,…　　(B)2,5,8,11,…　　(C)2,4,6,8,…　　(D)3,6,9,12,…

【分析与解答】　根据衍射光栅公式 $d\sin\theta=k\lambda$，$\Rightarrow k_1/k_2=\lambda_2/\lambda_1$，可判断 $k_1/k_2=5/3$，选 D。

二、填空题

17-6　在单缝夫琅禾费衍射中，若单缝两边缘点 A、B 发出的单色平行光到空间某点 P 的光程差为 1.5λ，则 A、B 间可分为__________个半波带，P 点处为__________(填明或暗)条纹。若光程差为 2λ，则 A、B 间可分为__________个半波带，P 点处为__________(填明或暗)条纹。

【分析与解答】　根据公式 $b\sin\theta=k\lambda/2$，可判断 1.5λ 是 3 个 $\lambda/2$，奇数半波带对应明条纹，2λ 是 4 个 $\lambda/2$，偶数半波带对应暗条纹。

17-7　在单缝夫琅禾费衍射实验中，设第一级暗纹的衍射角很小。若钠黄光($\lambda_1=589$ nm)为入射光，中央明纹宽度为 4.0 mm；若以蓝紫光($\lambda_2=442$ nm)为入射光，则中央明纹宽度为__________。

【分析与解答】 中央亮纹线宽度 $\Delta x_0 = 2f\tan\theta_0 = \dfrac{2f\lambda}{b}$，可得 $\dfrac{\Delta x_2}{\Delta x_1} = \dfrac{\lambda_2}{\lambda_1} \Rightarrow \Delta x_2 = \dfrac{\lambda_2}{\lambda_1}\Delta x_1 = \dfrac{442}{589} \times 4 \approx 3(\text{mm})$，所以蓝紫光的中央明纹宽度为 3 mm 。

17-8　一束单色光垂直入射在光栅上，衍射光谱中共出现 5 条明纹。若已知此光栅缝宽度与不透明部分宽度相等，那么在中央明纹一侧的两条明纹分别是第________级和第________级谱线。

【分析与解答】 根据缺级公式 $k = \dfrac{d}{a}k'$，有 $k = 2k'$，缺第二级和第四级，则是第一级和第三级。

17-9　一束平行光垂直入射在光栅上，该光束包含两种波长的光 $\lambda_1 = 440$ nm 和 $\lambda_2 = 660$ nm 。实验发现，两种波长的谱线(不计中央明纹)第二次重合于衍射角 $\theta = 60°$ 的方向上，则此光栅的光栅常数 $(a+b) =$ ________。

【分析与解答】 根据光栅方程 $(a+b) = \sin\theta = k\lambda$，知 $k_1\lambda_1 = k_2\lambda_2$，得 $k_1/k_2 = 3/2$，可见 $k_1 = 3, k_2 = 2$ 时是第一次重合，只有 $k_1 = 6, k_2 = 4$ 时是第二次重合，那么，$(a+b) = k\lambda/\sin\theta = \dfrac{6 \times 440}{\sqrt{3}/2} = 3.05\ \mu\text{m}$。

17-10　人的眼瞳直径约为 3.0 mm，对视觉较为灵敏的光波长为 550.0 nm 。若在教室的黑板写一个等号，其两横线相距为 4.0 mm，则教室的长度不超过________时，最后一排的人眼睛才能分辨这两横线。

【分析与解答】 由艾里斑的半角宽度 $\theta = 1.22\lambda/D$ 及 $\theta = \dfrac{l}{x}$ 得

$$x = \frac{l}{\theta} = \frac{Dl}{1.22\lambda} = \frac{3 \times 10^{-3} \times 4 \times 10^{-3}}{1.22 \times 550 \times 10^{-9}} = 17.88(\text{m})$$

三、计算题

17-11　在单缝衍射实验中，缝宽 $b = 0.6$ mm，透镜焦距 $f = 0.4$ m，单色光垂直照射狭缝，在屏上离中心 $x = 1.4$ mm 处的 P 点看到了衍射明纹，求：(1) 单色光的波长 λ；(2) 点 P 条纹的级数；(3) 从 P 点看上去可以把波阵面分为几个半波带？

【分析与解答】 (1) 根据公式 $b\sin\theta = \left(k + \dfrac{1}{2}\right)\lambda$(明纹公式)，$\sin\theta = \dfrac{x}{f}$ 有

$$b\,\frac{x}{f} = \left(k + \frac{1}{2}\right)\lambda$$

将数据代入公式有 $\left(k + \dfrac{1}{2}\right)\lambda = 0.6 \times \dfrac{1.4}{0.4} = 2100(\text{nm})$，取 $k = \begin{cases} 2 \\ 3 \\ 4 \\ 5 \end{cases} \Rightarrow \lambda = \begin{cases} 840\text{ nm} \\ 600\text{ nm} \\ 467\text{ nm} \\ 381\text{ nm} \end{cases}$，

所以,若 P 点为第三级明纹,单色光的波长为 600 nm, 若 P 点为第四级明纹,波长为 467 nm 。

(2) 点 P 条纹的级数随波长而定,当波长为 600 nm 时,P 明纹为第三级;波长为 467 nm 时,P 明纹为第四级。

(3) 波长为 600 nm 时,从 P 点看上去可以把波阵面分为 7 个半波带(根据 $2k+1$ 计算);

波长为 467 nm 时,从 P 点看上去可以把波阵面分为 9 个半波带(根据 $2k+1$ 计算)。

17-12　波长 $\lambda=589.0\ \text{nm}$ 的单色平行光,垂直照射到宽度 $a=0.40\ \text{mm}$ 的单缝上,紧贴缝后放一焦距 $f=1.0\ \text{m}$ 的凸透镜,使衍射光射于放在透镜焦平面处的屏上。试求:(1) 第一级暗条纹离中心的距离;(2) 第二级明条纹离中心的距离。

【分析与解答】 (1) 由单缝衍射的暗纹条件 $a\sin\theta=k\lambda\,(k=1,2,\cdots)$ 得第一级 $k=1$ 暗纹满足 $a\sin\theta_1=\lambda$,即

$$\sin\theta_1=\frac{\lambda}{a}$$

当 θ 很小时,$\theta\approx\tan\theta\approx\sin\theta$,因此光屏上第一级暗条纹离中心的距离

$$x_1=f\tan\theta_1\approx f\sin\theta_1=f\,\frac{\lambda}{a}=1.47\times10^{-3}\ \text{m}$$

(2) 由明纹条件 $a\sin\theta=(2k+1)\,\dfrac{\lambda}{2}(k=1,2,\cdots)$,得第二级 $k=2$ 明纹满足 $a\sin\theta_2=\dfrac{5\lambda}{2}$,即

$$\sin\theta_2=\frac{5\lambda}{2a}$$

第二级明纹距中心距离为

$$x_2=f\tan\theta_2\approx f\sin\theta_2=f\,\frac{5\lambda}{2a}=3.68\times10^{-3}\ \text{m}$$

17-13　单缝宽 0.10 mm, 透镜焦距 50 cm,用 $\lambda=500\ \text{nm}$ 的绿光垂直照射单缝。求:

(1) 位于透镜焦平面处的屏幕上中央明条纹的宽度和半角宽度各为多少?

(2) 若把此装置浸入水($n=1.33$) 中,中央明条纹的半角宽度又为多少?

【分析与解答】 中央明纹的宽度 $\Delta x=2f\,\dfrac{\lambda}{na}$,半角宽度 $\theta=\arcsin\dfrac{\lambda}{na}$。

(1) 空气中，$n=1$，所以

$$\Delta x=2f\frac{\lambda}{na}=2\times 0.5\times\frac{500\times 10^{-9}}{0.10\times 10^{-3}}=5.0\times 10^{-3}\,(\mathrm{m})$$

$$\theta=\arcsin\frac{500\times 10^{-9}}{0.10\times 10^{-3}}=5.0\times 10^{-3}\,(\mathrm{rad})$$

(2) 浸入水中，$n=1.33$，所以有

$$\Delta x=2f\frac{\lambda}{na}=2\times 0.5\times\frac{500\times 10^{-9}}{1.33\times 0.10\times 10^{-3}}=3.76\times 10^{-3}\,(\mathrm{m})$$

$$\theta=\arcsin\frac{500\times 10^{-9}}{1.33\times 0.10\times 10^{-3}}=3.76\times 10^{-3}\,(\mathrm{rad})$$

17-14　在单缝夫琅禾费衍射实验中，波长为 λ 的单色光的第三级亮纹与 $\lambda'=600\ \mathrm{nm}$ 的单色光的第二级亮条纹恰好重合，试计算 λ 的数值。

【分析与解答】　设波长 λ 的第三级亮纹与 $\lambda'=600\ \mathrm{nm}$ 的单色光的第二级在 θ 方向上重合，它们的光程差相等，根据单缝衍射的明纹条件

$$a\sin\theta=(2k+1)\frac{\lambda}{2}$$

有

$$(2\times 3+1)\frac{\lambda}{2}=(2\times 2+1)\frac{\lambda'}{2}$$

得

$$\lambda=\frac{5}{7}\lambda'=\frac{5}{7}\times 600=428.6\ (\mathrm{nm})$$

17-15　用波长为 500 nm 的单色平行光，垂直入射到缝宽为 1 mm 的单缝上，在缝后放焦距 $f=50\ \mathrm{cm}$ 的凸透镜，并使光聚焦在观察屏上，求衍射图样的中央到第一级暗纹中心、第二级明纹中心的距离各是多少？

【分析与解答】　(1) 已知 $\lambda=500\ \mathrm{nm}$，$a=1\ \mathrm{mm}$，$f=50\ \mathrm{cm}$，根据夫琅禾费单缝衍射公式可知，第一级暗纹位置为

$$x=f\sin\theta=\pm\frac{f\lambda}{a}$$

可得衍射图样的中央到第一级暗纹中心的距离为

$$x_1\approx\frac{f\lambda}{a}=\frac{50\times 500\times 10^{-11}}{1\times 10^{-3}}=0.25\ (\mathrm{mm})$$

(2) 二级明纹位置为

$$x=f\sin\theta=\pm\frac{5}{2}\frac{f\lambda}{a}$$

可得衍射图样的中央到二级明纹中心的距离为

$$x_2\approx f\sin\theta_2=\frac{5}{2}\frac{f\lambda}{a}=0.63\ \text{mm}$$

17-16　在夫琅禾费圆孔衍射中,设圆孔半径为0.10 mm,透镜焦距为50 cm,所用单色光波长为500 nm,求在透镜焦平面处屏幕上呈现的艾里斑半径。

【分析与解答】　艾里斑的半角宽度

$$\theta=1.22\frac{\lambda}{D}=1.22\times\frac{500\times10^{-9}}{0.2\times10^{-3}}=30.5\times10^{-4}(\text{rad})$$

所以艾里斑半径为

$$\frac{d}{2}=f\tan\theta\approx f\theta=50\times10^{-2}\times30.5\times10^{-4}=1.5\times10^{-3}(\text{m})$$

17-17　用 $\lambda=589.3$ nm 的钠黄光垂直入射到一个平面透射光栅上,测得第三级谱线的衍射角为10.18°,而用未知波长的单色光垂直入射时,测得第二级谱线的衍射角为6.20°,试求此未知波长。

【分析与解答】　已知 $\lambda=589.3$ nm, $\theta_1=10.18°$, $\theta_2=6.20°$

由光栅方程 $d\sin\theta=\pm k\lambda$ 可得

$$d\sin10.18°=3\times589.3,\ d\sin6.20°=2\times\lambda_2$$

解上述方程组,可得

$$\lambda_2=\frac{3\times589.3}{2}\times\frac{\sin6.20}{\sin10.18}=540.15\ (\text{nm})$$

17-18　以波长为400～700 nm的白光,垂直入射到一块每厘米有6000条刻线的光栅上。试分别计算第一级和第二级光谱的角宽度,两者是否重叠?

【分析与解答】　已知 $\lambda_1=400$ nm, $\lambda_2=700$ nm, 依题意可得光栅常数 $d=1/6000$ cm,由光栅方程 $d\sin\theta=\pm k\lambda$,可得第一级和第二级光谱的角宽度 θ_1^1、θ_1^2、θ_2^1 和 θ_2^2 分别为

$$\theta_1^1=\arcsin\frac{\lambda_1}{d}=0.24\ \text{rad}$$

$$\theta_1^2=\arcsin\frac{\lambda_2}{d}=0.43\ \text{rad}$$

$$\theta_2^1 = \arcsin\frac{2\lambda_1}{d} = 0.50\ \text{rad}$$

$$\theta_2^2 = \arcsin\frac{2\lambda_2}{d} = 1.00\ \text{rad}$$

所以白光的第一级衍射光谱的角范围为 0.24 ~ 0.43 rad,第二级衍射光谱的角范围为 0.50 ~ 1.00 rad,第一级衍射光谱的角宽度为 0.19 rad,第二级衍射光谱的角宽度为 0.50 rad。显然,白光的第一级和第二级光谱不会重叠。

17-19　波长 $\lambda = 600$ nm 的单色光垂直入射在一光栅上,其第二级和第三级明条纹分别出现在 $\sin\theta_2 = 0.20$ 与 $\sin\theta_3 = 0.30$,而第四级缺级。试问:(1) 光栅常数为多大?(2) 光栅上狭缝可能的最小宽度为多大?(3) 由 a、b 的值求出在屏幕上呈现多少条明条纹。

【分析与解答】 (1) 根据光栅方程有

$$d\sin\theta = \pm k\lambda \quad (k = 0, 1, 2, \cdots)$$

根据第二级明条纹出现的衍射角满足 $\sin\theta_2 = 0.20$ 得

$$(a+b) = \frac{2\lambda}{\sin\theta} = 6 \times 10^{-6}\ \text{m}$$

(2) 由缺级条件

$$d\sin\theta = \pm k\lambda \quad (k = 0, 1, 2, \cdots)$$

$$a\sin\theta = \pm k'\lambda \quad (k = 1, 2, \cdots)$$

得 $d/a = k/k'$。

因第四级缺级,所以光栅上狭缝可能的最小宽度为 $a = \frac{1}{4}d = 1.5 \times 10^{-6}$ m。

(3) 由于衍射角 $\theta < 90°$,所以 $\sin\theta < 1$,有

$$k < \frac{d}{\lambda} = \frac{6 \times 10^{-6}}{600 \times 10^{-9}} = 10$$

即 $k = 0, \pm 1, \pm 2, \pm 3, \pm 4, \pm 5, \pm 6, \pm 7, \pm 8, \pm 9$。

又因第四级缺级,所以屏幕上显示的明条纹为 $k = 0, \pm 1, \pm 2, \pm 3, \pm 5, \pm 6, \pm 7, \pm 9$,共 15 条。

17-20　已知天空中两颗星相对于一望远镜的角距离为 4.84×10^{-6} rad,由它们发出的光波波长 $\lambda = 550$ nm 。望远镜物镜的口径至少要多大,才能分辨出这两颗星?

【分析与解答】　设所需望远镜物镜的直径为 D,恰可分辨时的角距离为 θ_R

由 $\theta_R = 1.22\dfrac{\lambda}{D}$ 得

$$D = 1.22\frac{\lambda}{\theta_R} = 1.22 \times \frac{550 \times 10^{-9}}{4.84 \times 10^{-6}} = 13.9(\text{cm})$$

17-21　月球距地面约 3.86×10^5 km，设月光波长可按 $\lambda = 600$ nm 计算，问月球表面距离为多远的两点才能被地面上直径 $D = 1$ m 的天文望远镜所分辨？

【分析与解答】　设地球到月球的距离为 L，月球表面上两点的距离为 Δx，望远镜恰可分辨两点时的张角为 θ_R，有

$$\Delta x = L\theta_R = 1.22\frac{\lambda}{D}L = 1.22 \times \frac{600 \times 10^{-9}}{1} \times 3.86 \times 10^8 = 283(\text{m})$$

17-22　已知入射的X射线束含有从 0.095～0.130 nm 的各种波长，晶体的晶格常数为 0.275 nm，当X射线以45°角入射到晶体时，问对哪些波长的X射线能产生强反射？

【分析与解答】　由布拉格公式 $2d\sin\varphi = k\lambda$，得 $\lambda = \dfrac{2d\sin\varphi}{k}$ 时满足干涉相长

当 $k=1$ 时，$\lambda_1 = 2 \times 0.275 \times \sin 45° = 0.389(\text{nm})$；

当 $k=2$ 时，$\lambda_2 = \dfrac{2 \times 0.275 \times \sin 45°}{2} = 0.194(\text{nm})$；

当 $k=3$ 时，$\lambda_3 = \dfrac{2 \times 0.275 \times \sin 45°}{3} = 0.130(\text{nm})$；

当 $k=4$ 时，$\lambda_4 = \dfrac{2 \times 0.275 \times \sin 45°}{4} = 0.0972(\text{nm})$。

故只有 $\lambda_3 = 0.130$ nm 和 $\lambda_4 = 0.0972$ nm 的 X 射线能产生强反射。

17-23　已知氯化钠晶体结构是简单的立方点阵，且相邻两离子之间的平均距离(即晶格常量) $d = 0.2819$ nm 。若用波长 $\lambda = 0.154$ nm 的X射线照射在氯化钠晶体表面上，且只考虑与表面平行的晶面系，试问当X射线与表面分别成多大掠射角时，可观察到第一级和第二级主极大谱线。

【分析与解答】　已知 $\lambda = 0.154$ nm，$d = 0.2819$ nm，$k=1$ 和 $k=2$ 时，由布拉格方程得

$$\theta_1 = \arcsin\frac{\lambda}{2d} = \arcsin\frac{0.154}{2 \times 0.2819} \approx 15.85°$$

$$\theta_2 = \arcsin\frac{2\lambda}{2d} = \arcsin\frac{0.154}{0.2819} \approx 33.11°$$

第十八章　光的偏振

思 考 题

18-1　两偏振片堆叠在一起,一束自然光垂直入射时没有光线通过。当其中一偏振片以入射光线为轴慢慢转动 180° 时,透射光强度将发生怎样的变化?

答:两偏振片堆叠在一起,一束自然光垂直入射其上时没有光线通过,说明两个偏振片的偏振化方向是相互垂直的,如果一个偏振片慢慢转动 180° 时,会发现透射光强度会逐渐变大,达到最大,然后开始减弱,减弱到零,随后又逐渐变大,达到最大,再开始减弱,直到减弱到零。

18-2　什么叫椭圆偏振光?什么叫圆偏振光?左旋与右旋如何确定?

答:椭圆偏振光的电矢量端点对于迎着光的观察者来说是做椭圆运动的,它有左右旋之分,椭圆长轴方向上电振动较强。圆偏振光的电矢量端点对于迎着光的观察者来说是做圆周运动的,它也有左右旋之分。左旋和右旋的规定是面对着光源观察时,旋转方向为顺时针的是右旋,旋转方向为逆时针的是左旋。

18-3　自然光入射到两个偏振片上,这两个偏振片的取向使得光不能透过。如果在这两个偏振片之间插入第三块偏振片后有光透过,那么,这第三块偏振片是如何放置的?如果仍然无光透过,又是如何放置的?

答:自然光入射到两个偏振片上,这两个偏振片的取向使得光不能透过,说明两个偏振片的偏振化方向 P_1 和 P_2 垂直。插入第三块偏振片后,有光透过,则第三块偏振片的偏振化方向 P_3 既与 P_1 不同,也与 P_2 不同。当无光透过时,第三片偏振片的偏振化方向 P_3 与 P_1 或 P_2 相同。

18-4　如何利用反射和折射光的偏振来获得线偏振光?

答:根据布儒斯特定律可知,当自然光以布儒斯特角入射玻璃片时,反射光线为完全偏振光。为了增加反射光线的光强,可以将平行的玻璃片堆积起来,形成玻璃片堆,当自然光以布儒斯特角连续通过许多玻璃片时,入射光在各层玻璃面上经过多次反射和折射,使得反射光和折射光的偏振化程度逐渐增加。当玻璃片足够多时,最后反射光和折射光接近于完全偏振光。

18-5　一束光由空气射向玻璃,没有检测到反射光,那么这束光是怎样入射的?其偏振状态如何?

答:当光束以布儒斯特角入射时若入射光全为平行于入射面振动的线偏振光则不产生反射;若入射光全为垂直于入射面振动的线偏振光,任意入射角下所得到的反射光和折射光都是完全偏振光。由题意知无反射光，所以光束应以布儒斯特角入射，且入射光为平行于入射面振动的线偏振光。

18-6　双折射晶体的光轴是否只是一条直线？

答：双折射晶体的光轴并不是经过晶体的某一特定的直线，而是一个方向。在晶体内的每一点都可以作出一条光轴来。

18-7　双折射晶体中的非常光，其传播速度是否可以用关系式 $v_e=c/n_e$ 来确定（n_e 是非常光的折射率）。

答：双折射晶体中的非常光，在晶体内各方向的传播速度不同。在垂直与光轴方向的传播速度可以用关系式 $v_e=c/n_e$ 来确定（n_e 是非常光的折射率）。非常光在其他方向上的传播速度不能用上述公式来确定。

18-8　某束光可能是(1) 线偏振光；(2) 圆偏振光；(3) 自然光。你如何用实验确定这束光究竟是哪一种光？

答：(1) 先用偏振片迎向这束光，转动偏振片，观察透射光。视场中光强有变化且有消光现象的为线偏振光。(2) 再在偏振片的前面加用一块四分之一波片，圆偏振光经过四分之一波片出射为线偏振光，转动偏振片观察光强变化。视场中光强有变化且有消光现象的为圆偏振光。(3) 如果(2) 中视场中光强无变化的为自然光，自然光经过四分之一波片，还是自然光。

习　题

一、选择题

18-1　自然光从空气连续射入介质 A 和 B。光的入射角为 60° 时，得到的反射光 R_A 和 R_B 都是完全偏振光(振动方向垂直入射面)，由此可知，介质 A 和 B 的折射率之比为(　　)。

(A)$1/\sqrt{3}$　　(B)$\sqrt{3}$　　(C)$1/2$　　(D)$2/1$

【分析与解答】　由布儒斯特定律 $\tan i_1=n_A/n_0$ 可知 $n_A=\tan 60°=\sqrt{3}$，那么在入射介质 B 的入射角为 30°，再由布儒斯特定律 $\tan i_2=n_B/n_A$，有 $n_B=n_A\tan 30°$，选 B。

18-2　有折射率分别为 n_1、n_2 的两种媒质，当自然光从第一种媒质(n_1) 入射到第二种媒质(n_2) 时起偏角为 i_0，而自然光从第二种媒质入射到第一种媒质时，起偏角为 i_0'。若 $i_0>i_0'$，则两种媒质的折射率 n_1、n_2 的大小关系为(　　)。

(A)$n_1>n_2$　　(B)$n_1<n_2$

(C)$n_1=n_2$　　(D) 难以判断

【分析与解答】　$\tan\alpha$ 在第一象限是增函数。由布儒斯特定律 $\tan i_0=n_2/n_1$ 和 $\tan i_0'=n_1/n_2$ 可知 $\frac{n_2}{n_1}>\frac{n_1}{n_2}$，选 B。

18-3　一束光强为 I_0 的自然光，相继通过三个偏振片 P_1、P_2、P_3 后出射的光强为 $I_0/8$。已知 P_1 和 P_3 的偏振化方向相互垂直。若以入射光线为轴旋转 P_2，要使出射光强为零，P_2 至少转过的角度是(　　)。

(A)30°　　(B)45°　　(C)60°　　(D)90°

【分析与解答】 根据题意以及吕斯定律 $I(\theta)=I_0\cos^2\theta$ 可知 P_2 偏振化方向与 P_1 偏振化方向成 45°，所以要转45°，选 B。

18-4　一束自然光自空气射向一块平板玻璃(如图)，入射角等于布儒斯特角 i_0，则在界面 2 的反射光(　　)。

(A) 光强为零

(B) 是完全偏振光，且光矢量的振动方向垂直于入射面

(C) 是完全偏振光，且光矢量的振动方向平行于入射面

(D) 是部分偏振光

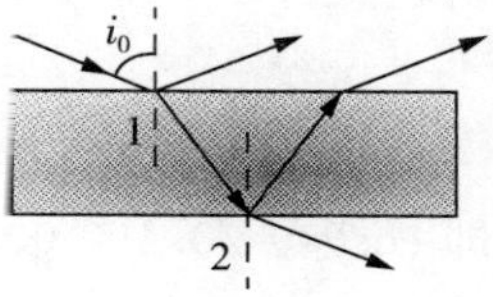

习题 18-4

【分析与解答】 因为界面 2 的出射光线与界面 1 的入射光线平行，所以界面 2 的反射光线与界面 2 的出射光线垂直，选 B。

18-5　自然光以 60° 的入射角照射到某一透明介质表面时，反射光为线偏振光，则(　　)。

(A) 折射光为线偏振光，折射角为 30°

(B) 折射光为部分偏振光，折射角为 30°

(C) 折射光为线偏振光，折射角不能确定

(D) 折射光为部分偏振光，折射角不能确定

【分析与解答】 因为反射光线为线偏振光，根据布儒斯特定律可知，此时光线的入射角为布儒斯特角，即 $i_B=60°$。由于反射光较弱，某一振动方向的光未被完全反射，所以折射光仍为部分偏振光。又因当光线以布儒斯特角入射时，反射光与折射光互相垂直，所以折射角为30°，选 B。

二、填空题

18-6　光在装满水的玻璃容器底部反射时的布儒斯特角为________。(设玻璃折射率为 1.50，水折射率为 1.33)

【分析与解答】 布儒斯特定律 $\tan i=n_2/n_1$，有 $i_B=\tan^{-1}\dfrac{n_2}{n_1}=48.4°$。

18-7　一束平行的自然光，以 60° 角入射到平玻璃表面上，若反射光为完全偏振光，则折射光束的折射角为________，玻璃的折射率为________。

【分析与解答】 根据布儒斯特定律可知，当反射光为完全偏振光时，光线入射角等于布儒斯特角，根据题意可知布儒斯特角 $i_B=60°$，又因当光线以布儒斯特角

入射时，反射角与折射角互为余角，所以折射角为30°。根据布儒斯特定律 $n=\tan i_B$，可得 $n_{玻}=\tan 60°=1.7321$。

三、计算题

18-8　若一束偏振光透过检偏器后强度减少为原来的1/10，入射光振动方向与检偏器偏振化方向之间的夹角为多少？

【分析与解答】　根据马吕斯定律

$$I=I_0\cos^2\theta$$

由题意得 $I=0.1I_0$，所以有

$$\cos^2\theta=0.1$$

即 $\cos\theta=\sqrt{0.1}=0.316$，$\theta=71.6°$。

18-9　自然光强度为 I'，两个偏振片偏振化方向之间的夹角为 θ，自然光穿过两偏振片后强度为多少？

【分析与解答】　自然光经偏振片后光强减少为原来的一半，所以经过第一个偏振片后光强为

$$I_1=I'/2$$

对第二个偏振片应用马吕斯定律

$$I_2=I_1\cos^2\theta=\frac{I'\cos^2\theta}{2}$$

18-10　(1) 自然光穿过两偏振片，它们的透光轴之间成30°角，设两偏振片相同，求穿出的光强占原光强的比率；(2) 若旋转第二个偏振片至出射光强为原光强的10%，θ 已变为多少？

【分析与解答】　(1) 对第二个偏振片应用马吕斯定律

$$I_2/I_1=\cos^2\theta=\cos^2 30°=0.866^2=0.75$$

入射到第二个偏振片上的光强的3/4透射过去，而第一个偏振片使原光强减小一半即 $I_1=\frac{1}{2}I_0$，因此穿出的光强占原光强的3/8。

(2) 若旋转第二个偏振片至出射光强为原光强的10%，则

$$\frac{I_2}{I_0}=\frac{I_2}{2I_1}=\frac{\cos^2\theta}{2}=10\%$$

所以有

$$\theta = 63.4°$$

18-11　强度为 I_0 的线偏振光透过两偏振片。第一个偏振片的透光轴与入射偏振光振动方向成 45° 角，第二个偏振片的透光轴与入射偏振光振动方向成 90° 角，问此系统的出射光强及振动方向如何？

【分析与解答】　因为第一个偏振片与其入射光偏振化方向之间的夹角为 45°，所以经过第一个偏振片后

$$I' = I_0 \cos^2 45° = 0.5 I_0$$

此透射光振幅 A' 与第 2 个偏振片的透光轴夹角也是 45°，所以最后光强为

$$I = I' \cos^2 45° = 0.5 I' = 0.25 I_0$$

末振幅矢量 $\boldsymbol{A}$ 与初振幅矢量 $\boldsymbol{A}_0$ 之间的夹角为 90°。

18-12　起偏器和检偏器的透光轴方向成 30° 角。(1) 若强度为 I_0 的自然光入射，透射光强为多少？(2) 若偏振光入射此系统，偏振光的振动方向与起偏器成 30° 角，透射光强为多少？

【分析与解答】　(1) 自然光经偏振片后光强减少为原来的一半，所以经过起偏器后光强为

$$I = I_0 / 2$$

根据马吕斯定律，通过检偏器后的光强为

$$I' = I \cos^2\theta = \frac{I_0 \cos^2\theta}{2} = 0.375 I_0$$

(2) 经过起偏器后光强为 $I = I_0 \cos^2\theta = I_0 \cos^2 30° = 0.75 I_0$，它的振动方向与检偏器的透光轴方向成 30° 角，因此，透过检偏器的光强为

$$I' = I \cos^2\theta = 0.75 I_0 \cos^2 30° = 0.563 I_0$$

18-13　平行放置两偏振片，使它们的偏振化方向成 60° 角。(1) 如果两偏振片对光振动平行于其偏振化方向的光线均无吸收，则让自然光垂直入射后，其透射光的光强与入射光的光强之比是多大？(2) 如果两偏振片对光振动平行于其偏振化方向的光线分别吸收了 10% 的能量，则透射光的光强与入射光的光强之比是多大？(3) 在这两偏振片之间再平行地插入另一偏振片，使它的偏振化方向与前两个偏振片均成 30° 角，此时，透射光的光强与入射光的光强之比又是多大？先按各偏振片均无吸收计算，再按各偏振片均吸收 10% 的能量计算。

【分析与解答】　(1) 自然光经偏振片后光强减少为原来的一半，所以经过第一个偏振片后光强为

$$I_1 = I_0/2$$

根据马吕斯定律，通过第二个偏振片后的光强为

$$I_2 = I_1 \cos^2\theta = \frac{I_0 \cos^2 60^\circ}{2} = I_0/8$$

$$I_2/I_0 = 0.125$$

(2) 如果两偏振片对光振动平行于其偏振化方向的光线分别吸收了 10% 的能量，则

$$I_1 = I_0 \times 90\%/2 = 9I_0/20$$

$$I_2 = I_1 \times 90\% \cos^2 60^\circ = 81I_0/800$$

$$I_2/I_1 = 0.10$$

(3) 若偏振片均无吸收，经过偏振片 1 后的光强为

$$I_1 = I_0/2$$

经过中间插入的偏振片 3 后的光强为

$$I_3 = I_1 \cos^2 30^\circ = 3I_0/8$$

经过最后偏振片 2 后的光强为

$$I_2 = I_3 \cos^2 30^\circ = 9I_0/32$$

$$I_2/I_0 = 0.28$$

若各偏振片均吸收 10% 的能量，则

$$I_1 = I_0 \times 90\%/2 = 9I_0/20$$

经过中间插入的偏振片 3 后的光强为

$$I_3 = I_1 \times 90\% \cos^2 30^\circ = 243I_0/800$$

经过最后偏振片 2 后的光强为

$$I_2 = I_3 \times 90\% \cos^2 30^\circ = 656I_0/3200$$

$$I_2/I_0 = 0.21$$

18 - 14 一块四分之一波片对波长 $\lambda = 589$ nm 光的折射率为 $n_\perp = 1.732$，$n_\parallel = 1.45$，此波长波片的最小厚度应为多少？

【分析与解答】 寻常光通过厚度为 l 的晶片的光程 $n_\perp l$，非常光的光程则为

$n_{\parallel} l$。因为两光透过晶片时必须有90°的相位差，因此光程差应为$(k+1/4)\lambda_0$，$k=0,1,2,\cdots$，最小厚度满足

$$\frac{\lambda_0}{4}=l(n_{\perp}-n_{\parallel})$$

即 $l=\dfrac{\lambda_0}{4(n_{\perp}-n_{\parallel})}=522\ \mathrm{nm}$。

18－15　如图所示，一块折射率 $n_1=1.50$ 的平面浸在水中，已知一束自然光入射到水面上时反射光是完全偏振光。现要使玻璃表面的反射光也是完全偏振光，试问玻璃表面与水平面的夹角 θ 应为多大？（设水的折射 $n_2=1.33$）

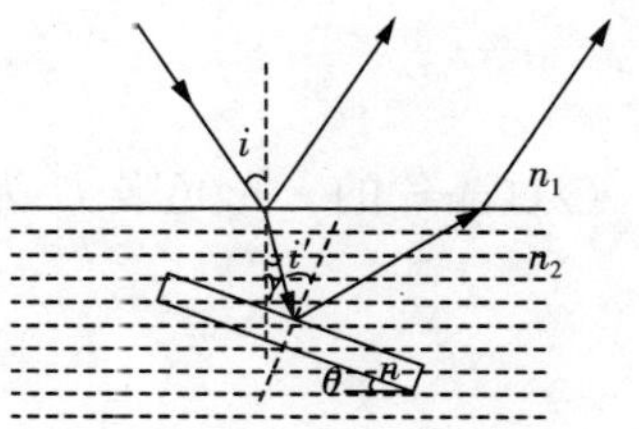

习题 18－15 图

【分析与解答】　设光从空气到水时，入射角为 i，折射角为 γ，应用布儒斯特定律

$$\tan i=n_2/1=1.33$$

得

$$i=53.1°$$

根据折射定律 $\sin i/\sin\gamma=n_2$，得

$$\gamma=36.9°$$

在玻璃表面反射时，应用布儒斯特定律 $\tan(\gamma+\theta)=n/n_2=1.50/1.33=1.128$，得

$$\gamma+\theta=48.4°$$

玻璃表面与水面夹角为

$$\theta=48.4°-\gamma=11.5°$$

18－16　一束太阳光，以某一入射角入射到平面玻璃上，这时反射光为完全偏振光，若透射光的折射角为 32°，试问：(1) 太阳光的入射角是多大？(2) 此种玻璃的折射率是多少？

【分析与解答】　(1) 反射光为全偏振光时 $i_{\mathrm{B}}+\gamma=\pi/2$，则

$$i_{\mathrm{B}}=\pi/2-\gamma=58°$$

(2) 由布儒斯特定律得

$$\tan i_{\mathrm{B}}=n_2/n_1=n_2$$

$$n_2 = \tan i_B = \tan 58° = 1.6$$

18 - 17　线偏振光垂直入射到一块光轴平行于表面的方解石晶片上，光的振动方向与晶片光轴方向的夹角为 30°。(1) 透过晶片的 o 光和 e 光的相对强度各是多少？(2) 用 $\lambda = 589$ nm 的光入射时，如果产生 90° 的相位差，晶片厚度应为多少？(方解石的 $n_o = 1.66$，$n_e = 1.48$)

【分析与解答】 (1) 透过晶片的 o 光光强 I_o 为

$$I_o = I_1 \sin 30° = \frac{I_1}{4}$$

透过晶片的 e 光光强 I_e 为

$$I_e = I_1 \cos 30° = \frac{3I_1}{4}$$

即 $\frac{I_o}{I_e} = \frac{1}{3}$。

(2) $\lambda = 589$ nm 时，$\Delta\varphi = 90°$，则

$$\Delta\delta = \frac{2\pi}{\lambda}(n_o - n_e)d = \frac{\pi}{2}(2k + 1)$$

当 $k = 0$ 时为厚度最小值

$$d = \frac{\lambda}{4(n_o - n_e)}$$

代入数值得

$$d = 8.18 \times 10^{-7}\ \text{m}$$

第六篇　量子物理

＊第十九章　量子物理基础

思　考　题

19－1　在光电效应实验中，如果：(1) 入射光强度增加一倍；(2) 入射光频率增加一倍，各对实验结果有什么影响？

答：(1) 在光电效应中每秒从光阴极发射的光电子数与入射光强成正比。入射光强度增加一倍时，饱和电流增加一倍。

(2) 当入射光的频率增大时，光电子的最大初动能增大，遏止电压也增大，但入射光的频率和遏止电压两者不是简单的正比关系。

19－2　若一个电子和一个质子具有同样的动能，哪个粒子的德布罗意波长较大？

答：电子的德布罗意波长较大。

19－3　$n=3$ 的壳层内有几个次壳层，各次壳层都可容纳多少个电子？

答：$n=3$ 的壳层内有 3 个次壳层，各次壳层可容纳的电子数分别为 2、6、10。

19－4　完成下列核衰变方程。

(1) $^{238}\mathrm{U} \longrightarrow {}^{234}\mathrm{Th} +$ ________；

(2) $^{90}\mathrm{Sr} \longrightarrow {}^{90}\mathrm{Y} +$ ________；

(3) $^{29}\mathrm{Cu} \longrightarrow {}^{29}\mathrm{Ni} +$ ________；

(4) $^{29}\mathrm{Cu} +$ ________ $\longrightarrow {}^{29}\mathrm{Zn}$。

答：(1) ${}^{238}_{92}\mathrm{U} \longrightarrow {}^{234}_{90}\mathrm{Th} + {}^{4}_{2}\mathrm{He}$；

(2) ${}^{90}_{38}\mathrm{Sr} \longrightarrow {}^{90}_{39}\mathrm{Y} + {}^{0}_{-1}e$；

(3) ${}^{29}_{29}\mathrm{Cu} \longrightarrow {}^{29}_{28}\mathrm{Ni} + {}^{0}_{+1}e$；

(4) ${}^{29}_{29}\mathrm{Cu} + {}^{0}_{+1}e \longrightarrow {}^{29}_{30}\mathrm{Zn}$。

习　题

19－1　试计算氢原子各线系的长波极限波长 λ_{lm} 和短波极限波长 λ_{sm}。

【分析与解答】　由于

$$\tilde{\nu}_{nk}=\frac{1}{\lambda}=R\left[\frac{1}{k^2}-\frac{1}{n^2}\right]$$

对各线系，短波极限对应 $n\to\infty$，长波极限对应取 $n=k+1$。因此

赖曼系为 $k=1$，$\lambda_{sm}=91.17\ \mathrm{nm}$，$\lambda_{lm}=121.5\ \mathrm{nm}$；

巴尔末系为 $k=2$，$\lambda_{sm}=364.7\ \mathrm{nm}$，$\lambda_{lm}=656.4\ \mathrm{nm}$；

帕邢系为 $k=3$，$\lambda_{sm}=820.6\ \mathrm{nm}$，$\lambda_{lm}=1876\ \mathrm{nm}$；

布拉开系为 $k=4$，$\lambda_{sm}=1459\ \mathrm{nm}$，$\lambda_{lm}=4053\ \mathrm{nm}$。

19－2　已知氦原子第二激发态与基态的能量差为20.6 eV。为了将氦原子从基态激发到第二激发态，用一加速电子与氦原子相碰。问电子的速率至少应多大？

【分析与解答】　设加速电子的平均动能为 E_k，氦原子第二激发态与基态的能量差为 ΔE，因碰撞满足能量守恒定律，$E_k=\Delta E$，有

$$\frac{1}{2}mv^2=\Delta E$$

得

$$v=\sqrt{\frac{2\Delta E}{m}}=2.69\times10^6\ \mathrm{m/s}$$

19－3　计算电子经过 $U=10000\ \mathrm{V}$ 的电压加速后的德布罗意波长。

【分析与解答】　因电子速度 $v=\sqrt{\frac{2eU}{m}}=0.59\times10^8\approx0.2c$ 较大，应考虑相对论效应，故

$$\lambda=\frac{h}{mv}\sqrt{1-\frac{v^2}{c^2}}=0.127\times10^{-10}\ \mathrm{m}$$

19－4　电子在铝箔上散射时，第一级最大($k=1$)的偏转角 θ 为2°，铝的晶格常数 d 为 $4.05\times10^{-10}\ \mathrm{m}$，求电子速度。

【分析与解答】　由 $d\sin\theta=k\lambda$，$k=1$，按德布罗意公式

$$\lambda=\frac{h}{mv}$$

得

$$v=\frac{h}{m\lambda}=\frac{h}{md\sin\theta}=5.15\times10^{7}\ \mathrm{m/s}$$

可见这个速度已接近光速，因此质量不能够再用静止质量，即

$$v=\frac{h}{m_0 d\sin\theta}\sqrt{1-\frac{v^2}{c^2}}=5.07\times10^{7}\ \mathrm{m/s}$$

19-5　一束带电粒子经206 V电压加速后，测得其德布罗意波长为2.0×10^{-3} nm，已知该粒子所带的电荷量与电子电荷量相等，求该粒子的质量。

【分析与解答】　因加速电压较低，不必考虑相对论效应。设加速电压为U，则带电粒子的动能为

$$E_k=\frac{p^2}{2m_0}=eU$$

其德布罗意波长为

$$\lambda=\frac{h}{p}=\frac{h}{\sqrt{2m_0E_k}}=\frac{h}{\sqrt{2m_0eU}}$$

得粒子的质量为

$$m_0=\frac{h^2}{2eU\lambda^2}=1.67\times10^{-27}\ \mathrm{kg}$$

19-6　若一个电子的动能等于它的静能，试求该电子的速率和德布罗意波长。

【分析与解答】　相对论的动能为$E_k=mc^2-m_0c^2$，据题意，有

$$E_k=m_0c^2$$

可得电子的运动质量为

$$m=2m_0=\frac{m_0}{\sqrt{1-\frac{v^2}{c^2}}}$$

由上式可解得

$$v=\frac{\sqrt{3}}{2}c=0.866c=2.6\times10^{8}\ \mathrm{m/s}$$

所以该电子的德布罗意波长为

$$\lambda=\frac{h}{p}=\frac{h}{mv}=\frac{h}{\sqrt{3}m_0c}=1.4\times10^{-3}\,\text{nm}$$

19-7　氦氖激光器所发红光波长为$\lambda=6.328\times10^{-7}$ m，谱线宽度$\Delta\lambda=10^{-18}$ m，求当这种光子沿 x 方向传播时，它的 x 坐标的不确定量为多大？

【分析与解答】　光子也具有二象性，所以也满足不确定关系，由 $p_x=\dfrac{h}{\lambda}$，有

$$|\Delta p_x|=\frac{h}{\lambda^2}\Delta\lambda$$

代入不确定关系，可得

$$\Delta x\Delta p=\Delta x\ \frac{h}{\Delta\lambda^2}\Delta\lambda\geqslant\frac{\hbar}{2}$$

这里的$\dfrac{\lambda^2}{\Delta\lambda}$等于相干长度，也就是波列长度。上式说明，光子的位置不确定量也就是波列长度。根据原子在一次能级跃迁过程中发射一个光子或者说发出一个波列的观点来看，这一结论是很容易被理解的。将 λ 和 $\Delta\lambda$ 的值代入上式，可得

$$\Delta x\geqslant\frac{\lambda^2}{4\pi\Delta\lambda}=\frac{(632.8\times10^{-9})^2}{4\times3.14\times1\times10^{-18}}=31.9\times10^3(\text{m})$$

可以看到激光的相干长度很大，因此是相干性极好的新型光源。

19-8　一电子的速率为 $v=200$ m/s，其动量不确定范围为动量的 0.01%，则该电子的位置不确定范围为多大？(电子质量为 9.1×10^{-31} kg)

【分析与解答】　电子的动量为

$$p=mv=1.82\times10^{-28}\ \text{kg}\cdot\text{m/s}$$

则动量的不确定范围为

$$\Delta p=0.01\%\times p=1.82\times10^{-32}\ \text{kg}\cdot\text{m/s}$$

可得其位置不确定范围为

$$\Delta x\geqslant\frac{h}{4\pi\Delta p}=\frac{6.63\times10^{-34}}{4\times3.14\times1.82\times10^{-30}}=2.9\times10^{-3}(\text{m})$$

19-9　如果钠原子所发出的黄色光谱线($\lambda=589$ nm)的自然宽度为$\dfrac{\Delta\nu}{\nu}=1.6\times10^{8}$，计算钠原子相应的波长态的平均寿命。

【分析与解答】 钠原子跃迁辐射光子的能量为 $E=h\nu$，谱线的自然宽度所对应定态能量的不确定关系为

$$\Delta E=h\Delta\nu$$

根据海森伯不确定关系

$$\Delta E\Delta t=h\Delta\nu\Delta t\geqslant\frac{\hbar}{2}$$

得钠原子相应波长态的平均寿命为

$$\Delta t\geqslant\frac{1}{4\pi\Delta\nu}=\frac{1}{4\pi\nu}\frac{\nu}{\Delta\nu}=\frac{\lambda}{4\pi c}\frac{\nu}{\Delta\nu}=9.77\times10^{-9}\ \text{s}$$

19－10　设粒子的波函数为 $\psi(x)=Ae^{-\frac{1}{2}a^2x^2}$，其中 a 为常数。求归一化常数 A。

【分析与解答】 由波函数归一化条件知

$$\int_{-\infty}^{\infty}|\psi(x)|^2\mathrm{d}x=1$$

即

$$\int_{-\infty}^{\infty}A^2e^{-a^2x^2}\mathrm{d}x=\frac{A^2\sqrt{\pi}}{a}=1$$

得

$$A=\left(\frac{a^2}{\pi}\right)^{\frac{1}{4}}$$

19－11　一维无限深势阱中粒子的定态波函数为 $\psi(x)=\sqrt{\frac{2}{a}}\sin\frac{n\pi}{a}x$，$n=1,2,3,\cdots$，试求：

(1) 粒子处于基态和 $n=2$ 状态时，在 $x=0$ 和 $x=\frac{a}{3}$ 之间找到粒子的概率；

(2) 概率密度最大处和最大值。

【分析与解答】 (1) 基态时，$n=1$，则

$$\int_0^{\frac{a}{3}}|\psi(x)|^2\mathrm{d}x=\int_0^{\frac{a}{3}}\frac{2}{a}\sin^2\frac{\pi x}{a}\mathrm{d}x=\frac{1}{a}\left(x-\frac{a}{2\pi}\sin\frac{2\pi x}{a}\right)\Bigg|_0^{\frac{a}{3}}=\frac{1}{3}-\frac{\sqrt{3}}{4\pi}\approx0.196$$

$n=2$ 时，有

$$\int_0^{\frac{a}{3}}|\psi(x)|^2\mathrm{d}x=\int_0^{\frac{a}{3}}\frac{2}{a}\sin^2\frac{2\pi x}{a}\mathrm{d}x=\frac{1}{a}\left(x-\frac{a}{4\pi}\sin\frac{4\pi x}{a}\right)\Bigg|_0^{\frac{a}{3}}=\frac{1}{3}+\frac{\sqrt{3}}{8\pi}\approx0.402$$

(2) 概率密度$|\psi|^2=\frac{2}{a}\sin^2\frac{n\pi x}{a}$,可见当$\sin^2\frac{n\pi x}{a}=1$时概率密度最大,最大值为$|\psi|^2=\frac{2}{a}$,即当$x=(2k+1)\frac{a}{2n}\leqslant a$时概率密度最大,其中,$k=0,1,2,\cdots$。当$n=2$时,$k$取0和1,代入公式$x=(2k+1)\frac{a}{2n}$中可得$\frac{a}{4}$和$\frac{3a}{4}$处概率密度最大。

19-12　一维运动的粒子处于如下波函数所描述的状态

$$\psi(x)=\begin{cases}Ax\mathrm{e}^{-\lambda x} & (x\geqslant 0)\\ 0 & (x<0)\end{cases}$$

其中,$\lambda>0$。求:(1) 归一化常数A;(2) 粒子的概率分布函数;(3) 在何处发现粒子的概率最大。

【分析与解答】 (1) $\int_{-\infty}^{\infty}|\psi(x)|^2\mathrm{d}x=\int_0^{\infty}A^2x^2\mathrm{e}^{-2\lambda x}\mathrm{d}x=1$

得

$$A=2\lambda^{\frac{3}{2}}$$

(2) 粒子的概率分布函数为

$$|\psi(x)^2|=\begin{cases}4\lambda^3x^2\mathrm{e}^{-2\lambda x} & (x\geqslant 0)\\ 0 & (x<0)\end{cases}$$

发现粒子概率最大值的位置可由下式求出

$$\frac{\mathrm{d}|\psi(x)^2|}{\mathrm{d}x}=8\lambda^3x\mathrm{e}^{-2\lambda x}(1-\lambda x)=0$$

解得

$$x_1=0,x_2=\infty,x_3=\frac{1}{\lambda}$$

由概率分布函数在上述三个位置的二阶导数可知,在x_1和x_2处为极小值,在$x_3=\frac{1}{\lambda}$处有极大值。

第二十章　量子力学的应用

思考题

20-1　试比较受激辐射与自发辐射的特点。

答:自发辐射不需要外来辐射的激发,所发射的辐射频率、相位、振幅和传播方向都是任意的。受激辐射需要频率相同的外来辐射的激发,所发射的辐射频率、相位、偏振和传播方向都与外来辐射相同。

20-2　什么叫粒子数反转分布?实现粒子数反转分布需要具备什么条件?

答:处于高能级上的粒子数超过处于低能级上的粒子数,这种分布称为粒子数反转分布。

实现粒子数反转必须具备两个条件:

(1) 选择适当的激光工作物质,该物质的粒子系统具有合适的能级结构;

(2) 需要从外界输入能量,把尽可能多的处于低能级的粒子激发到高能级去。

20-3　二能级的工作物质能否实现粒子数反转分布?试说明理由。

答:对于二能级物质,粒子从低能级跃迁到高能级和从高能级跃迁到低能级的概率几乎是一样的。当从外界输入能量使低能级的粒子跃进高能级时,由于低能级的粒子数大于高能级的粒子数,开始时高能级的粒子数会增加。但是,当高能级的粒子数等于低能级的粒子数时,由于向下和向上跃迁的粒子数相同,高能级的粒子数不再增加。因此,二能级系统的工作物质不能实现粒子数反转。

20-4　激光谐振腔在激光形成的过程中起哪些作用?

答:激光谐振腔是一对平行的反射镜,其中一块是全反射镜,另一块是部分透射的反射镜。其作用有:① 使接近轴线方向传播的光子在两反射镜间来回反射,沿途不断引起受激辐射,新产生的光子又引起其他粒子的受激辐射,结果获得雪崩式的光放大效果;② 从各种频率的激光振荡中选取特定频率的激光振荡。

20-5　激光有哪些特性?为什么会有这些特性?

答:激光有以下四个特性:

(1) 方向性好。这是因为受激辐射光子的传播方向与激发光子的传播方向完全相同,而光子在谐振腔中要经过多次反射,传播方向与谐振腔的轴线稍有偏角的光子都会从谐振腔的侧壁逸出。

(2) 亮度高。这是因为激光方向性好,能量在空间上亮度集中,以及输出脉冲的持续时间短,能量在时间上高度集中。

(3) 单色性好。这是因为激光工作物质的粒子数反转只能发生在确定的高低能级之间,又由于谐振腔的选频作用,使输出激光的单色性极好。

(4) 相干性好。激光的单色性好决定了它有很好的相干长度,即具有很好的时间相干性。单横模激光器发生的 TEMo 模激光束,接近于沿谐振腔轴线传播的平面波,且波前平面上的任意两点都是相干的,即接近于完全空间相干的光。

20-6 在红宝石激光器中,当铬离子在两个能级间跃迁时发射波长为694.3 nm的激光,试计算在 $T=300$ K 时,在热平衡条件下处于两能级上的离子数之比。

答:设低能级和高能级的能量分别为 E_1 和 E_2,则处于高低能级上的离子数之比(按玻尔兹曼分布律)为$\dfrac{N_1}{N_2}=e^{-(E_2-E_1)/kT}$,若从高能级跃迁到低能级发生的光子频率为$\nu$,则有$E_2-E_1=h\nu$,将此式代入$\dfrac{N_1}{N_2}=e^{-(E_2-E_1)/kT}$,得两能级上的离子数之比为$\dfrac{N_1}{N_2}=e^{-h\nu kT}=1.0\times10^{-30}$。

习　　题

20-1 氦氖激光器发出波长 $\lambda=623.8$ nm 的激光,与此相应的能极差是多少?

【分析与解答】

相应的能极差为 $\Delta E=h\nu=h\dfrac{c}{\lambda}=6.63\times10^{-34}\times\dfrac{3\times10^8}{6.63\times10^{-9}}=3.14\times10^{-19}\,(\text{J})=$ 1.96 eV。

20-2 设激光束的发散角 $\Omega=10^{-3}$ rad,从地球射到月球上时,在月球上形成的光斑直径有多大?(地球到月球的距离为 3.8×10^8 m)

【分析与解答】

光斑直径为 $d=l\Omega=3.8\times10^8\times10^{-3}=3.8\times10^5\,(\text{m})=380$ km。

《大学物理教程(上册)》期末试卷

题号	一	二	三	四	五	总分	统分人	统分复核人
得分								

注意:1. 本试卷共 4 页,答题纸 2 页;2. 姓名、学号必须写在指定地方;
3. 考试时间:120 分钟;4. 考试为闭卷考试;5. 允许使用计算器。

得分	阅卷人	复核人

一、填空题:本大题共需填 14 空,每空 2 分,共 28 分。

1. 一质点的运动方程为 $\boldsymbol{r}=3t\boldsymbol{i}+4t\boldsymbol{j}$,式中 x 以 m 为单位,t 以 s 为单位。从 $t=0$ 到 $t=1$ s 质点的路程是________,位移是________;在 $t=0.5$ s 时,质点的速度大小是________,加速度大小是________。

2. 两船以互相垂直的方向航行,其速度大小均为 4 m/s,两船相对运动速度的大小为________ m/s。

3. 如图 1-1 所示,倾角为 α 的光滑固定斜面长为 s.一个质量为 m 的物体从斜面顶端自由滑到底端。在此过程中重力的冲量大小是________,物体受到合力的冲量大小是________。

4. 如图 1-2 所示,均匀长直木板长 $L=40$ cm,放在水平桌面上,它的一端与桌面相齐。已知木板质量为 2 kg。与桌面的摩擦系数为 0.2,现用水平推力 F 将其推出桌子,则水平推力应至少做功________ J。($g=10\ \text{m/s}^2$)

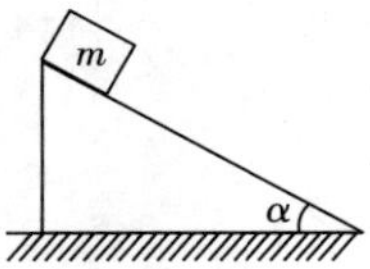

图 1-1

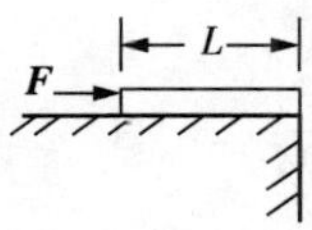

图 1-2

5. 在参考系 S 中，一粒子沿直线运动，从坐标原点运动到了 $x=1.5\times10^{8}$ m 处，经历的时间为 $\Delta t=1.00$ s，该过程对应的固有时间为________ s。

6. 气体动理论中 $\int_{v_1}^{v_2} Nf(v)\,\mathrm{d}v$ 的物理意义是________________________________。

7. 热力学第二定律的开尔文叙述是________________________________，克劳修斯叙述是________________________________。

8. 某横波沿一弦线传播，其波函数为 $y=0.03\cos\pi(5x-100t)$（式中，x、y 以 m 为单位，t 以 s 为单位）则波长为________________，波速为________________。

得分	阅卷人	复核人

二、单项选择题：本大题共 10 小题，每小题 2 分，共 20 分。在每小题给出的四个选项中，只有一项是符合题目要求的，将符合题意的选项字母填入相应的答题栏。

1. 以下选项哪个正确？（　　）

(A) 质点做圆周运动时的加速度指向圆心

(B) 匀速圆周运动的加速度为恒量

(C) 只有法向加速度的运动一定是圆周运动

(D) 只有切向加速度的运动一定是直线运动

2. 下列说法中正确的是（　　）。

(A) 质点沿任意闭合路径运动一周，保守力对它做的功为零

(B) 冲量的方向等于力的方向

(C) 物体速率的增量少，合外力做的正功多

(D) 牛顿第二定律又叫惯性定律

3. 一质量为 M 的弹簧振子，水平放置静止在平衡位置，如图 2－1 所示。一质量为 m 的子弹以水平速度 $\boldsymbol{v}$ 射入振子中，并随之一起运动。如果水平面光滑，此后弹簧的最大势能为（　　）。

(A) $\dfrac{m^2v^2}{2(m+M)}$　　(B) $\dfrac{1}{2}mv^2$

(C) $(m+M)\dfrac{m^2v^2}{2M^2}$　　(D) $\dfrac{m^2v^2}{2M^2}$

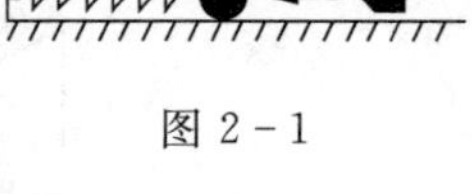

图 2－1

4. 关于机械能守恒条件和动量守恒条件有以下几种说法，其中正确的是（　　）。

(A) 不受外力作用的系统，其动量和机械能必然同时守恒

(B) 所受合外力为零，内力是保守力的系统，其动量和机械能必然守恒

(C) 不受外力，而内力都是保守力的系统，其动量和机械能必然同时守恒

(D) 外力对一个系统做的功为零，则该系统的机械能和动量必然同时守恒

5. 工程中有 A、B 两个半径和质量均相同的轮子，A 轮实心，B 轮空心，且质量均匀分布，设它们对过圆心且与圆面垂直的中心轴的转动惯量分别为 J_A 和 J_B，则有(　　)。

(A) $J_A > J_B$　　(B) $J_A < J_B$

(C) $J_A = J_B$　　(D) 无法确定哪个大

6. 根据相对论力学，若 c 表示真空中光速，电子的静止能 $m_0c^2 = 0.5$ MeV，则动能为 0.25 MeV 的电子，其运动速度约等于(　　)。

(A) $0.1c$　　(B) $0.5c$　　(C) $0.75c$　　(D) $0.85c$

7. 一容器内装有 N_1 个单原子理想气体分子和 N_2 个刚性双原子理想气体分子，当该系统处在温度为 T 的平衡态时，其内能为(　　)。

(A) $(N_1 + N_2)[(3/2)kT + (5/2)kT]$

(B) $(1/2)(N_1 + N_2)[(3/2)kT + (5/2)kT]$

(C) $N_1(3/2)kT + N_2(5/2)kT$

(D) $N_1(5/2)kT + N_2(3/2)kT$

8. 一定量的理想气体，开始时处于压强、体积、温度分别为 p_1、V_1、T_1 的平衡态，后来变到压强、体积、温度分别为 p_2、V_2、T_2 的终态。若已知 $V_2 > V_1$，且 $T_2 = T_1$，则以下各种说法中正确的是(　　)。

(A) 不论经历的是什么过程，气体对外界净做的功一定为正值

(B) 不论经历的是什么过程，气体从外界净吸的热一定为正值

(C) 若气体从始态变到终态经历的是等温过程，则气体吸收的热量最少

(D) 如果不给定气体所经历的是什么过程，则气体在过程中对外界净做功和从外界净吸热的正负皆无法判断

9. 以下几种可逆的热力学过程中，熵减小的是(　　)。

(A) 等压膨胀　　(B) 等温膨胀

(C) 等体降温　　(D) 绝热膨胀

10. 以下几种运动不属于谐振动的是(　　)。

(A) 小球在地面上做完全弹性的上下小幅跳动

(B) 质量为 m 的小滑块在半径为 R 的光滑半球面内底部做微小摆动

(C) 无风天气，秋千的小幅自由摆动

(D) 轮船在静水中的轻轻晃动

得分	阅卷人	复核人

三、判断题：本大题共10小题，每题1分，共10分。判断每小题论述的正误，论述正确的请在答题栏填写“√”，论述错误的请在答题栏填写“×”。

1. 质点做曲线运动，加速度的方向总是指向曲线凹的一边。（　　）

2. 物体运动的方向一定和合外力的方向相同。（　　）

3. 物体运动时，如果它的速率保持不变，它所受到的合外力一定不变。（　　）

4. 相对论中的时间延缓效应说明运动的钟走的比静止的钟慢。（　　）

5. 在一个惯性系中观测，两个物理事件是同时同地发生的，那么在其他所有惯性系中观测，这两个事件一定是同时同地发生的。（　　）

6. 物体的温度越高，则含有的热量越多。（　　）

7. 热量能从高温物体传递到低温物体，却不能从低温物体传递到高温物体。（　　）

8. 简谐振动的机械能一定守恒。（　　）

9. 在波传播方向上相邻的两个位移相同点的距离就是波长。（　　）

10. 我们经常会看到“长江后浪推前浪”的现象，这说明质点随波一起移动。（　　）

得分	阅卷人	复核人

四、分析简算题：本大题共3小题，每小题4分，共12分。

1. 在一辆直线行驶的汽车内，如果给你一个一端连有小铁球的弹簧、一把直尺和一个量角器，如何设计实验能测出汽车的加速度？（写出过程和相关公式）

2. 请回答狭义相对论的两条基本原理。

3. 试分析：在 $p-V$ 图上任意两条绝热线能不能相交？为什么？

得分	阅卷人	复核人

五、计算题：本大题共 4 小题，其中第 1 小题 7 分、第 2 小题 8 分、第 3 小题 7 分、第 4 小题 8 分，共 30 分。解答时写出必要的文字说明、证明过程及演算步骤。

1. 劲度系数为 k 的轻弹簧竖直固定在地上，在弹簧上放一质量为 m 的木板，处于平衡状态，如图所示，有一质量也为 m 的泥块从平板上高 h 处自由下落，与平板做完全非弹性碰撞，求碰撞后弹簧又被压缩的最大距离为多少？(7 分)

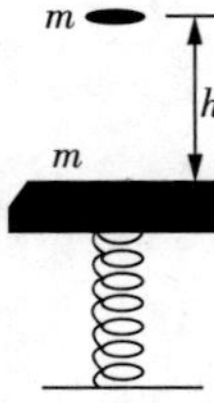

图 5 - 1

2. 如图 5 - 2 所示，一长 $l=3$ m 的均匀木棒，质量 $M=1$ kg，可绕水平轴在竖直平面内转动，开始时棒是自然竖直悬垂的。现有质量 $m=10$ g 的子弹以 $v=250$ m/s 的速率从 A 点射入棒中，A 点与 O 点的距离为 $\frac{2}{3}l$，求：(1) 棒开始运动时的角速度；(2) 棒的最大偏转角 θ($g=10$ m/s^2)(忽略转轴处的摩擦力)。(8 分)

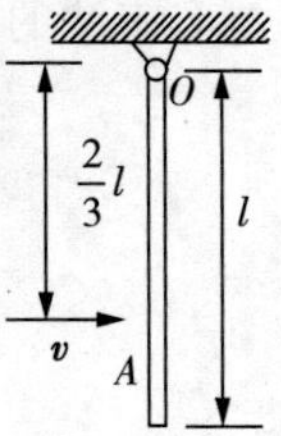

图 5 - 2

3. 1 mol 氢气，在压强为 1.0×10^5 Pa、温度为 20 ℃ 时，体积为 V_0，今使其发生以下热力学过程：先保持体积不变，加热使其温度升高到 80 ℃，然后令它做等温膨胀，体积变为原体积的 2 倍，求整个过程中氢气吸收的热量、对外做的功和内能的增量。(7 分)

4. 某质点做简谐振动，周期为 2 s，振幅为 0.06 m，$t=0$ 时刻，质点恰好处在平衡位置，且沿负方向运动，试求：

(1) 该质点的振动方程；

(2) 此振动以波速 $u=2$ m/s 沿 x 轴正方向传播时，形成的一维简谐波的波动表达式(以该质点的平衡位置为坐标原点)；

(3) 该波的波长。**(8 分)**

《大学物理教程(下册)》期末试卷

题号	一	二	三	四	五	总分	统分人	统分复核人
得分								

注意:1. 本试卷共 4 页,答题纸 2 页;2. 姓名、学号必须写在指定地方;
3. 考试时间:120 分钟;4. 考试为闭卷考试;5. 允许使用计算器。

得分	阅卷人	复核人

一、填空题:本大题共需填 10 空,每空 2 分,共 20 分。

1. 如图 1-1 所示,正方形的两对角处,各置电荷 Q,其余两角处各置电荷 q,若 Q 所受合力为零,则 Q 与的 q 关系为________________。

2. 导体处于静电平衡状态时,具有如下特点:

(1) 场强:____;

(2) 电势:____。

3. 静电场环路定理的数学表示式为______________________________。该定理表明,静电场是______________________________场。

4. 空气电容器,接在电压恒定的直流电源上,如图 1-2 所示,今有一块各向同性均匀电介质板缓慢地插入电容器中,则电容器组储存的电能将__________。(填增大、减小或不变)

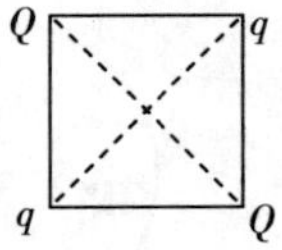

图 1-1

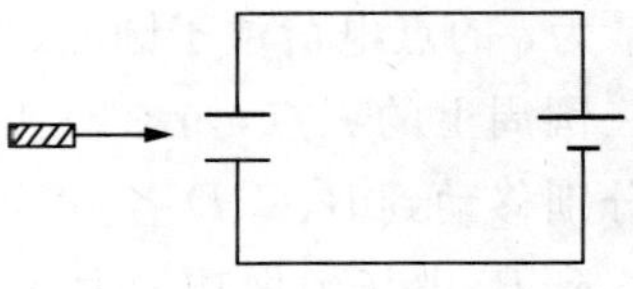

图 1-2

5. 载有电流为 I 的无限长导线，弯成如图 1-3 所示的形状，由两个直导线和一个半径为 R 的半圆弧组成，取垂直向外为正方向，则其圆心 O 点的磁感应强度的大小为________。

6. 一个 N 型半导体薄片置于磁感强度大小为 B 的匀强磁场中，磁场方向如图 1-4 所示，薄片通有方向向右的电流 I，则此半导体上、下两面的霍尔电势哪一面高？__________。

7. 如图 1-5 所示，一根通电流 I 的导线，被折成长度分别为 a、b，夹角为 120° 的两段，并置于均匀磁场 $\boldsymbol{B}$ 中，若导线的长度为 b 的一段与 $\boldsymbol{B}$ 平行，则 a、b 两段载流导线所受的合力的大小为__________。

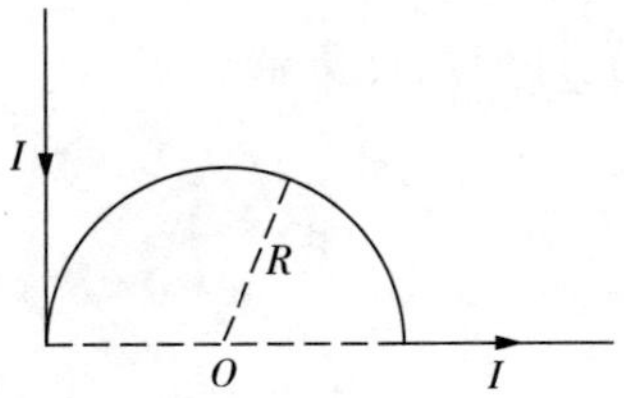

图 1-3

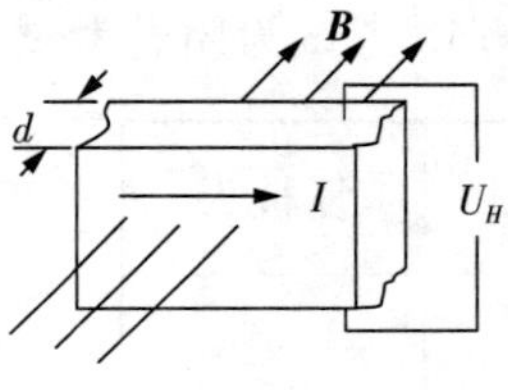

图 1-4

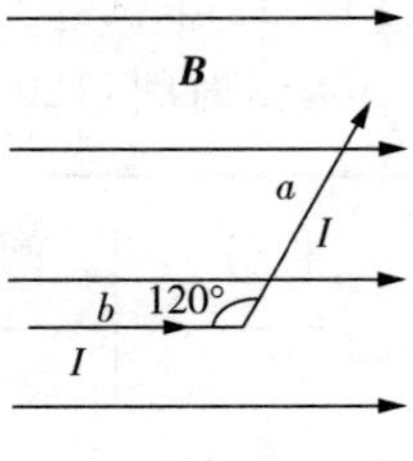

图 1-5

8. 在双缝干涉实验中，两缝间距离为 2 mm，双缝与屏幕相距 300 cm，波长 $\lambda=600\text{ nm}$ 的平行单色光垂直照射到双缝上。则屏幕上相邻明纹之间的距离为__________。

得分	阅卷人	复核人

二、单项选择题：本大题共 10 小题，每小题 2 分，共 20 分。在每小题给出的四个选项中，只有一项是符合题目要求的，将符合题意的选项字母填入相应的答题栏。

1. 一电量为 q 的点电荷位于圆心 O 处，A 是圆内一点，B、C、D 为同一圆周上的三点，如图 2-1 所示。现将一试验电荷从 A 点分别移动到 B、C、D 各点，则(　　)。

(A) 从 A 到 B，电场力做功最大

(B) 从 A 到 C，电场力做功最大

(C) 从 A 到 D，电场力做功最大

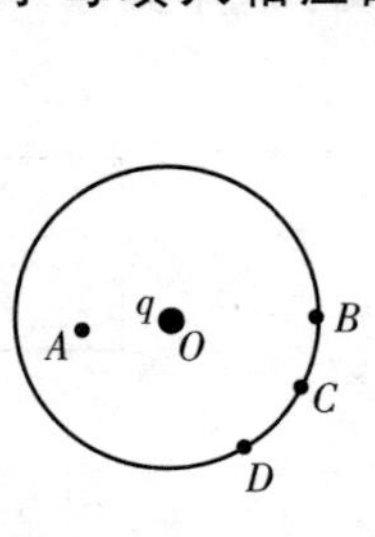

图 2-1

(D) 从 A 到各点,电场力做功相等

2. 如图 2-2 所示,若将负点电荷 Q 从电场 $\boldsymbol{E}$ 中的 M 点移动到 N 点,则(　　)。

(A) 电场力做负功　　(B) 电场强度大小 $E_M < E_N$

(C) 电势能减小　　(D) 电势 $V_M < V_N$

3. 如图 2-3 所示,在点电荷 $+q$ 的电场中,若选取图中 P 为电势零点,则 M 点的电势为(　　)。

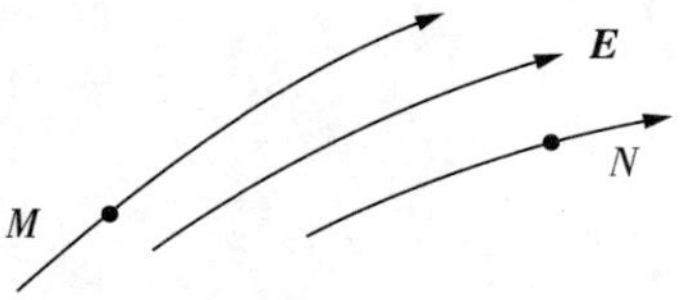

图 2-2

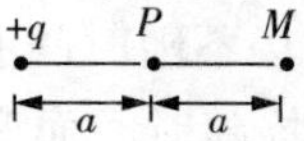

图 2-3

(A) $\dfrac{q}{4\pi\varepsilon_0 a}$　　(B) $\dfrac{q}{8\pi\varepsilon_0 a}$

(C) $-\dfrac{q}{4\pi\varepsilon_0 a}$　　(D) $-\dfrac{q}{8\pi\varepsilon_0 a}$

4. 磁场的安培环路定理告诉我们(　　)。

(A) 磁感应强度 $\boldsymbol{B}$ 只与回路所包围的电流有关,与回路外的电流无关;$\boldsymbol{B}$ 的环流与回路的内外电流均有关

(B) 磁感应强度 $\boldsymbol{B}$ 的环流只与回路所包围的电流有关,与回路外的电流无关;$\boldsymbol{B}$ 与回路的内外电流均有关

(C) $\boldsymbol{B}$ 和 $\boldsymbol{B}$ 的环流与回路内外的电流均有关

(D) $\boldsymbol{B}$ 和 $\boldsymbol{B}$ 的环流都与回路内的电流无关

5. 关于磁介质,下列说法正确的是(　　)。

(A) 顺磁质和抗磁质只能对电流的磁场产生微弱的影响

(B) 顺磁质的磁化率是小于零的数

(C) 抗磁质磁化以后,磁化强度的方向与该处磁场方向相同

(D) 铁磁质和抗磁质统称为弱磁质

6. 若一平面载流线圈在磁场中既不受力,也不受力矩作用,这说明(　　)。

(A) 该磁场一定均匀,且线圈的磁矩方向一定与磁场方向平行

(B) 该磁场一定不均匀,且线圈的磁矩方向一定与磁场方向平行

(C) 该磁场一定均匀,且线圈的磁矩方向一定与磁场方向垂直

(D) 该磁场一定不均匀,且线圈的磁矩方向一定与磁场方向垂直

7. 两个闭合的金属环,穿在一极光滑的绝缘杆上.如图 2-4 所示,当条形磁铁

N 极自右向左插向圆环时，两圆环的运动是(　　)。

(A) 边向左移边分开　　(B) 边向左移边合拢

(C) 边向右移边合拢　　(D) 同时同向移动

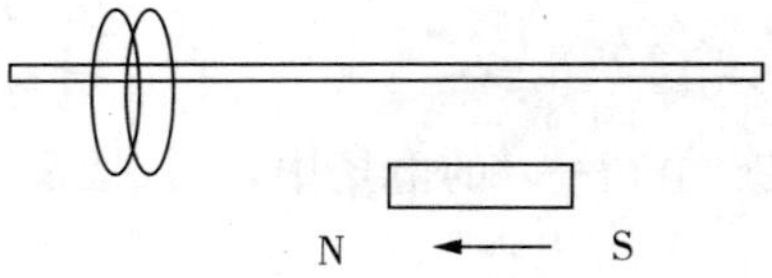

图 2-4

8. 下列哪种情况的位移电流为零？(　　)

(A) 电场不随时间变化

(B) 电场随时间而变化

(C) 交流电路

(D) 在接通直流电路的瞬时

9. 在相同的时间内，一束波长为 λ 的单色光在空气中和在玻璃中(　　)。

(A) 传播的路程相等，走过的光程相等

(B) 传播的路程相等，走过的光程不相等

(C) 传播的路程不相等，走过的光程相等

(D) 传播的路程不相等，走过的光程不相等

10. 波长为 λ 的单色光垂直入射于光栅常数为 d、缝宽为 a、总缝数为 N 的光栅上，取 $k=0,\pm1,\pm2,\cdots$ 则决定出现主极大的衍射角 θ 的公式可写成(　　)。

(A) $Na\sin\theta=k\lambda$　　(B) $a\sin\theta=k\lambda$

(C) $Nd\sin\theta=k\lambda$　　(D) $d\sin\theta=k\lambda$

得分	阅卷人	复核人

三、判断题：本大题共 10 小题，每题 1 分，共 10 分。判断每小题论述的正误，论述正确的请在答题栏填写"√"，论述错误的请在答题栏填写"×"。

1. 电势均匀的空间，电场强度一定为零。(　　)

2. 电场强度不变的空间，电势一定为零。(　　)

3. 电介质在外电场中极化后，两端出现等量异号电荷，若把其截成两半并分开，再撤去电场，这时两半截的电介质仍然带电。(　　)

4. 磁感应强度的方向就是运动电荷在磁场中受力的方向。(　　)

5. 用安培环路定理可以求出有限长的一段载流直导线周围的磁场。（　　）

6. 若闭合曲线上各点的 $\boldsymbol{H}$ 为零，则该曲面内所包围的传导电流的代数和必为零。（　　）

7. 不论顺磁质与抗磁质，$\boldsymbol{B}$ 总是与 $\boldsymbol{H}$ 同方向。（　　）

8. 感生电场是保守力场。（　　）

9. 当导体回路中的电流发生变化时，就会在自身回路中产生自感电动势和感应电流，感应电流的方向与原来的电流相反。（　　）

10. 使用透镜不会引起各相干光之间的附加光程差。（　　）

得分	阅卷人	复核人

四、分析简算题：本大题共 3 小题，每小题 4 分，共 12 分。

1. 图 4－1 为某静电场的等势面图，在图中画出该电场的电场线，简要说明画法。

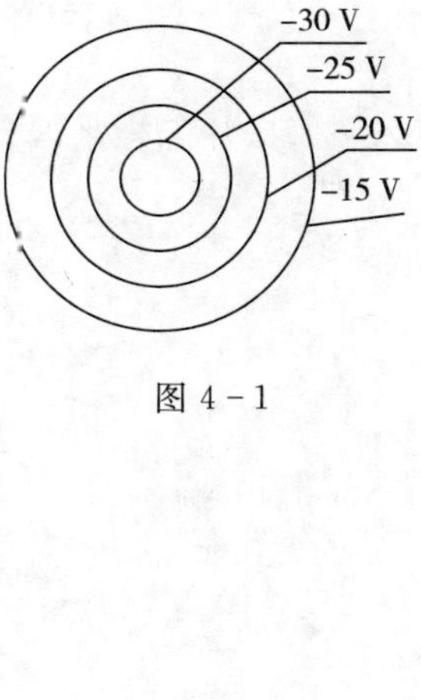

图 4－1

2. 鹰眼的瞳孔直径约为 6.0 mm，那么当鹰飞翔到高为 200 m 处，能不能看清地面上身长为 4 cm 的小鼠？设光在空气中的波长为 600.0 nm 。**（请写出分析过程）**

3. 用偏振片怎样来区分自然光、部分偏振光和线偏振光？

得分	阅卷人	复核人

五、计算题：本大题共 4 小题，其中第 1 小题 10 分、第 2 小题 10 分、第 3 小题 8 分、第 4 小题 10 分，共 38 分。解答时写出必要的文字说明、证明过程及演算步骤。

1. 如图 5－1 所示，两个同心的均匀带电球面，内球面半径为 R_1、带电量为 Q_1，外球面半径为 R_2、带电量为 Q_2，设无穷远处为电势零点，求：(1) 空间各处电场强度的分布；(2) 内球面内，距中心为 r 处的 P 点的电势。**(10 分)**

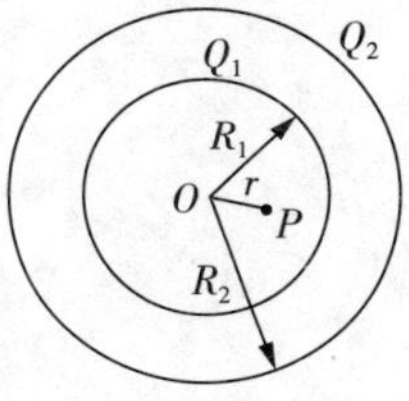

图 5－1

2. 螺绕环的导线内通有电流 10 A，利用冲击电流计测得环内磁感应强度的大小是 1.0 T，已知环的平均周长是 50 cm，绕有导线 500 匝。

求：(1) 磁场强度；(2) 磁化强度；(3) 磁化率；(4) 相对磁导率。**(10 分)**

3. 如图 5-2 所示，导线 ab 长为 l，绕过 o 点的垂直轴以匀角速 ω 转动，$ao=\dfrac{l}{3}$，均匀磁场方向平行于转轴向上，磁感应强度大小为 B，

求：(1) ab 两端的电势差；

(2) a、b 两端哪一端电势高？(8 分)

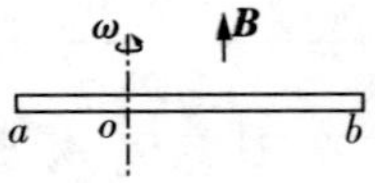

图 5-2

4. 波长为 600 nm 的单色光垂直入射在一光栅上，第二级、第三级主极大明纹分别出现在 $\sin\theta=0.2$ 及 $\sin\theta=0.3$ 处，第四级缺级。

求：(1) 光栅常数；

(2) 光栅上狭缝的宽度。(10 分)

《大学物理教程(上册)》期末试卷

参考答案与评分细则

一、填空题:本大题共需填 14 空,每空 2 分,共 28 分。

1. 5 m,5 m,5 m/s,$0\ \mathrm{m/s^2}$　2. $4\sqrt{2}$　3. $mg\sqrt{\dfrac{2s}{g\sin\alpha}}$,$m\sqrt{2sg\sin\alpha}$

4. 0.8　5. $\dfrac{\sqrt{3}}{2}$ 或者 0.866　6. 速率分布在 $v_1 \sim v_2$ 之间的分子数

7. (热机)不可能从单一热源吸收热量,使它完全转变为功,而不引起其他变化,不可能把热量从低温物体传向高温物体,而不引起其他变化。

8. 0.4 m,20 m/s

二、单项选择题:本大题共 10 小题,每小题 2 分,共 20 分。

题号	1	2	3	4	5	6	7	8	9	10
答案	D	A	A	C	B	C	C	D	C	A

三、判断题:本大题共 10 小题,每题 1 分,共 10 分。

题号	1	2	3	4	5	6	7	8	9	10
答案	√	×	×	×	√	×	×	√	×	×

四、分析简算题:本大题共 3 小题,每小题 4 分,共 12 分。

1. **答:方法一**　拉起弹簧悬挂小球,由于汽车加速,弹簧与竖直线呈 θ,根据分析汽车加速度为 $a=g\tan\theta$,测出 θ 即得加速度。

方法二　汽车静止时测出小球竖直静止时弹簧伸长量 x_0,再将弹簧和小球放到光滑桌面上,此时汽车匀加速运动,测量弹簧伸长量 x,得到 $a=g\dfrac{x}{x_0}$。

2. **答:**(1) 相对性原理:所有惯性系对于描述物理现象都是等价的,或者物理定律在一切惯性参考系中都具有相同的数学表达式。

(2) 光速不变原理:在彼此相对做匀速直线运动的任意惯性参考系中,所测的光在真空中的传播速度都是相等的。

3. **答:**在 $p-V$ 图上任意两条绝热线不能相交,证明如下。

方法一(应用热力学第二定律)

如图(a)若两绝热线相交于点 C,则作等温线与两绝热线分别相交于点 A、点 B。对于循环 $ABCA$,从单一热源吸收热量,使它完全转化为功,而不引起其他变化,这样是违反热力学第二定律的,所以任意两条绝热线不可能相交。

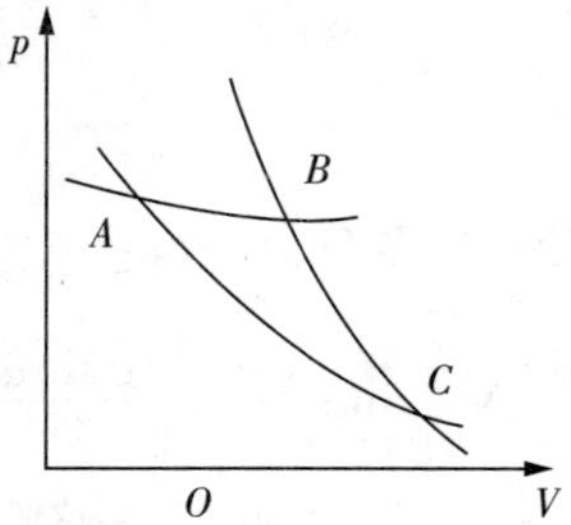

(a)

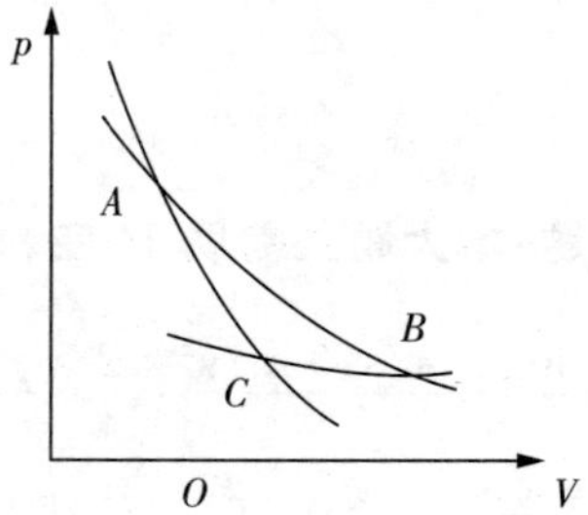

(b)

方法二(应用热力学第一定律)

如图(b)若两绝热线相交于点 A,则作等温线与两绝热线分别相交于点 B、点 C。

一方面,对于循环 $ABCA$,内能变化为零,正循环过程对外做功,所以 $A>0$,由热力学第一定律可知 $Q>0$。

另一方面,AB 和 CA 是绝热过程 $\mathrm{d}Q=0$,BC 过程是等温压缩过程即 $\mathrm{d}E=0$,$\mathrm{d}A<0$ 由热力学第一定律可知 $\mathrm{d}Q<0$,所以循环 $ABCA$ 整个过程的 $Q<0$。

两者矛盾,所以在 $p-V$ 图上任意两条绝热线不能相交。

五、计算题:本大题共 4 小题,其中第 1 小题 7 分、第 2 小题 8 分、第 3 小题 7 分、第 4 小题 8 分,共 30 分。

1. (7 分)

解:现将这整个过程分为泥块自由下落、泥块与平板碰撞和泥块平板压缩弹簧三个过程进行讨论,并且对每个过程划分合适的系统,审定有关条件,运用相应的规律逐一求解。

泥块下落过程:泥块和地球组成的系统,只有保守内力做功,系统机械能守恒,则下落到平板时泥块速率为 v_0,有

$$mv_0{}^2/2=mgh$$

$$v_0=(2gh)^{1/2} \qquad \text{(1 分)}$$

泥块与平板相碰撞过程:泥块和平板组成的系统动量守恒,则有

$$(m+m)v=mv_0$$

所以，泥块和平板相碰后共同具有速率

$$v=\frac{m}{m+m}v_0\sqrt{\frac{gh}{2}} \quad (1) \qquad \textbf{(2 分)}$$

泥块和平板压缩弹簧的过程：在这个过程中，泥块、平板、弹簧和地球组成的系统，只有保守力做功，系统的机械能守恒，即

$$E_1=E_2$$

若以弹簧自然长度处为弹性势能零点，以平板与弹簧处于静平衡位置为重力势能零点，则有

$$E_1=\frac{1}{2}kx_0{}^2+\frac{1}{2}(m+m)v^2$$

$$E_2=\frac{1}{2}k\,(x_0+x)^2-(m+m)gx$$

所以 $\frac{1}{2}kx_0{}^2+\frac{1}{2}(m+m)v^2=\frac{1}{2}k\,(x_0+x)^2-(m+m)gx \quad (2)$　　**(2 分)**

式中 x 为弹簧再次压缩的最大距离，且 $x_0=mg/k$，将 x_0 值和(1) 式代入(2)式得

$$x=\frac{mg}{k}+\sqrt{\left[\left(\frac{mg}{k}\right)^2+\left(\frac{mg}{k}\right)h\right]} \qquad \textbf{(2 分)}$$

2. (8 分)

解：(1) 子弹入射木棒过程角动量守恒，应用角动量守恒定律可得

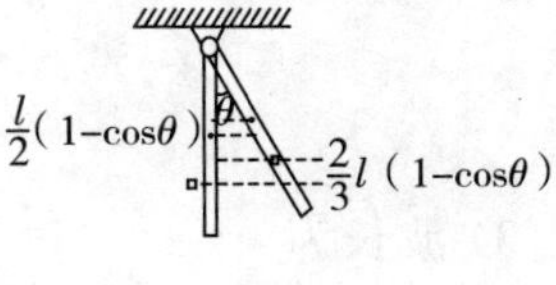

$$mv\cdot\frac{2}{3}l=\frac{1}{3}Ml^2\omega+m\left(\frac{2}{3}l\right)^2\omega$$

得 $\omega=\dfrac{\frac{2}{3}mv}{\left(\frac{1}{3}M+\frac{4}{9}m\right)l}=\dfrac{6mv}{(3M+4m)l}=\dfrac{6\times0.01\times250}{(3\times1+4\times0.01)\times3}=1.645(\mathrm{rad/s})$

(2) 子弹和木棒成为一个整体后，子弹、木棒和地球组成的系统机械能守恒，取最低点为势能零点，应用机械能守恒定律可得

$$\frac{1}{2}\left[\frac{1}{3}Ml^2+m\left(\frac{2}{3}l\right)^2\right]\omega^2=Mg\,\frac{l}{2}(1-\cos\theta)+mg\,\frac{2l}{3}(1-\cos\theta)$$

得 $1-\cos\theta=\dfrac{3M+4m}{9M+12m}\cdot\dfrac{l}{g}\omega^2=\dfrac{3\times1+4\times0.01}{9\times1+12\times0.01}\times\dfrac{3}{10}\times1.645^2=0.27$

$$\Rightarrow\cos\theta=0.73\Rightarrow\theta=\arccos(0.73)=43.11^\circ$$

3. (7 分)

解： $\Delta E_1=C_V\Delta T=\dfrac{5}{2}\times8.31\times60=1246.5(\mathrm{J})$ **(2 分)**

$$A=A_2=RT\ln\frac{V}{V_0}=8.31\times353\times\ln2=2033.3(\mathrm{J})$$ **(2 分)**

$$Q=Q_1+Q_2=\Delta E+A_2=1246.5+2033.3=3279.8(\mathrm{J})$$ **(3 分)**

4. (8 分)

解：(1) 设振动方程为

$$y(t)=A\cos(\omega t+\varphi_0)$$

由题意 $t=0$ 时，$y_0=0$，$v_0<0$ 得 $\varphi_0=\dfrac{\pi}{2}$(或者画旋转矢量得出也可)，从而得振动方程为

$$y(t)=0.06\cos\left(\frac{2\pi t}{2}+\frac{\pi}{2}\right)=0.06\cos\left(\pi t+\frac{\pi}{2}\right)\ (\mathrm{SI}\ 制)$$ **(3 分)**

(2) 以该点为原点，坐标为 x 的任意一点振动落后原点的时间为 $\dfrac{x}{u}$，因此波动表达式为

$$y(x,t)=0.06\cos\left[\pi(t-x/u)+\frac{\pi}{2}\right]$$
$$=0.06\cos\left[\pi\left(t-\frac{1}{2}x\right)+\frac{\pi}{2}\right]\ (\mathrm{SI}\ 制)$$ **(3 分)**

(3) 波长为

$$\lambda=uT=4\ \mathrm{m}$$ **(2 分)**

《大学物理教程(下册)》期末试卷

参考答案与评分细则

一、填空题:本大题共需填 10 空,每空 2 分,共 20 分。

1. $\underline{Q=-2\sqrt{2}q}$　2. 导体内部场强处处为零,导体为等势体

3. $\underline{\oint_l \boldsymbol{E}\cdot \mathrm{d}\boldsymbol{l}=0}$,保守力(或者无旋)　4. 增大

5. $\underline{\frac{\mu_0 I}{4R}\left(1-\frac{1}{\pi}\right)}$　6. 下面　7. $\underline{\frac{\sqrt{3}}{2}IBa}$　8. $\underline{9\times10^{-2}\ \mathrm{cm}}$

二、单项选择题:本大题共 10 小题,每小题 2 分,共 20 分。

题号	1	2	3	4	5	6	7	8	9	10
答案	D	A	D	B	A	A	B	A	C	D

三、判断题:本大题共 10 小题,每题 1 分,共 10 分。

题号	1	2	3	4	5	6	7	8	9	10
答案	√	×	×	×	×	√	×	×	×	√

四、分析简算题:本大题共 3 小题,每小题 4 分,共 12 分。

1. **答:**画法为电场线与等势面垂直,且顺着电场线是电势降低的方向。

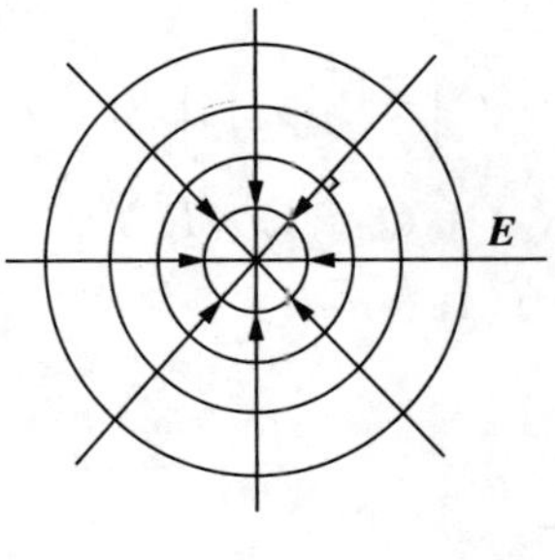

2. **答:**由分辨本领表达式 $\theta=1.22\,\frac{\lambda}{D}$,以及 $\theta=\frac{l}{h}$ 可得

$$h=\frac{l}{\theta}=\frac{Dl}{1.22\lambda}=\frac{6\ \mathrm{mm}\times 4\ \mathrm{cm}}{1.22\times 600\ \mathrm{nm}}=327.9\ \mathrm{m}$$

所以鹰飞 200 m 高时能看见地上的身长为 4 cm 的小鼠。

3. **答:**将光通过偏振片、旋转偏振片一周,光强无变化的为自然光;光强有变化但不会出现完全消光的为部分偏振光;光强有变化且出现两次消光,两次最亮的为线偏振光。

五、计算题:本大题共 4 小题,其中第 1 小题 10 分、第 2 小题 10 分、第 3 小题 8 分、第 4 小题 10 分,共 38 分。解答时写出必要的文字说明、证明过程及演算步骤。

1. (10 分)

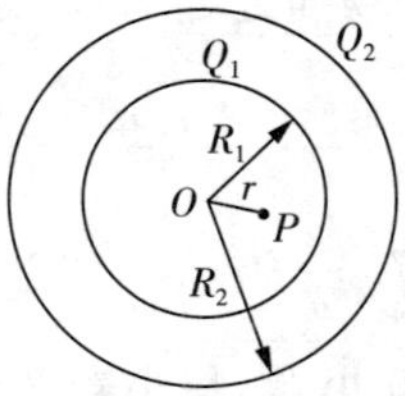

解:(1) 依据高斯定理,可知

$$\oint_S \boldsymbol{E}\cdot \mathrm{d}\boldsymbol{S}=4\pi r^2 E=Q/\varepsilon_0 \qquad (2\ 分)$$

若 $r<R_1$,则 $Q=0,E_1=0$,方向沿径向向外;

若 $R_1<r<R_2$,则 $Q=Q_1,E_2=Q_1/(4\pi\varepsilon_0 r^2)$,方向沿径向向外;

若 $r>R_2$,则 $Q=Q_1+Q_2,E_3=(Q_1+Q_2)/(4\pi\varepsilon_0 r^2)$,方向沿径向向外。

(3 分)

(2) 由电势定义式得

$$\varphi=\int_r^{\infty}\boldsymbol{E}\cdot \mathrm{d}\boldsymbol{r}=\int_r^{R_1}\boldsymbol{E}_1\mathrm{d}\boldsymbol{r}+\int_{R_1}^{R_2}\boldsymbol{E}_2\mathrm{d}\boldsymbol{r}+\int_{R_2}^{\infty}\boldsymbol{E}_3\mathrm{d}\boldsymbol{r} \qquad (2\ 分)$$

$$=0+[-Q_1/(4\pi\varepsilon_0 R_2)+Q_1/(4\pi\varepsilon_0 R_1)]+[(Q_1+Q_2)/(4\pi\varepsilon_0 R_2)]$$

$$=Q_1/(4\pi\varepsilon_0 R_1)+Q_2/(4\pi\varepsilon_0 R_2) \qquad (3\ 分)$$

2. (10 分)

解:(1) 根据 $\oint \boldsymbol{H}\cdot \mathrm{d}\boldsymbol{l}=\sum I$ 得

$$H=\frac{N}{l}I=\frac{500}{50\times 10^{-2}}\times 10=1\times 10^4(\mathrm{A/m}) \qquad (3\ 分)$$

(2) 环内的磁感应强度近似均匀分布所以

$$M=\frac{B}{\mu_0}-H=\frac{1}{4\pi\times10^{-7}}-1\times10^4\approx7.9\times10^5(\mathrm{A/m}) \quad \textbf{(3 分)}$$

(3) 磁化率为 $\chi_m=\frac{M}{H}=\frac{7.9\times10^5}{1\times10^4}=79$ **(2 分)**

(4) 相对磁导率为 $\mu_r=1+\chi_m=1+79=80$ **(2 分)**

3. **(8 分)**

解:(1) 在 ob 上取 $r\rightarrow r+\mathrm{d}r$ 一小段

则 $$\varepsilon_{ob}=\int_0^{\frac{2l}{3}}\omega rB\,\mathrm{d}r=\frac{2B\omega}{9}l^2 \quad \textbf{(2 分)}$$

同理 $$\varepsilon_{oa}=\int_0^{\frac{l}{3}}\omega rB\,\mathrm{d}r=\frac{1}{18}B\omega l^2 \quad \textbf{(2 分)}$$

所以 $$\varepsilon_{ab}=\varepsilon_{ao}+\varepsilon_{ob}=\left(-\frac{1}{18}+\frac{2}{9}\right)B\omega l^2=\frac{1}{6}B\omega l^2 \quad \textbf{(2 分)}$$

(2) 因为 $\varepsilon_{ab}>0$ 即 $U_a-U_b<0$,所以 b 端电势高。 **(2 分)**

4. **(10 分)**

解:(1) 根据光栅方程(用第二级、第三级主极大代入都行)

$$(a+b)\sin\vartheta=k\lambda \quad \textbf{(2 分)}$$

$$0.2\times(a+b)=2\times600\times10^{-9}\Rightarrow a+b=6000\times10^{-9}\ \mathrm{m}=6000\ \mathrm{nm}$$

或者 $0.3\times(a+b)=3\times600\times10^{-9}\Rightarrow a+b=6000\times10^{-9}\ \mathrm{m}=6000\ \mathrm{nm}$ **(3 分)**

所以光栅常数为 6000 nm

(2) 由缺级条件

$$\frac{(a+b)}{a}=\frac{k}{k'}=4 \quad \textbf{(2 分)}$$

又由 $a+b=6000\ \mathrm{nm}$ 可知

$$\frac{(a+b)}{a}=4\Rightarrow\frac{6000}{a}=4\Rightarrow a=1500\ \mathrm{nm} \quad \textbf{(3 分)}$$

所以狭缝的宽度为 1500 nm 。

图书在版编目(CIP)数据

大学物理教程思考题与习题解析/王悦,仰振东,李伟艳主编.—合肥:合肥工业大学出版社,2021.4

ISBN 978-7-5650-5220-0

Ⅰ.①大… Ⅱ.①王…②仰…③李… Ⅲ.①物理学—高等学校—题解 Ⅳ.①O4-44

中国版本图书馆CIP数据核字(2021)第024184号

大学物理教程思考题与习题解析

王　悦　仰振东　李伟艳　主　编　　　　责任编辑　张择瑞

出　版	合肥工业大学出版社	版　次	2021年4月第1版
地　址	合肥市屯溪路193号	印　次	2021年4月第1次印刷
邮　编	230009	开　本	710毫米×1010毫米　1/16
电　话	理工图书出版中心:0551-62903204	印　张	14.5
	市场营销部:0551-62903198	字　数	268千字
网　址	www.hfutpress.com.cn	印　刷	合肥现代印务有限公司
E-mail	hfutpress@163.com	发　行	全国新华书店

ISBN 978-7-5650-5220-0　　　　定价:38.00元